本研究受国家自然科学基金项目（42371315、41901213）资助
本书为“2023年度湖北省社科基金一般项目（后期资助项目）成果”

农业环境政策与农户生计可持续转型研究

■ 汪 樱 / 著

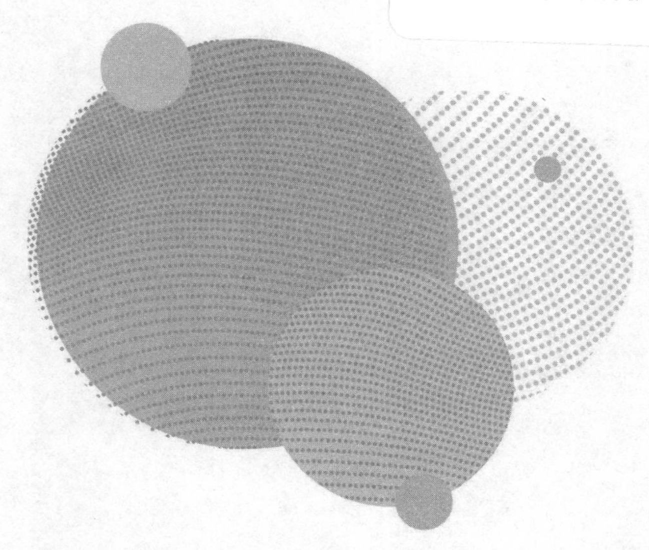

中国农业出版社
北 京

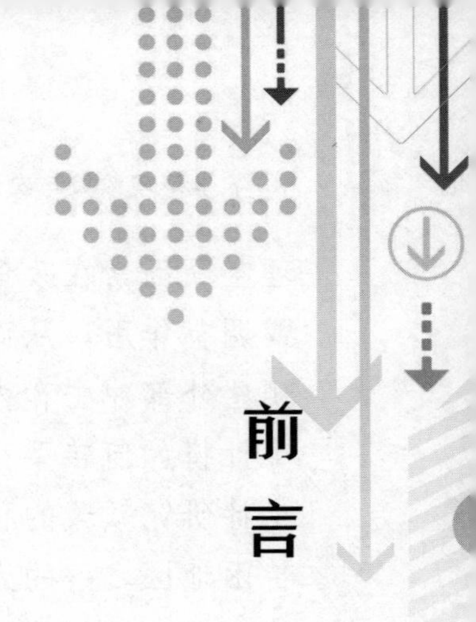

前言

党的二十大报告明确将“全面推进乡村振兴”“坚持农业农村优先发展”“巩固拓展脱贫攻坚成果”作为加快构建新发展格局、着力推动高质量发展的重要内容。2021—2024年中央1号文件多次强调，以确保不发生规模性返贫为底线。这一系列政策要求不仅凸显了预防返贫的重要性，也为今后的乡村治理指明了方向。2011年，国务院颁布《中国农村扶贫开发纲要（2011—2020年）》，将14个集中连片特困地区作为脱贫攻坚的主战场。2020年我国脱贫攻坚战取得全面胜利，消除了绝对贫困，但一些地区由于其特殊的地理条件、脆弱的生态环境和长期积累的问题，在农户生计可持续转型方面仍具有重要的研究价值。对这些地区的深入研究，可为巩固拓展脱贫攻坚成果同乡村振兴有效衔接提供理论支持和实践参考。

自20世纪90年代以来，我国实施了一系列生态补偿政策和农业支持政策，如退耕还林还草工程、天然林资源保护工程和农业“三项补贴”政策等，通过向农户提供经济补偿引导农户生计转型，应对不同时期我国社会、生态系统出现的各种问题。然而，受农户自身特征、自然环境、社会经济环境等多元因素以及不同政策之间的交互影响，这些农业环境政策对农户生计的引导作用往往与政策预期存在较大的差距。为了更好地支撑政策优化，以下问题仍需进行深入研究：农户生计策略选择和生计转型受到哪些因素影响？多项农业环境政策对农户生计策略的影响是否存在权衡协同效应？地理空间因素在政策和农户生计转型关系中是否发挥显著的中介作用或调节作用，从而影响政策的实施效果？农户生计可持续发展受到哪些外部冲击和内部压力因素的制约？不同农业环境政策下，农户生计将如何转型？厘清这些问题可拓展农业环境政策与农户可持续生计研究领域的相关理论。鉴于此，本书选取曾属于14个集中连片特困地区之一的大别山区作为实证研究区，开展一系列理论模型构建、实证机制检验与政策情景实验，旨在探究这些关键问题，为连片脱贫地区调控农户生计转型、指导农业环境政策优化、巩固脱贫成果同乡村振兴战略有效衔接提供决策参考依据。

本书的出版得到了国家自然科学基金项目“多维风险交互下的生态系统服务与农户生计福祉耦合机理及风险管控”（42371315）、“社会网络和农业环境政策交互影响下农户生计响应、生态环境效应与政策优化路径”（41901213），以及2023年湖北省社科基金一般项目（后期资助项目）“生态补偿政策、地理空间因素与社会网络影响下的农户可持续生计研究”（HBSKJJ20233242）的资助。本书的部分内容来自我攻读博士学位期间的研究成果，感谢导师李江风教授的辛勤指导。恩师带领我走进学术之门，为我创造了宽松的学术环境，给予我学习与锻炼机会，教会我做人道理，为我的学术成长提供无尽支持。读博期间，我有幸获得国家留学基金管理委员会的资助，前往美国北卡罗来纳大学教堂山分校联合培养2年，师从地理系宋从和教授，导师为我提供了调研数据，并细致入微地指导我如何做研究。在导师的影响下，我的研究兴趣从关注“土地”等自然要素转向关注“农户”等社会主体，从城市转向乡村，再到近两年开始关注自然与社会、城市与乡村的融合领域。感谢北卡罗来纳大学教堂山人口研究中心的 Richard E. Bilsborrow 教授、北卡罗来纳大学教堂山地理与环境系的 Zhang Qi 助理教授，他们指导我开展农户调查，在数据处理、软件应用、论文撰写等方面给了我极大的帮助。本书部分实证数据来源于中国家庭追踪调查（CFPS）项目，特此向 CFPS 项目团队和访员们表示衷心的感谢。特别感谢参与调研的农民朋友们，你们的真诚回答为本研究提供了宝贵的一手资料。在本书撰写过程中，我的研究生唐兰云、刘凌华、刘冲冲、王非凡、崔红萍、张琪、徐依楠、王雅婧、李育龙、刘旭同、朱海华、王春茂、方清等同学参与了内容整理、图表绘制和文本校对等工作，感谢你们的辛勤付出。

本书是作者近年来对于农业环境政策与农户生计可持续转型研究的系统总结。鉴于作者水平有限，虽数易其稿，仍难免存在疏漏和不妥之处，敬请学界前辈和同仁批评指正！

作　者

2024年6月于南望山下

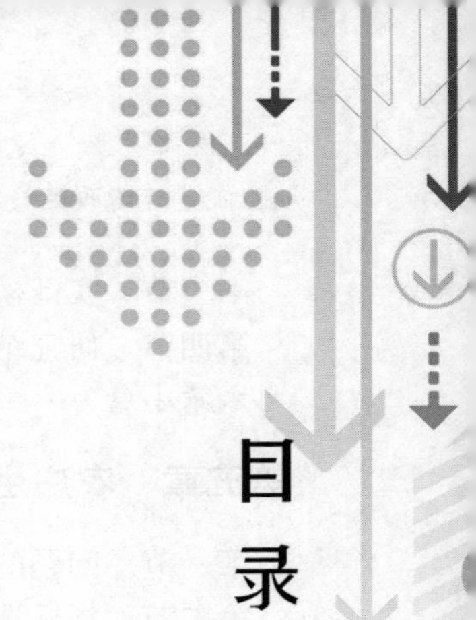

目录

第一章 导 论

第一节 研究背景

农业土地系统是地球陆地最重要的组成部分，其面积约占全球陆地面积的38%。它向人类提供了各种赖以生存的必需品，如食物、纤维、木材、生物燃料和生态产品与服务。农业土地系统关乎人类粮食安全和社会经济稳定。作为人类社会和自然环境的纽带和桥梁，农业土地系统反映了人类活动与环境相互作用、相互制约的动态交互过程，是全球环境变化研究的关注重点。农户是农业土地系统中最基本的微观经济单元和最活跃的行为主体。在农户家庭的尺度上，资源被集中起来，收入被全家人共同使用，家庭中的成年人共同进行一系列生计决策，这些决策直接体现着人类与自然的交互，也决定了生态环境和农户生计的可持续性。当前，中国广大农村地区正处于转型发展的关键时期，农户生计也呈现明显的转型特征，反映了家庭内部生计方式的代际分化，以及家庭整体生计策略向农业专业化、非农化、兼业化、多元化方向发展的趋势。农户生计研究受到政府和学界的广泛关注，被列为未来全球农业14个优先研究领域之一。农户生计动态及其与农村生态环境的交互反馈也成为农业、环境领域研究者共同关注的热点。

自20世纪90年代以来，我国实施了一系列农业环境政策，通过向农户提供经济补偿引导农户生计转型，以应对不同时期我国社会、生态系统出现的各种问题。改革开放以来持续以经济增长为重心的发展模式消耗了大量森林资源，导致我国森林生态系统退化严重，影响了森林所提供的重要生态系统服务，加剧了自然灾害发生的频率和危害程度。例如，1997年，黄河下游出现历时267天的严重干旱；1998年，长江暴发特大洪水。从1998年起，政府开始在全国范围内实施一系列生态补偿项目，包括退耕还林还草工程（以下简称退耕还林工程）和天然林资源保护工程（以下简称天保工程），以修复受损的生态环境。与此同时，经济增长和快速城市化占用了大量农田，为应对耕地面积大幅度减少对粮食安全的影响，政府于2004年实施了农业“三项补贴”（即农作物良种补贴、种粮农民直接补贴和农业生产资料综合补贴），鼓励农民改善生产条件、增加粮食产出。受农户自身特征、自然环境、社会经济环境等因素影响以及不同政策之间的交互作用影响，这些农业环境政策对农户生计行为的激励与引导效果往往与政策预期存在较大的差距。已有研究表明这些政策对部分地区农户生计转型激励不足甚至激励缺失，实施效果呈现显著地域性差异。因此，亟待开展我国农业环境政策与农户生计转型的关系研究，厘清农业环境政策与农户生计动态之间的关系与反馈机理，明确促使农户生计转型的关键，为政策优化提供理论和实证依据。

本书基于农户调查数据，开展农业环境政策影响下的农户生计策略及其转型机理的理论、实证、模拟与应用研究。首先，系统梳理与农户生计相关的可持续生计理论、农户行为理论、生计转型理论以及与农业环境政策相关的外部性理论、激励理论等基础理论，并综述相关领域的研究进展；其次，选取大别山区作为研究区域，实证检验退耕还林工程和天保工程这两项生态补偿政策对农户劳动力配置决策和土地利用决策的影响机理，探索生态补偿政策与农业支持政策对农户土地利用决策的交互影响，剖析地理空间因素与生态补偿政策影响下的农户生计动态转型规律；再次，为了进一步识别当前农户生计可持续发展面临的主要风险，选取中国家庭追踪调查（CFPS）数据库中的 6 752 个农户样本，采用结构方程模型探究生计资本、外部冲击、内部压力和区位条件对农户生计可持续性的作用机制，基于多智能体建模技术构建农户生计转型模拟模型，开展不同政策情景模式下的农户生计决策及其转型过程的政策实验；最后，基于理论、实证与模拟结果，提出优化农业环境政策、调控农户生计转型的政策建议。

本书成果具有一定的创新性，在理论层面，可进一步丰富农户可持续生计研究的理论模型与技术方法；在实践层面，可为山区巩固拓展脱贫攻坚成果同乡村振兴有效衔接、促进区域可持续管理提供决策参考。

第二节　研究意义

一、理论意义

本书通过开展一系列理论模型构建、实证机理检验与政策情景实验，探究以下关键问题：农户生计策略选择和生计转型受到哪些因素影响？多项农业环境政策对农户生计策略的影响是否存在权衡协同效应？地理空间因素在生态补偿政策和农户生计转型关系中是否发挥显著的中介作用或调节作用，从而影响生态补偿政策的实施效果？农户生计可持续发展受到哪些外部冲击和内部压力因素的制约？不同农业环境政策下，农户生计转型方向有哪些？厘清这些问题可拓展农业环境政策与农户可持续生计研究领域的相关理论，并提供新的研究视角与技术方法。

二、实践意义

党的二十大报告把“全面推进乡村振兴”“坚持农业农村优先发展”“巩固拓展脱贫攻坚成果”作为加快构建新发展格局、着力推动高质量发展的重要任务之一。2021—2024 年中央 1 号文件反复强调，以确保国家粮食安全、确保不发生规模性返贫为底线。本书选取我国曾经的 14 个集中连片特困地区中的大别山区作为实证研究区域。虽然我国在 2020 年已实现全面消除绝对贫困的目标，但是大别山区部分农户仍然面临生计资本匮乏、内生动力不足、生计方式对自然资源依赖程度相对较高、容易陷入“贫困—环境陷阱”等问题，发生规模性返贫的潜在风险较高。选取大别山区开展农业环境政策影响下的农户生计转型研究，可为已脱贫地区调控农户生计转型、指导农业环境政策优化、巩固拓展脱贫攻坚成果同乡村振兴战略有效衔接提供决策参考依据。

第三节　研究方法与数据来源

一、研究方法

（一）文献分析法

利用国内外期刊数据库，基于文本分析，对农户生计策略、生计转型、农业环境政策、多智能体模型等领域相关研究进行梳理，总结相关主题的内容体系、研究特色及发展态势。

（二）理论研究法

系统梳理与农户生计相关的可持续生计理论、农户行为理论、生计转型理论以及与农业环境政策相关的外部性理论、激励理论等理论，构建农业环境政策、地理空间因素、农户生计资本等内外部因素影响下的农户生计决策与转型研究理论模型，形成系列理论假设。

（三）实证研究法

实证研究的基本思路是：选取研究对象，针对感兴趣的研究问题或现象提出理论假设；设计调研问卷和实验，通过问卷调查和实验收集数据；分析数据，运用结构方程模型、回归分析等方法验证理论假设，揭示现象背后的机理和规律。本书采用实证研究法，基于大别山区农户调研收集的数据建立计量经济模型，开展以下 4 项实证研究：

①生态补偿政策对农户生计决策的影响机理研究。

②农业支持政策与生态补偿政策对农户土地利用行为的交互影响检验。

③地理空间因素在生态补偿政策与农户生计转型关系中发挥的中介作用或调节作用检验。

④生计资本、外部冲击、内部压力和区位条件对农户生计可持续性的影响研究。

（四）多智能体模型

多智能体模型是一种微观尺度模拟方法，由决策主体，环境（包括社会、经济、地理、政策环境等）以及主体行为规则等模块组成，它能直接表达决策主体与环境的交互过程。与传统模型不同，多智能体模型采取“自底向上”的建模策略，重在理解微观主体行为规则和微观主体之间、微观主体与环境之间交互作用下的宏观空间格局变化，并具有表达非线性交互的能力。鉴于多智能体模型在微观主体行为动态模拟上的优势，本书运用多智能体建模技术开发农业环境政策影响下的农户生计转型模拟模型，基于理论研究成果搭建模型框架；基于实证研究成果定义行为主体决策规则，运用大别山区调研数据对模型进行参数初始化、校准和模拟结果验证；基于通过检验的模型设计不同政策情景，开展农户生计决策及其转型过程的政策实验。

二、研究区域概况

（一）自然地理环境

大别山区位于北纬 30°10′—32°30′，东经 112°40′—117°10′，地处湖北、河南、安徽三省交界地带，国土总面积为 6.7 万千米^2。南北过渡性气候特征明显：南部以大别山区为主体，为北亚热带湿润季风气候，年均降水量 1 115～1 563 毫米；北部属黄淮平原，为暖温带半湿润季风气候，年均降水量 623～975 毫米。大别山区海拔差异大，从 400 多米至 1 700 多米，植被变化明显，形成了丰富多彩的森林景观。中山地带的面积约占全部大别山区面积的 15%，其余多为低山和丘陵。山间谷地宽广开阔，并有河漫滩和阶地平原，是主要农耕地区。大别山区地形复杂，坡向多变，坡度多在 25°～50°。大别山区河流众多，以淮河为主体的水系发达，径流资源丰富，大别山南麓是长江中下游的重要水源补给区。大别山区生物物种多样，森林覆盖率为 31.9%。

本书第三、第四、第七章的实证研究区域为安徽省金寨县天堂寨镇。天堂寨镇位于北纬 31°10′—31°15′，东经 115°38′—115°47′，地处湖北省罗田县、英山县和安徽省金寨县两省三县交界处。金寨县的西南端位于大别山麓，与风景秀丽的天堂寨国家森林公园紧密相连。全镇总面积 214.36 千米^2，其中林地面积 139.80 千米^2，水域面积 4.41 千米^2。天堂寨镇土地肥沃，气候温暖湿润，四季分明，昼夜温差大，年均降水量 1 916 毫米，年平均气温 12.6℃，海拔在 363～1 729 米，气候条件有利于动植物生长。

（二）社会经济状况

大别山区是《中国农村扶贫开发纲要（2011—2020 年）》中重点部署扶贫

工作的14个集中连片特困地区之一，范围涵盖安徽省亳州市、阜阳市、六安市、安庆市，湖北省黄冈市、孝感市，河南省开封市、商丘市、信阳市、周口市、驻马店市，共计3省11市36个县。

根据2015—2020年《中国农村贫困监测报告》的统计数据（表1-1），大别山区贫困人口从2014年的392万人下降至2019年的32万人，到2020年底实现全面脱贫；农村常住居民人均可支配收入从2014年的8 241元增至2019年的13 341元，人均消费支出从2014年的6 799元增至2019年的11 393元，生活水平有较大改善。在“两不愁三保障”（不愁吃、不愁穿，保障义务教育、基本医疗和住房安全）的扶贫政策帮扶下，当地农村居民住房及家庭设施条件得到提升，2019年，居住竹草土坯房的农户比重下降至零，独用厕所的农户比重上升至96.9%，使用经过净化的自来水的农户比重由2014年的26.1%增至2019年的74.9%，而使用炊用柴草的农户比重由2014年的69.7%降至2019年的35.0%。在农村地区每百户耐用消费品拥有量方面，每百户拥有的汽车、洗衣机、电冰箱、移动电话、计算机等耐用品数量均有不同幅度的增加。在农村基础设施和公共服务情况方面，截至2019年底，大别山区所有自然村农户已实现100%通公路、通电、通电话，能接收有线电视信号、进村主干道路已硬化、能通宽带、有卫生站、上幼儿园便利、上小学便利的农户比重均已超过96%，所在自然村能便利乘坐公共汽车的农户比重接近82%。这些指标表明，在国家扶贫政策的大力帮扶下，大别山区社会经济总体情况、农村基础设施和公共服务情况以及农村居民的生活条件均有很大程度的改善。

本书选取的实证研究区域天堂寨镇共辖7个建制村，171个居民组，2 215个自然村庄。截至2021年末，天堂寨镇乡村总人口16 111人。2021年，天堂寨镇一般公共预算收入1 770万元；生产粮食5 787吨，油料119吨，水产品345吨，农林牧渔业总产值10 296万元。天堂寨镇主要经济作物有茶叶、蔬菜、食用菌等。天堂寨镇境内景点有国家5A级旅游景区——天堂寨风景名胜区，2021年该景区接待游客143.8万人次，旅游综合收入7.2亿元。

表1-1　2014—2019年大别山区社会经济统计数据

指标		2014年	2015年	2016年	2017年	2018年	2019年
贫困人口变化情况	贫困人口数量（万人）	392	341	252	173	99	32
	贫困发生率水平（%）	12	10.4	7.6	5.3	3	1
农村常住居民收入与消费	人均可支配收入（元）	8 241	9 029	9 804	10 776	11 974	13 341
	人均消费支出（元）	6 799	7 631	8 518	9 309	10 169	11 393

（续）

	指标	2014 年	2015 年	2016 年	2017 年	2018 年	2019 年
住房及家庭设施	居住竹草土坯房的农户比重（%）	1.50	3.50	0.50	0.50	0.00	0.00
	使用管道供水的农户比重（%）	30.10	56.30	55.20	57.70	77.80	92.90
	使用经过净化处理自来水的农户比重（%）	26.10	20.10	46.00	48.20	73.90	74.90
	独用厕所的农户比重（%）	93.70	89.10	94.60	93.60	96.80	96.90
	炊用柴草的农户比重（%）	69.70	25.60	57.10	57.60	38.40	35.00
农村地区每百户耐用消费品拥有量	每百户汽车拥有量（辆）	5.00	5.60	8.10	9.00	20.30	21.10
	每百户洗衣机拥有量（台）	71.00	74.50	80.80	83.00	85.20	88.90
	每百户电冰箱拥有量（台）	73.60	79.30	86.20	88.10	94.20	99.20
	每百户移动电话拥有量（部）	183.00	192.00	207.10	214.90	257.20	263.50
	每百户计算机拥有量（台）	11.30	11.60	12.70	14.90	19.50	21.40
农村基础设施和公共服务情况	所在自然村通公路的农户比重（%）			100.00	100.00	100.00	100.00
	所在自然村通电的农户比重（%）	99.90	100.00	100.00	100.00	100.00	100.00
	所在自然村通电话的农户比重（%）	98.60	99.50	100.00	100.00	100.00	100.00
	所在自然村能接收有线电视信号的农户比重（%）	89.40		93.40	100.00	95.10	99.70
	所在自然村进村主干道路硬化的农户比重（%）	75.60	80.30	99.10	96.50	98.90	99.80
	所在自然村能便利乘坐公共汽车的农户比重（%）			61.60	82.60	86.10	81.70
	所在自然村通宽带的农户比重（%）	65.90	78.80	91.80	76.20	88.90	98.40
	所在自然村垃圾能集中处理的农户比重（%）			45.40	54.40	66.30	94.20
	所在自然村有卫生站的农户比重（%）	99.00	99.00	93.20	81.80	91.80	96.40
	所在自然村上幼儿园便利的农户比重（%）	68.10	70.80	92.00	63.50	65.50	96.90
	所在自然村上小学便利的农户比重（%）	77.40	77.80	95.30	58.80	67.60	98.60

资料来源：2015—2020 年《中国农村贫困监测报告》。

三、数据来源

（一）实地调查数据

本书第三、第四、第七章实证研究的数据来源于2014—2015年在安徽省金寨县天堂寨镇开展的农户入户调查和与村民委员会工作人员的深入访谈。由于农户居住分散、外出务工农户比例比较高，本次调研只能涵盖部分农户，调查共获取有效问卷481份。调查问卷内容包括：

①农户基本信息：包括住宅地理坐标和海拔，家庭收入来源，农户基本信息，到道路、县城、镇中心、最近的小学（或中学、医疗机构）的距离。

②家庭常住人员信息：包括家庭的成员人数、年龄、受教育程度、工作状况、婚姻状况、健康状况、金融状况、手艺和技术掌握情况。

③劳动情况：包括每个家庭常住人员的劳动时间、收入、劳动变化情况。

④家庭资产情况：包括房屋类型、能源使用情况、家庭消费用品、家庭借贷款情况。

⑤土地利用情况：包括耕地面积、土地流转情况、农作物选择。

⑥农业生产情况：包括养殖类型和农业支出。

⑦非农业经营情况：包括经营类型、经营时间、经营收益以及经营变化。

⑧生态和农业政策：包括参与政策类型、政策评价。

⑨政府扶持补贴：包括农户收到的国家（或地方）政策补贴或补偿收入等。

⑩家庭每项具体支出。

⑪农户生计风险：包括农户经历的生计风险类型、风险影响程度、风险是否消除。

⑫社会资本：包括地方性社团或组织参与情况、社会网络规模、社会支持、信任度、社区凝聚力和归属感等。

本书第五、第六章实证研究的数据来自中国家庭追踪调查（CFPS）数据库。CFPS项目于2010年正式启动，每两年开展一轮全样本追踪调查，其调查问卷涵盖农户家庭特征、个人特征、社区特征等多项指标，对于研究农户生计转型具有重要意义。其中，家庭问卷主要涉及家庭内部基本情况，如家庭人口、土地条件、住房情况、家庭资产、社会经济活动等；个体问卷则涉及个体的特征，如健康状况、年龄状况、经济状况等；社区问卷涉及交通、医疗、环境等信息。本书第五章数据来源于CFPS2010、CFPS2018两个年份数据库中的大别山区2×210个农户样本构成的平衡面板数据。第六章选取了CFPS2018数据库中的6 752个农户样本数据。

（二）官方统计数据

除农户实地调查数据外，本书还使用了统计年鉴、人口普查公报等官方数据，包括大别山区各市（县）的土地面积、人口与就业、地区生产总值、固定资产投资、财政、居民生活、金融、农业、工业、物价指数等方面的数据。

（三）空间信息数据

在调研过程中，采用移动 GPS 对研究区域进行了具体的空间信息数据采集，包括农户家庭以及村中主要公共服务设施的海拔、经纬度等信息，用于测度农户的地理空间特征以及基础设施、公共服务设施的可达性。

第四节　本书的框架结构

一、研究框架

本书遵循“理论研究—实证分析—政策仿真—应用研究”的基本思路，以农业土地系统最直接的管理者——农户为研究对象，在系统梳理可持续生计理论、农户行为理论、生计转型理论、“贫困—环境陷阱”理论、外部性理论和激励理论的基础上，基于在大别山区收集的农户入户调查数据和 CFPS 数据库数据，开展农业环境政策与农户生计转型研究。具体内容包括：

（一）理论研究

系统梳理相关基本理论，深入总结国内外研究文献，为实证章节构建相应的理论模型和假设路径奠定理论基础。

（二）实证分析

基于大别山区 481 个农户实证调研数据和 CFPS2010、CFPS2018 两个年份数据库中的农户面板数据，运用偏最小二乘结构方程、Logistic 回归等模型与方法，开展以下 4 项实证研究：

①揭示两项生态补偿政策（退耕还林工程、天保工程）对农户生计决策的影响机理。

②探索农业支持政策与生态补偿政策对农户生计决策的交互影响。

③刻画农户生计转型轨迹并探究其影响因素。

④识别制约农户生计可持续转型发展的风险因素与制约条件，为制定有针对性的政策措施、巩固拓展脱贫攻坚成果同乡村振兴有效衔接提供实证依据。

（三）政策仿真

在理论研究和实证研究的基础上，将已得到验证的理论假设转换为农户行为规划函数，基于多智能体仿真建模技术和 NetLogo 软件进行模型开发，构建农户生计动态转型模拟模型，并针对农户行为规则、是否参与退耕还林、退耕还林工程实施期限、天保工程补贴标准、农业补贴标准设计 5 种情景模式开展政策实验，评估退耕还林工程、天保工程和农业补贴政策对农户生计转型的影响，探究人类-自然耦合系统的演化方向。

（四）应用研究

基于通过农户实地调研与访谈获得的感性认知，以及实证分析与政策仿真实验得出的研究结论，提出优化大别山区农业环境政策与农村发展政策的对策建议，为巩固拓展脱贫攻坚成果同乡村振兴有效衔接、促进农户生计与生态环境可持续发展提供依据。本书的研究框架见图1-1。

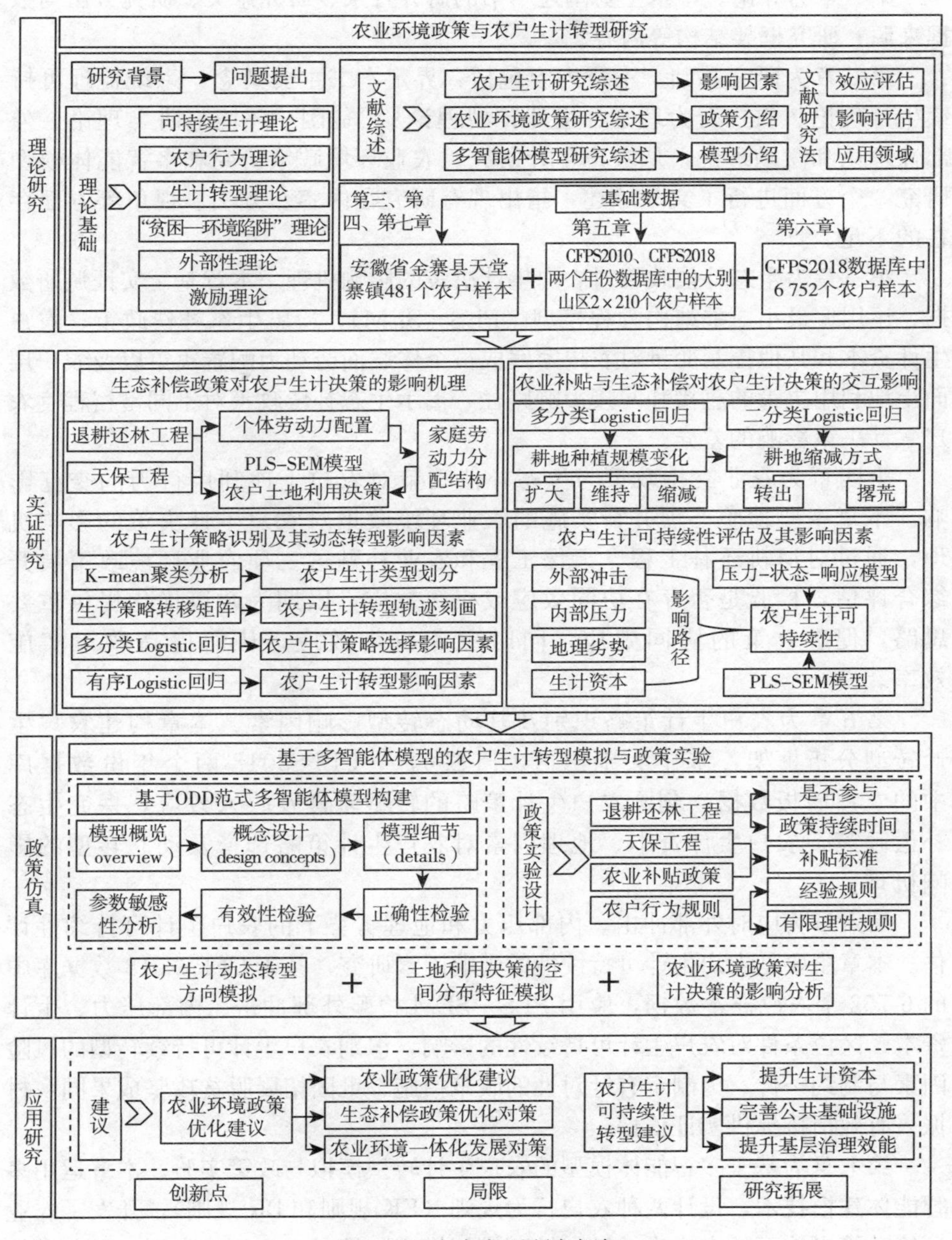

图1-1 本书主要研究框架

二、本书结构

全书共八章。

第一章为导论。本章主要阐述本书的研究背景、研究意义、研究方法与数据来源、研究框架结构等内容。

第二章为研究基础。本章内容包括：界定本书主要概念，系统梳理可持续生计理论、农户行为理论、生计转型理论、“贫困—环境陷阱”理论、外部性理论和激励理论，从农户生计研究、农业环境政策研究和多智能体模型研究3个方面进行了文献综述，指出现有研究在内容、方法、视角等方面存在的不足。

第三章为生态补偿政策对农户生计决策的影响机理。本章基于实证调研数据，运用偏最小二乘结构方程模型（PLS－SEM），检验生态补偿政策、农户生计资本和其他控制变量对农户家庭成员个体层面劳动力配置决策以及农户层面土地利用决策的直接和间接影响路径，揭示生态补偿政策对不同富裕程度农户生计决策影响的差异。

第四章为农业支持政策与生态补偿政策对农户土地利用行为的交互影响。本章主要检验三项并行实施的农业环境政策对农户生计决策的影响机理，通过对退耕还林工程、天保工程和农业补贴这三项农业环境政策展开综合评估，检验是否存在协同效应或权衡效应，以期为政策优化提供重要思路，促进政策的协同效应，同时避免权衡效应，从而提高政策实施效率。

第五章为农户生计策略识别及其动态转型影响因素。本章构建农户生计转型分析框架，基于大别山区CFPS2010、CFPS2018两个年份数据库中的农户面板数据，刻画农户生计策略的转型轨迹及收入效应，探究生态补偿政策、农户生计资本、地理因素对农户生计策略选择及动态转型的影响机理。

第六章为应对外部冲击、内部压力和地理劣势下的农户生计可持续性评估。本章主要是农户生计可持续性的影响因素研究，基于CFPS2018数据库中的6 752个农户样本数据，应用PLS－SEM检验外部冲击、内部压力、生计资本、区位条件对农户生计可持续性的影响，识别农户生计可持续转型的风险因素与制约条件，为制定有针对性的政策措施、巩固拓展脱贫攻坚成果同乡村振兴有效衔接提供实证依据。

第七章为基于多智能体模型的农户生计转型模拟与政策实验。本章运用多智能体建模技术，设计两种农户行为规则（EK规则和BR规则），开发了农业环境政策影响下的农户生计动态转型模拟模型。针对农户行为规则、是否参加退耕还林、退耕还林工程实施期限、天保工程补贴标准、农业补贴标准设计5种情景模式开展政策实验，评估退耕还林工程、天保工程和农业补贴政策对农户生计转型的影响。

第八章为研究结论与政策启示。本章归纳本书的主要结论，基于理论与实证研究结果，提出优化农业环境政策、调控农户生计转型方向的对策建议。总结本书的创新点和局限，并提出进一步的研究方向。

第二章 研究基础

第一节　基本概念

一、农户

1986年，联合国粮食及农业组织（FAO）将农户（household 或 smallholder）定义为至少有一名成员从事耕种土地的家庭（Bhandari，2013），即从职业维度而言，农户是主要从事农业生产经营的家庭。徐勇等（2006）则认为，农户是迄今为止最古老、最基本的集经济功能与社会功能于一体的单位和组织，是农民生产、生活、交往的基本组织单元。1978年党的十一届三中全会后，我国开始实行改革开放，在农村推行以“包产到户、包干到户”为标志的家庭承包经营体制，使得农户成为从事农业生产经营活动的主体（毕国华等，2018）。我国人多地少，户均经营规模7.8亩[①]，人均1.3亩地，“大国小农”仍是我国的基本国情农情。根据2016年12月31日开始的第三次全国农业普查数据，我国小农户数量占到农业经营主体的98%以上，小农户中的农业从业人员数量占农业从业人员总数的90%，小农户经营的耕地面积占总耕地面积的70%。2019年，中共中央办公厅、国务院办公厅印发的《关于促进小农户和现代农业发展有机衔接的意见》中指出，小农户是我国农村家庭承包经营的基本单元，是我国农业生产的基本组织形式，更是乡村发展和治理的基础。2024年中央1号文件提出，构建现代农业经营体系，需要以小农户为基础解决“谁来种地”问题，增强服务带动小农户能力，聚焦农业生产关键薄弱环节和小农户。小农户以小规模的农业生产为核心，主要依靠家庭劳动力从事农业生产活动，但因为规模小、产出有限，不得不采取多样化种养和兼业，以增加收入并规避风险。本书选取的研究对象正是这些以家庭为单位从事农业生产经营，经营规模小，集生产与消费于一体的农业微观主体。

中国目前正处在快速城市化的阶段，常住人口城镇化率由1982年的20.91%上升至2023年的66.16%。社会经济转型和城镇化发展使得大量农村

① 亩为非法定计量单位，1亩≈666.67米^2。

富余劳动力逐渐转向非农产业，农户离农化和兼业化成为普遍现象（张银银等，2017）。然而，很多进城务工经商的农民工没有将农村户籍转为城镇户籍，而是保留了在农村的住房和土地承包权（贺雪峰，2018）。很多农户即使全家都进城务工，也会把土地交由他人代耕以保持地力，当他们失去在外务工的机会时，又会返回农村务农、养老。因此，本书在结合上述定义的基础上，将没有把农村户口全部迁出或者仍然在农村地区留有耕地或宅基地的农村家庭认定为农户。

二、农户生计

生计（livelihood）的概念目前在国内外关于农业农村发展、农户脱贫等方面的研究中多有提及，其内涵也在不断扩展。生计最初用于解释贫困问题，随着进一步发展，增加了文化、习俗、尊严等其他要素，形成了不断演替的生计概念（后雪峰和陶伟，2024）。从研究农村发展的学术文章中可以发现，“生计”这个词比“工作”“收入”和“职业”有着更丰富的内涵，能更完整地描绘出农户生存的复杂性，更有利于理解农户为了生存安全而采取的策略。生计的概念为研究者提供了一种观察和研究农村发展、环境保护和自然资源可持续利用的视角（苏芳等，2009）。

本书采纳 Chambers 和 Conway（1992）在 *Sustainable Rural Livelihoods: Practical Concepts for the 21st Century* 一书中对生计的定义，即“生计是谋生的方式，该谋生方式建立在能力、资产（包括储备物、资源、要求权和享有权）和活动基础之上”。这一概念在目前国内外的农户生计研究中得到广泛认同和应用。此外，生计的概念与可持续生计联系紧密，在文献中常常交替使用。Chambers 和 Conway（1992）进一步界定可持续生计，即：当一种生计能够应对压力和冲击，并从中恢复、维持或提高人的能力和资产，同时不破坏自然资源，那么此种生计方式就是可持续的。

三、生计资本

生计资本（livelihood asset 或 livelihood capital）指家庭或个体为了维持生存或争取发展所能利用的各类资源的集合，是农户在生计活动中抵御生存风险、降低生计脆弱性的重要保障（李靖等，2018）。生计资本的结构和存量对农户生计策略的选择起着决定性作用。1999 年，英国国际发展署（Department for International Development，DFID）提出了可持续生计框架（sustainable livelihood framework，SLF）的概念，将生计资本作为可持续生计分析框架的核心内容。该框架将生计资本分为人力资本、社会资本、自然资本、物质资本、金融资本 5 种类型，通过资本五边形的形式反映农户的资产状况。

DFID（1999）的生计资本分类在国内外生计研究中被广泛采纳。此外，其他学者也提出了一些生计资本的定义和分类。本书对生计资本的相关定义及其资料来源做了总结，如表 2-1 所示。

表 2-1　生计资本的相关定义及其资料来源

资料来源	生计资本的定义	要点
Giddens (1979)	生计资本是行为主体采取行动进行再生产，挑战或改变所支配的资源的控制、使用和转化规则的权力基础	行为主体的作用、资源的支配
Sen (1984)	拥有人力资本不仅意味着人们生产得更多、更有效率，它还赋予他们更有成效和更有意义地与世界接触的能力，最重要的是改变世界的能力	生产能力、环境
Scoones (1998)	在特定背景下导向不同生计战略的生计资源组合	特定背景、生计资源组合、生计战略的多样性
DFID (1999)	五维生计资本，包括人力资本、社会资本、自然资本、物质资本和金融资本	多样性、相互作用
Bebbington (1999)	一个人所拥有的资产在很大程度上是由经济和政治领域的结构和逻辑决定的。生计资本不仅是人们用来建立生计的资源，还是赋予人们生存和行动能力的资产。因此，将生计资本分为生产、人、自然、社会、文化 5 个方面	生计资本的分组、作用
Carloni (2005)	生计资本是社区和各类家庭的资源基础，包括人力资本、物质资本、自然资本、金融资本和社会资本	资源基础、多样性
Bhandari (2013)	生计资本包括人力资本（例如劳动力供应和技能）、自然资本和金融资本（例如经营性土地持有权和土地及牲畜所有权、社会文化背景（例如种姓或民族）、物质资源（例如使用非家庭社区资源）	不同类型资本、多样性
李靖等 (2018)	生计资本指家庭或个体为了维持生存或争取发展所能利用的各类资源的集合，是农户在生计活动中抵御生存风险、压力的重要屏障	资源集合、生计活动中的作用
Xu et al. (2019)	生计资本是农村家庭可持续生计的关键，农户生计策略对不同类型生计资本的敏感性不同	生计资本的差异性、影响效果
伍薇等 (2024)	个体或家庭的生计资本总量和结构特征在一定程度上体现农户利用其资源禀赋的能力。生计资本是农户调整生计策略、维持生计系统的基础资源	资源禀赋利用方式

基于 DFID（1999）提出的可持续生计框架，结合众多学者对生计资本的

研究，本书对5类生计资本定义如下：

①自然资本：指的是为生计提供资源流和服务的自然资源储备，主要包括耕地、林地、草地、水及生物资源等。

②人力资本：代表了技能、知识、劳动能力和良好的健康状况，使人们能够追求不同的生计战略，并实现其生计目标。从家庭角度来看，人力资本代表家庭劳动力的数量和质量，通常采用健康状况、年龄结构、受教育程度、认知与技能等指标测度。

③社会资本：建立在信任和规范的基础上，是指人们为追求其生计目标所利用的社会资源。具体包括能够增加人们信任和合作能力的社会网络、更加正式的社会组织成员身份，以及一种能增强合作的信任、互惠和交换关系。对于微观层面的农户生计而言，社会资本是嵌入家庭社会网络中的可以用来改善其生计状况的所有社会资源总量。在中国农村，建立在家庭、宗族、邻里、村庄等通过亲缘、血缘、地缘关系形成的社会群体基础上的人际信任，是极具代表性的农村传统社会资本（何仁伟等，2017）。

④物质资本：包括维持生计所需的基础设施与生产物资。其中，基础设施指的是能帮助人们满足他们基本生活需求和提高其生产能力的自然环境因素，包括可负担的交通工具、安全的庇护所和建筑物、充足的供水和卫生设施、可负担的清洁能源、信息获取渠道；生产物资则是指能够提高生产效率的物品、工具和设备，包括农药、化肥、种植设备等。

⑤金融资本：也有研究译为经济资本，指人们用来实现生计目标的财政资源，包括现金、存款、股票等。它有两个主要来源：一是可用的库存资金，包括现金、银行存款，或牲畜和珠宝等流动资产；二是定期流入的资金，包括养老金、汇款等。此外，借贷机会、政府补贴也是测度金融资本的常用指标。

除了这5类生计资本，近年来也有学者提出了地理资本、心理资本、文化资本、政策和制度资本等概念。其中，地理资本是空间地理位置与自然环境条件所形成的物质资本、社会资本与人力资本等组合的空间表现；心理资本是指农户家庭成员在面对挑战和压力时具备的心理素质和能力，是支撑人们维持其生计活动的心理状态，其评估指标包括生活改善期望、自信心指数等；文化资本是农户将地方传统文化资源运用于实现生计目标的各种生计活动中的能力，体现为农户对文化资源的理解与认知、保留与传承，以及旅游化利用（王蓉等，2022）；政策和制度资本是由保障农户生计目标实现的各种政策与制度所形成的资本，通常采用政策支持力度、制度保障程度、机构管理水平等来测度，在助力农户脱贫和乡村振兴中发挥重要作用。

客观评估农户的生计资源禀赋条件，深入分析各类生计资本对农户生计转型的影响，可为制定有针对性的政策措施、促进农户的生计改善和可持续发展提供重要依据。

四、生计策略

生计策略（livelihood strategy）是为实现其生计目标而进行的活动或做出的选择及其组合（DFID，1999）。相近的概念有生计选择、生计决策等。学者们普遍认可这一定义，只是在具体应用中，有的人更强调生计资本的重要作用，有的人增加内外部环境背景，有的人根据自身研究细化生计目标的内容。例如，赵春彦等（2020）认为，生计策略是居民基于自然资本、物质资本、社会资本、人力资本和金融资本进行的活动或做出的选择，即选择不同的资源创造活动以获取收入的生计方式。杨伦等（2019）认为，生计策略是农户为追求生计目标，基于外部的自然、社会状况和自身的生计资本情况所采取的一系列生计活动的组合。生计策略体现了个体或家庭在应对生存压力和追求可持续发展方面的努力。这些策略能够帮助农户适应不断变化的环境条件和市场需求，实现提高收入水平、改善生计福祉、降低风险、增强粮食安全等生计目标。因此，研究生计策略对于了解农户如何应对挑战、实现可持续生计具有重要意义。

根据DFID（1999）的可持续生计框架和众多学者的研究，本书将生计策略定义为：农户为实现生计目标，基于外部政策环境、机会认知和自身意愿，对所拥有的资产进行配置和经营的一系列行为方式。生计策略包括投资策略和生产活动策略等。

五、生计转型

在各种内外部不确定性因素的综合作用下，农户生计处于持续动态变化的过程中。相较于单一时点的生计分析，生计动态研究需要多时点、长时间序列的数据支撑。在CFPS数据库等家庭追踪调查项目数据库的支持下，越来越多学者开始从事动态生计研究，刻画生计演变轨迹，揭示演变驱动机制，并模拟不同情景下的生计选择。生计转型（livelihood transition）属于动态生计研究，泛指农户生计策略发生变化的过程。20世纪80年代以来，中国农村居民的生计途径发生了显著变化，其中最显著的变化是由以传统农业为主向兼业、非农业转变，这些转变过程就是农户的生计转型过程。

现阶段，国内外学者对于生计转型的定义和内涵理解主要分为两大类。其中，一部分学者认为，生计转型对于农户而言就是减少农业生产、不断退出农村的过程。例如，陈秧分等（2012）认为，当前中国农户的生计转型是指农户赖以生存、生活的职业或产业发生根本转变，农民的农业生产动力与农村土地依赖性由强逐渐减弱的演变过程；Bhandari（2013）将个人和家庭把农场活动转移到非农场活动的过程定义为生计转型，或称为退出农场；Qi和Dang（2018）则认为生计转型包含非农就业增加、农村人口减少、市场化推广和农业产业化发展等要素。

另一部分学者则认为，生计转型是生计方式多样化的过程，而生计多样化是确保家庭生计可持续的一种积极策略（Chuong et al.，2024）。生计多样化在较长时间内都将是中国乡村农户生计转型的主要方式（王晗和房艳刚，2021）。这种转型通常涉及获取新的技能、接受培训、寻找新的就业机会，以便农户适应不断变化的环境。随着乡村振兴战略的提出与实施，越来越多农户的生计也在发生改变，从传统的"以农业生产为主的生计"转向"生计多样化"和发展"优势生计"（焦娜和郭其友，2020）。例如，周大鸣和秦红增（2009）提出，生计转型是指与生计模式密切相关的自然环境、人口及劳动工具、所种植作物等因素发生变化时，生计方式发生相应变化的过程；张芳芳和赵雪雁（2015）认为，生计转型是指当环境背景、生计资本和政策制度发生变化时，农户生计策略发生相应的转变。此外，Liu和Liu（2016）指出，生计转型是某一地区的生计战略在一定时间内由社会经济变化和创新所驱动的变化，通常对应于社会经济发展阶段的转型；Ibrahim（2023）认为，生计转型是农村家庭为了生存和提高生活水平而构建顺利转换工作所需的多样化活动组合的过程；唐红林等（2023）认为，地理环境差异导致的水资源、耕地资源等分布不均是农户生计转型的前提条件，政策变迁为农户生计转型提供了推力，农户基于社会理性和经济理性选择生计活动是生计转型的微观动因。本书对生计转型的相关定义及其资料来源做了简要总结，见表2-2。

综合上述定义，本书将生计转型定义为：在与生计方式密切相关的外部环境（如自然、市场、政策等）和内部条件（家庭人口、生产工具等）发生变化时，农户将家庭土地、劳动力等生计资本要素重新配置，实现生计策略动态转变的过程。其中既包括从单一就业模式转变为兼业，也包括完全从某种谋生方式彻底转变为另一种谋生方式。

表2-2 生计转型的相关定义及其资料来源

资料来源	生计转型定义	要点
周大鸣和秦红增（2009）	生计转型是指与生计模式密切相关的自然环境、人口及劳动工具、所种植作物等因素发生变化时，生计方式发生相应变化的过程	环境变化、生计方式变化
陈秧分等（2012）	当前中国农户的生计转型是指农户赖以生存、生活的职业或产业发生根本转变，农民的农业生产动力与农村土地依赖性由强逐渐减弱的演变过程	农业生产、土地依赖性

（续）

资料来源	生计转型定义	要点
Bhandari (2013)	生计转型是指个人和家庭将农业活动转移到非农业活动，又称为农业退出或生计转型	向非农业活动转移
张芳芳和赵雪雁 (2015)	生计转型是指当环境背景、生计资本和政策制度发生变化时，农户生计策略发生相应的转变。它具有狭义和广义的两种理解。在广义上指农户生计多样化、非农化程度的逐步增加；在狭义上则指农户发展为农业大户、高素质农民，或者从纯务农向多类型生计结构转变的过程	农户生计策略的调整和转变
Liu and Liu (2016)	生计转型是指在一定时期内，在社会经济变化和创新的驱动下，某一地区生计战略发生的变化，通常对应于社会经济发展阶段的转型	社会经济发展阶段的转型、生计策略
Qi and Dang (2018)	生计转型包括非农就业的增加、农村人口的减少、市场工具的推广和农业产业化等新要素	表现形式
焦娜和郭其友 (2020)	生计转型是指农户通过改变生计策略提高其自身福利水平的动态过程	改变生计策略、提高福利水平
王晗和房艳刚 (2021)	生计转型是指在气候、政策、社会经济形势以及个人生计资本等发生变化导致生计脆弱性发生变化的刺激下，农户出现生计转型意愿，在一定转型能力条件约束下，农户在生计策略层面发生的转型过程。生计转型主要包括两种情况：农户将资金和劳动力投入新的生计活动和农户将资金和劳动力在原有生计活动内部进行重新配置	转型因素、转型意愿、生计策略
周升强等 (2022)	生计转型是农户在经济社会发展、城镇化的推进以及环境保护政策（如草原生态补奖等）实施背景下基于自身生计资本做出的生计策略调整	转型背景、生计资本、生计策略
Wang et al. (2022)	农户生计转型具有内生和外生的特点，其表现形式和内容与农户的家庭条件、区域发展水平、生计多样性和农户的主观意愿密切相关	转型因素、表现形式
Chen et al. (2023)	农村生计转型是农村居民的生计资本、生计结构和生计模式发生长期和趋势性转变的过程	生计资本、生计结构、生计模式

六、生计结果

根据 DFID（1999）提出的可持续生计框架，生计结果（livelihood outcome）是指农户生计策略实施之后所产生的实际结果。这些结果可能是积极的，例如收入增加、福利改善、资本脆弱性降低、粮食保障能力提高、自然资源利用效率提高等；也可能是消极的，例如资源的不可持续利用或对环境造成破坏。可持续生计框架强调，生计策略的选择和实施应该促进生计资本的维持和增强，而不是以牺牲环境或社会福祉为代价。因此，生计结果不仅要考虑个人或家庭的福利，还要考虑其对社会和环境的长远影响。Scoones（2009）将生计结果分解为生计和可持续性两个维度，其中生计维度包括就业、减少贫困、获得更好的生活及相关能力，可持续维度包括生计适应性提高、资本脆弱性降低、环境可持续性增强等。Pagnani 等（2021）认为生计结果除了传统指标如作物产量、收入、粮食消费和自然资源可持续利用外，还包括资本脆弱性降低、健康、自尊甚至文化资产维护等方面。生计结果是由一系列与资产相关的变量、生计选择和其他因素决定的，生计结果反过来又会影响其未来的生计资本（Tuyen et al.，2014）。也就是说，生计结果不一定是终点，因为它们可以对资本脆弱性和基础资产的未来状态产生反馈效应。

本书在 DFID（1999）和 Scoones（2009）对生计结果定义的基础上，区分农户系统的内外部因素，立足农户生计和生态环境两个子系统，采取中立的视角对生计结果进行了界定，即：生计结果并不带有积极或消极的预设，而是指农户在实施生计策略后所产生的实际成效。这些成效包括农户生计的改变（如经济收入、主客观福祉、应对风险能力、粮食保障能力的变化等）和生态环境的变化（如自然资源存量和流量、生态系统功能和服务的变化等）。

通过对生计结果的客观评估，可以全面了解农户生计可持续发展的程度，识别农户生计转型所面临的挑战和需求，并探究其对当地资源环境的影响。此外，生计结果多为客观数据，不仅为生计策略的调整提供了重要依据，也为评价公共政策实施效果提供了有效工具，进而为公共政策的改进与完善提供了参考依据。

第二节　基础理论

一、可持续生计理论

1987 年，世界环境与发展委员会（WCED）发表了《我们共同的未来》报告，提出“可持续发展”的概念。可持续发展由三方面内容构成：环境的可持续发展意味着人类与自然界之间的和谐共存；社会的可持续发展意味着所有人都能享有公平的机会和福利；经济的可持续发展意味着在满足当前需求的同时，不会损害子孙后代的需求。可持续生计理论是基于可持续发展理念，结合理论研究和实践探索，由国际上从事减贫的学者和非政府机构等提出的一个可持续发展理论框架。20 世纪 90 年代，人们对可持续生计理论的研究进一步深入。联合国开发计划署从减贫和消除贫困的角度对贫困人口的可持续生计进行了定义，并建议各国（地区）政府为贫困人口创造良好的社会环境和制定减贫政策，以提高他们自身的生计能力、知识文化水平和就业技能，促进他们的生计发展，实现贫困人口的可持续生计。随后，可持续生计方法开始与社会发展、全球环境问题相结合，并在社会学、生态学等跨学科研究中进一步发展。可持续生计研究的焦点从传统的"贫困"概念转向更加全面和动态的"生计"的视角，关注个体与家庭如何获取生计所需资源来维持其生活，并且关注社会、经济、政治等多方面因素对生计的影响。

20世纪末至21世纪初期，可持续生计理论框架逐步建立。Chambers和Conway（1992）阐述了生计和可持续性的概念，认为可持续的生计不仅能够应对压力与冲击，保持或提高贫困人口的能力和资产水平，还要为后代提供可持续发展的机会。Scoones（2009）在此基础上进一步提出了可持续生计理论包含的核心要素，包括生计资源、生计策略、生计结果以及影响生计的宏观背景和制度环境，并对生计结果进行了界定。他认为，生计结果包含生计和可持续性两个维度，其中生计维度包括就业、减少贫困、获得更好的生活及相关能力；可持续维度包括生计适应性、脆弱性降低、环境可持续性等。为实现可持续生计的定性与定量描述，相关组织和学者们进行了深入的研究，并构建了一系列可持续框架。这些框架不仅为理解和分析生计问题提供了有力的工具，同时也为制定有效的生计策略和政策提供了重要的指导。其中，Scoones（1998）提出的框架强调了对自然资源的可持续利用和生计的多样性，认为这是实现可持续生计的关键；Bebbington（1999）则从社会、经济、环境和政治等多个维度对生计进行了综合分析，揭示了这些因素之间的相互关系及其对生计的影响。

英国国际发展署（DFID）于1999年提出可持续生计框架，在学术界和实践领域产生了广泛影响。如图2－1所示，该框架以生计脆弱性人群为核心，将脆弱性背景（vulnerability context）、生计资本（livelihood assets）、结构和过程转变（transforming structures and processes）、生计策略（livelihood strategies）、生计结果（livelihood outcomes）和与农户生计可持续发展相关的多个核心要素及其相互关系嵌入同一个模型框架中，提出在脆弱性背景（趋势、季节性、冲击）和政策制度影响下，农户基于不同类型生计资本（金融资本、物质资本、社会资本、自然资本、人力资本）的组合，采取不同的生计策略从事不同的生产活动，并产生一定的生计结果（收入增加、福利改善、脆弱性减少、环境资源可持续等）。结构和过程转变是指影响农户生计的制度、组织、政策以及相关法律规范的完善。DFID的可持续生计框架为理解农户生计过程、指导生计治理提供了一个正式的分析框架和有效的干预工具。这一框架有助于全面理解农户生计受哪些因素的综合影响，揭示不同类型生计资本组合如何引导生计策略的形成，以及这些策略最终如何转化为具体的生计结果。同时，该框架也明确了制度过程（涵盖正式与非正式组织）在哪些关键环节进行干预能够产生积极效果，并预测了这些干预可能带来的长远结果。

美国援外合作组织（CARE）于 2000 年提出了一种生计分析框架，以家庭为分析单元，特别关注满足家庭生计安全的基本需求。该框架深入探讨了不同年龄、性别和健康状况的家庭成员在控制生计资源方面存在的差异，并提倡通过加强储蓄和信贷管理、发展多样化和市场化农业生产、重塑健康、建设多元化组织、提升个人能力以及提供优质的社区服务等方式实现生计的提升。

联合国开发计划署（UNDP）于 2001 年提出一种可持续生计途径框架，立足于整体发展视角，从宏观和微观两个维度构建了促进可持续生计实现的治理框架。在宏观层面，该框架聚焦于自然资源的有效利用与保护，同时关注政府治理、金融服务、政策、科技与投资等要素之间的协同作用；在微观层面，该框架通过增强个人、家庭及社区等基层组织的能力、优化生计体系来拓展当地人的生计活动范围，丰富其生计资本，从而消除贫困并最终实现可持续发展的生计目标。

综上所述，这些可持续生计框架各具特色，但都以农户为中心，并强调行动者的能动性，共同的目标都是实现生计的可持续性。它们有助于理解农户生计的复杂性、动态性、交互性，从而为制定有效的生计治理策略提供基础理论和政策工具。

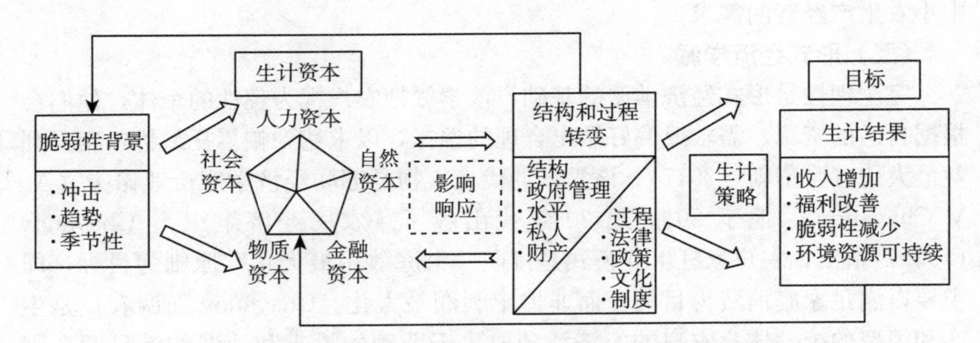

图 2-1 英国国际发展署（DFID）的可持续生计分析框架（SLF）

（资料来源：DFID，1999. DFID - sustainable livelihoods guidance sheets [R]. London: DFID：445.）

二、农户行为理论

农户行为是指农户在特定的社会经济环境中，为了实现自身的经济利益而对外部经济信号做出的反应（孔祥斌等，2007）。农户作为农业生产的主体，其行为包括投资行为、生产行为、消费行为、决策行为等一系列活动，这些行为归根结底可以看作经济行为。农户行为受户主的年龄和受教育程度、家庭生计资本水平、自然资源条件等内部因素，以及政策制度、环境变化等外部因素的影响。目前关于农户行为理论的研究，学术界主要分为三大流派：即实体经济学派、形式经济学派和历史学派。

（一）实体经济学派

实体经济学派认为小农经济是自给自足的经济，小农是典型的风险规避者，他们生产的目的是满足家庭需求，追求的是生产、生活风险的最小化。该学派的代表人物是舒尔茨（T. W. Schultz），他于1964年出版了《改造传统农业》。Schultz（1964）认为，农户如同企业家一样都是“经济人”，追求经济效益最大化，其对生产要素的配置投入行为符合帕累托最优原则，即发展中国家的家庭农业是“贫穷但有效率的”。后来，波普金（S. Popkin）在《理性的小农》进一步论述Schultz的观点。他认为，小农是一个在权衡长期与短期利益之后，为追求利益最大化而做出合理生产决策的人（Popkin，1980）。总之，传统农业中，农户的生产要素配置是合理的、有效率的，农户的行为是理性的，传统农业的发展停滞源于边际投入下的收益递减，若现代化技术要素投入能够保证在现有价格上获得利润，农户会成为利润最大化的追求者。Popkin还指出，对传统农业的改造不应该削弱农户的生产组织能力和自由市场体系，而应该充分发挥市场机制的作用，持续不断供应现代化生产要素，以满足市场中小农生产经营的需求。

（二）形式经济学派

完全理性是形式经济学派的基础，该学派把农户视为理性的个体，他们会根据自己的资源、需求或偏好做出合理的选择，以求达到帕累托最优，实现利益最大化（张华新，2017）。该学派的代表人物是苏联经济学家恰亚诺夫（A. V. Chayanov），他于20世纪20年代出版了《农民经济组织》。Chayanov（1925）指出，农户家庭生存模式是按照“家庭效用最大化”原则为目标，即主要以满足家庭消费为目的，而非追求利润最大化。Chayanov强调农户是生产和消费的统一体，农户的经济活动取决于劳动的投入和消费的满足两个因素。他用农民对家庭劳动主观评价的方法建立了一个农户模型，该模型的核心是家庭效用的最大化理论，即农民家庭在田间劳动中面临收入和劳动之间的权衡，虽然田间劳动既辛苦又无趣，但劳动是满足家庭需要的收入来源。波兰尼（K. Polanyi）等在继承Chayanov理论的基础上，从哲学和制度的角度来分析农户经济行为，认为在资本主义市场出现之前，农户经济行为植根于特定的社会关系中，并不是完全出于市场和追求利润的动机，应该把经济行为过程和当时社会制度过程结合起来形成一种特殊的方法和框架，以此研究农户经济行为

（Polanyi et al.，1957）。后来，斯科特（J. C. Scott）在 Polanyi 研究的基础上提出了“道义经济”命题，他认为农户行为是以规避风险、追求安全为前提的，而后再考虑其他的社会关系（Scott，1976）。Scott（1976）在《农民的道义经济学：东南亚的反叛与生存》一书中指出，农户追求的是低风险分配和高生存保障，而不是收入最大化，并认为农户反叛的原因不是贫穷，而是农业商品化和官僚国家发展导致的租佃和税收制度，他们的经济行为遵循“生存法则”。

（三）历史学派

历史学派的代表人物是华裔历史学家黄宗智，他的小农命题形成于 1985 年出版的《华北的小农经济与社会变迁》，成熟于 1990 年出版的《长江三角洲小农家庭与乡村发展》（翁贞林，2008）。他提出了著名的“拐杖”逻辑，核心是对小农经济的“半无产化”的定义和刻画。小农经济的“半无产化”是指农民离开农村家庭外出务工，却无法割舍几亩农田，仍对小农经济心存眷顾，因而不能成为真正意义上的雇用劳动力，即农村存在富余的劳动力却并不能转移出去（刘丹等，2017）。因此，小农家庭的收入包括农业收入和非农收入两个部分，后者是前者的拐杖。他认为中国的农民既不完全是恰亚诺夫式的生计生产者，也不是舒尔茨意义上的利润最大化追逐者。农户在边际报酬极低的情况下，依然会选择继续投入劳动力进行农业生产，因为农户家庭缺乏边际报酬概念或农户家庭受耕地规模、就业等的制约，家庭劳动剩余过多。

上述三个学派的研究成果对于当今中国农户问题研究具有一定的借鉴意义，为理解农户行为提供了重要的理论框架。然而，这些学派的研究也存在一定的历史局限性。当前，中国社会已进入转型加速期，农村社会经济结构以及农户的土地观念、经济条件、决策模式都呈现出较大的区域差异和代际分化特征。这种转型不仅表现在农户经营规模的变化上，还体现在农户的思想观念、生活方式、市场需求等多个方面。与此同时，我国的农业政策制度也发生了很大的调整，以适应农业农村的发展和变化。因此，现阶段对农户行为的分析不能仅仅依赖过去的理论框架和研究成果，需要与广泛而深入的实地调研相结合。只有通过实地走访农户去了解他们的生产生活状况、观察他们的决策过程和行为模式，才能够更加准确地把握农户行为的内在逻辑。在实地调研的基础上，还需要借鉴其他学科的理论和方法，如心理学、社会学、经济学等，以多角度、多层次地分析农户行为，不断完善农户行为分析的理论和方法。

（四）其他农户行为理论

农户行为研究是一个复杂的领域，它涉及农户的决策过程、行为动机以及影响因素等多个方面。随着研究的深入，越来越多其他学科的行为理论被引入农户行为研究中，丰富了研究视角和工具。其中，计划行为理论在农户行为研究中得到了广泛应用。该理论强调个人主观心理因素与行为之间的关系，认为农户对某项技术或行为的态度、感受到的外部规范压力以及对该行为的感知控制，都会影响其采纳该行为的倾向。感知价值理论在农户行为研究中也具有重要意义。感知价值是指个体对某种产品或服务的整体效用评价，它涉及产品的功能、质量、价格等多个方面。在农业领域，农户对某种农业技术的感知价值会影响其采纳该技术的意愿。如果农户认为某项技术能够提高产量、降低成本或改善环境，那么他们更可能采纳该技术。保护动机理论则关注农户在面临环境问题时的行为决策。该理论强调个体在面对潜在威胁或损失时的预防动机和行为反应。在农业领域，随着环境问题的日益严重，农户采取何种环保措施以减少污染等行为成为研究重点。保护动机理论有助于理解农户在面对环境问题时的决策过程和影响因素。价值信念规范理论则从更深层次探讨农户的行为动机。该理论认为个体的价值信念和道德规范会对其行为产生重要影响。在农业领域，农户的价值观念、道德观念和文化传统等都会影响其决策和行为。例如，一些农户可能更加重视环保和可持续发展，因此在农业生产中会采取更加环保的措施。

学者们将这些理论广泛运用在农户行为研究中，对土地流转（张占录等，2021）、宅基地退出（万亚胜等，2017）、耕地休耕治理（俞振宁等，2018）、退耕还林参与、（史恒通等，2019）、易地扶贫搬迁（时鹏和余劲，2019）、绿色生产（石志恒和张衡，2020）、订单农业（侯晶和侯博，2018）、农用土地投入（任立等，2018）、生猪保险支付（刘胜林等，2015）以及人居环境整治（徐水太等，2024）等多个主题进行了深入的理论与实证研究。这些理论的运用不仅拓宽了农户行为研究的视野，也为农户行为研究提供了更加深入和细致的分析工具。借助这些理论，能够更全面地理解和分析农户在各类农业活动中的行为决策过程，揭示其背后的动机和需求。

三、生计转型理论

（一）人口迁移理论

早在古典经济学时期就已经产生了与人口迁移相关的经济学理论。威廉·配第（William Petty）指出，农业与非农业部门间的收入差异促使农村劳动力从农业部门向非农业部门转移（Petty，1690）。亚当·斯密（Adam Smith）则认为造成城乡之间人员迁移的原因是社会的分工。总体而言，古典经济学的人口迁移理论认为，个体在不同地域间流动的根本动机是实现收益的最大化，如果减去各种成本后的迁移净预期收益大于零，理性的个人就会选择迁移（刘同山和孔祥智，2014）。

近代不同学者对于人口迁移又提出了多种理论，其中，应用最为广泛的理论是“推拉”理论。该理论认为，人口流动的根本动机是追求更好的生活，迁出地和迁入地都同时存在不同大小的“推力”和“拉力”，个人的迁移决策是“推力”和“拉力”共同作用的结果。“推拉”理论最早可以追溯到雷文斯坦（E. G. Ravenstein）的“迁移定律”。Ravenstein（1885）认为，人们进行迁移的主要目的是改善自己的经济状况。他对人口迁移的机制、结构、空间特征规律分别进行了总结，提出著名的人口迁移七大定律。20世纪50年代末，博格（D. J. Bogue）系统阐述了迁移“推拉”理论，从运动学的角度解释了人口迁移的本质。他指出，人口迁移是两种不同方向力量作用的结果：一种是促使迁移的力量，即有利于人口迁移的积极因素；另一种是阻碍迁移的力量，即不利于迁移的消极因素。20世纪60年代，李（E. S. Lee）在《人口迁移理论》一书中对“推拉”理论进行了系统的总结（Lee，1966），他提出影响人口迁移的因素，试图解释从迁出地到迁入地的迁移过程中，迁移人口对吸引力和阻力做出的不同反应，并从迁入地和迁出地存在的影响因素、迁移过程中的障碍因素以及个人因素4个方面探讨其对迁移决定的影响。迁出地存在着各种消极因素，如自然资源枯竭、农业成本增加等，形成了“推力”，促使当地居民离开原居住地；而迁入地则存在各种积极因素，如完善的公共设施和服务、自然资源丰富等，形成了“拉力”，吸引外地居民前来定居。“推拉”理论对中国人口迁移有很好的解释力，因而被广泛引用。

改革开放以来，伴随着城镇化的发展，农村劳动力大量向城镇转移，成为中国经济增长的重要动力之一。农业人口迁移是指农业人口在不同地区之间流动，这种流动通常伴随着居住地的永久性变化（唐超等，2020）。人口迁移理论有助于理解农户从农村迁移到城市所引发的生计变化的原因，为农户生计转型的行为逻辑提供科学指导。

（二）生计阶梯理论

阶梯理论作为一种系统性的分析方法，通过逻辑串联属性、目的和价值，构建出从具有多个层级的手段到目的的逻辑链条。雪莉·阿恩斯坦（Sherry Arnstein）在其经典之作《公民参与的阶梯》中深刻剖析了公民参与程度的层级性，明确划分出无参与、象征性参与及实质性参与这3个逐层递进的层次，用“阶梯”的隐喻形象地展现了公民参与规划的不同程度（Arnstein，1969）。

在生计研究领域，Walelign（2017）针对尼泊尔家庭生计变化提出了生计阶梯理论。该理论从生计策略的角度出发，将生计划分为低收益、中收益和高收益3个层次，分别对应生计阶梯的底部、中部和顶部，如图2-2所示。生计阶梯理论说明了农村生计动态的两个方面：一方面是生计策略的分布，另一方面是生计策略的转移。首先，该理论指出高收益生计策略、中收益生计策略和低收益生计策略这3类生计策略的退出和进入，并指出并非每个家庭都能够进入报酬较高的生计策略或退出报酬较低的生计策略。这两个过程要求具备较高的资源禀赋或者资本积累（例如土地、牲畜或者生产性资本），抑或正向扰动（包括汇款的流入或者找到高收益工作），这也反映出存在进入高收益生计策略或者退出低收益生计策略的障碍。因此，生计阶梯是“金字塔”形的，下一个层次的进入率随着生计阶梯的上升而降低，随着生计阶梯的下降而升高。

其次，生计阶梯理论还能反映出处在每个生计策略中的家庭数量以及贫困维度。该理论框架基于农户的“收入-资产”关系，如果处在低收益生计策略中的农户数量占比远高于处在高收益生计策略中的农户数量占比，那么生计阶梯的形成取决于处在中收益生计策略中的农户数量。当大多数农户处在生计阶梯的最底层——低收益生计策略中，而处在高收益生计策略中的农户数量占比低于处在中收益生计策略中的农户时，一方面，底层农户如果能够获得额外的生计资本（来自政府支持或者资产流入），就有可能向更高收益的生计策略转移，农户的主要群体将转移至中收益生计策略；另一方面，由于资本的边际收益率递减造成的中产阶层“陷阱”效应，处在中收益生计策略中的农户将逐渐分化，那么生计阶梯可能从“金字塔”形变为“葫芦”形甚至“橄榄”形。

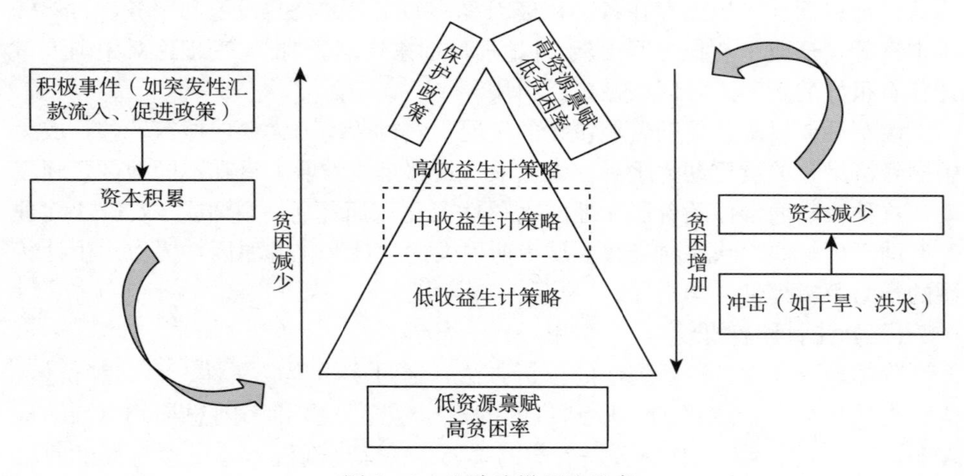

图 2-2　生计阶梯理论示意

（资料来源：WALELIGN S Z，2017. Getting stuck，falling behind or moving forward：rural livelihood movements and persistence in Nepal [J]. Land use policy，65：294-307.）

生计阶梯理论将生计视为一个包含多层次资本和资源禀赋、涉及个人、家庭或社区多种活动的复杂系统。生计阶梯的变化不仅是农户生计转型的动态反映，也为制定有针对性的减贫和生计可持续性治理政策提供有益的视角。焦娜和郭其友（2020）基于生计阶梯理论对贫困治理的本质进行了深入探讨，指出贫困治理的核心在于通过制度和政策的设计，激励贫困农户增加生计资本及其存量，推动其生计策略从低收益生计策略向高收益生计策略转型。这一过程不仅有助于提升贫困农户抵御生计风险的能力，还能帮助他们建立更为可持续的生计策略。基于生计阶梯理论，孙瑞（2021）讨论了中国农村家庭的生计策略分布，结果表明中国农村家庭的生计策略呈“葫芦”形或“橄榄”形分布，同时具有非农化和老龄化趋势。

四、“贫困—环境陷阱”理论

“贫困—环境陷阱”理论与PPE（poverty - population - environment，贫困—人口—环境）怪圈理论、贫困“孤岛效应”理论、空间贫困理论等相关理论均出自贫困地理学的核心研究领域，深入探讨人类贫困与自然、人文要素间的复杂互动（周扬和李寻欢，2021）。自20世纪90年代初，中国学者便致力于研究贫困地区经济与环境的协调发展问题，揭示了“低收入—生态破坏—低收入”的恶性循环现象，指出贫困地区常陷入PPE怪圈，即陷入贫困、人口增长与环境恶化相互加剧的困境（厉以宁，1991）。在此怪圈中，贫困推动了人们对自然资源的过度索取，加剧了环境恶化；而环境质量的下降及公共服务的不足又影响了人们的健康与教育等人力资本积累和其他要素资源配置，进一步削弱了人们摆脱贫困的能力；人口过快增长与土地资源的过度开发使环境承载力不堪重负。如此环环相扣，形成了贫困、人口、环境三者间的恶性循环。因此，农村“贫困—环境陷阱”的形成，是区位、资源、环境、经济、社会文化、政策等多因素交织作用的结果，其本质在于这些要素间的负反馈循环（罗庆和李小建，2014）。尽管中国已全面战胜绝对贫困，但现行标准下绝对贫困的消除不代表贫困的终结，特别是相对贫困具有动态性，随经济发展和社会环境变化而不断演变。解垩（2023）基于资产动态贫困陷阱方法，揭示了中国农村结构收入两极分化现象，强调相对贫困问题的严峻性及其变化的动态性。因此，“贫困—环境陷阱”理论在当前农村发展中仍具有重要的指导意义。

五、外部性理论

外部性（externality）在经济学文献中有时又被称为外部效应或外部经济，是经济学中描述某一行为主体活动对他人或社会产生的未计入市场交易的效益或成本的概念。外部性概念源于英国经济学家马歇尔（A. Marshall）在1890年发表的《经济学原理》中提出的“外部经济”概念，马歇尔用这个概念强调了规模经济带来的额外效益（Marshall，1890）。1920年，英国经济学家庇古（A. C. Pigou）进一步拓展了这一概念，在《福利经济学》中提出了“外部不经济”的概念，指出了生产或消费活动对社会福利的负面影响（Pigou，1920）。随后，著名经济学家科斯（R. H. Coase）在《企业的性质》中提出了著名的科斯定理和交易费用理论，指出由于双方产权界定不清，出现了行为权力和利益边界不确定的现象，从而产生了外部性问题（Coase，1937）。科斯定理认为，在产权明晰且没有交易费用的情况下，可以通过市场交易和自愿协商达到资源的最优配置。然而，在现实世界中，存在着各种交易费用，例如因信息不对称而产生的费用、谈判成本、执行成本等，这些交易费用可能阻碍了市场交易和自愿协商的有效进行。交易费用理论认为，外部性问题的解决需要考虑到交易费用的影响。在交易费用不为零的情况下，政府干预或其他制度可能更为合适。

农业生产活动中，农民的行为常常伴随着外部性，这种外部性既可能是正面的，也可能是负面的。正面的外部性，如农田的水土保持措施，不仅有助于农民自身的作物生长，还能改善周边环境的生态质量，但这种改善并未在农产品市场中得到充分的体现；相反，负面的外部性，如农药的过量使用或土地的过度开垦，可能会导致环境污染和生态破坏，影响周边居民的健康和生活质量，而这些成本往往由社会而非农民个体承担。由于市场无法准确反映这些外部性，导致资源配置出现低效和不公平。为了解决这一问题，政府需要介入，通过农业环境补贴等手段来纠正市场失灵。农业环境补贴的理论依据是：通过给予农民一定的经济激励，引导他们采取更环保的农业生产和经营方式，从而减少负面的外部性、增强正面的外部性。这样，不仅能改善农业生态环境质量、提升农产品的质量安全，还能促进农业的可持续发展，实现经济效益、社会效益和生态效益的统一。因此，农业环境补贴不仅是一种必要的经济手段，更是实现农业绿色发展、乡村振兴和生态文明建设的重要途径。

六、激励理论

激励理论作为探讨个体行为动机的经典理论，阐释了内在奖励与外在奖励如何影响个体行为和动机的复杂过程。依据研究视角的不同，激励理论可细化为内容型激励理论和过程型激励理论两大类别（郭惠容，2001）。内容型激励理论致力于挖掘激励员工辛勤工作的核心要素，其中包括马斯洛（A. Maslow）的需求层次理论以及大卫·麦克莱兰（David C. McClelland）的三重需要理论等。1943年，马斯洛在其著作《人类激励理论》中提出了著名的需求层次理论，该理论将人类需求划分为生理需求、安全需求、社交需求、尊重需求和自我实现需求5个递进的需求层次，这些需求层次构成了一个类似“金字塔”形的结构，每一层级在驱动个体行为中均发挥着不可或缺的作用（晋铭铭和罗迅，2019）。而McClelland（1961）在《成就社会》一书中进一步提出了三重需要理论，他认为个体的内在需求，特别是成就需求、权力需求和亲和需求，是推动其行动的关键动力。

过程型激励理论则聚焦于动机的产生以及从动机到具体行为的转变过程，

其代表性理论包括期望理论和目标设定理论等。1964 年，维克托·弗鲁姆（Victor H. Vroom）在《工作与激励》一书中提出了期望理论，该理论强调了目标设定与个体工作动机之间的紧密联系，认为个体的工作动机源于其对特定行为结果的期望（吴云，1996）。Vroom（1964）进一步阐述了个人目标、努力、工作绩效与奖励之间的复杂关系，为理解动机与行为之间的联系提供了重要视角（郭惠容，2001）。此外，埃德温·洛克（Edwin Locke）于 1968 年提出目标设定理论，强调了明确需求并设定目标的重要性，以及目标反馈的给予与接收机制。Locke（1968）认为，目标本身具有激励作用，能够将人的需求转化为实际行为的动力，促使人们朝着既定目标努力，并通过与目标对照来不断调整和优化自己的行为。

在农业领域，特别是对农户而言，激励理论为农业环境补贴政策的作用机制提供了坚实的理论基础。农业补贴或支持政策通常旨在实现一系列特定目标，如提升粮食产量、改善农产品质量、增强环境可持续性等。在设定这些目标的基础上，政策制定者通过构建相应的政策框架，运用实物或货币补贴等手段，激励农户增加生产投入、采用先进的农业技术，从而提高产量和生产效率；引导农户采用绿色生产方式或是发展多样化生计，降低农户对自然资源的依赖，从而保护当地自然生态系统。在补贴政策的激励下，农户期望通过参与农业生产或保护生态环境来获得额外的经济收益或其他利益，进而促进政策目标的顺利实现。

综上所述，激励理论在深入剖析农户行为动机、指导农业环境政策的设计与实施、推动农业环境补贴政策有效落地等方面发挥着重要的指导作用。

第三节 研究综述

一、农户生计研究综述

（一）农户生计策略选择与生计转型的研究主题

1. 生计策略研究内容

生计策略的研究一直是可持续生计研究的热点问题，不仅涉及农户如何根据自身条件和外部环境选择合适的生计方式，还关乎如何基于这些策略构建和优化可持续的生计体系。

首先，学者们深入探讨了生计策略的具体选择，主要围绕家庭生产与消费决策，涉及的要素包括土地、劳动力、资金等各类生计资本。Waleign（2016）在讨论生计策略的选择时，考虑了 6 种类型的资本，即：农户家庭劳动力人数、户主受教育程度、家庭土地持有总量、家庭牲畜持有总量、家庭生产工具持有总量和家庭储蓄总量。拥有较多生计资本的农户往往具有更多的选择权及较强的处理威胁和冲击、发现和利用机会的能力（赵雪雁等，2020）。此外，与农业生产相关的决策还包括农业生产要素的投入，例如种子、化肥、农药、地膜、机械的使用以及绿色生产技术的采纳等。此外，Manlosa 等（2019）认为经济作物和粮食作物的组合决定了家庭的生计策略。

农户生计决策的一个重要方面是与土地相关的决策，包括对农用地的经营管理。农户需要根据劳动力数量和对农业市场的预期决定是否承包更多的耕地、林场、草场、水库或坑塘，以扩大生产规模。同时，农户对农地的转入转出、休耕与撂荒等决策也需根据农业投入产出比、土地政策导向以及市场需求变化来灵活调整。刘晨芳等（2018）认为农户能够通过调整自身生计策略适应农地整治带来的变化，其研究表明，在农地整治的背景下，传统兼业型和现代兼业型农户所占比重显著增加，而非农兼业型农户所占比重显著减少。此外，随着农村经济的发展，宅基地的退出、农房的出租和改扩建以及经营农家乐等新型土地利用方式也逐渐成为农户生计决策的内容。劳动力的配置是生计策略中的另一个重要方面。农户需要根据家庭成员的劳动力状况、技能水平、市场需求以及家庭人口结构和抚养比，合理配置劳动力在农业和非农、本地和外地、经营性和非经营性活动中的投入比例。这既涉及劳动力数量的分配，也涉及劳动力质量的提升，例如通过培训和教育提高劳动力的技能和素质。马成等（2023）研究表明，当家庭劳动力较多时，农户在从事非农经济活动的同时还会进行农业生产；但当家庭劳动力较少时，农户则更倾向于从事高收益的生产活动，如到外地务工或到当地企业、工厂工作。家庭消费决策同样是生计策略中不可忽视的一环。农户需要根据家庭收入、成员结构以及消费偏好等因素合理选择家庭消费结构，并安排资金在日用品、耐用品、子女教育、养老、医疗、保险等方面的支出。

其次，学者们以生计策略为基础，对生计类型进行了详细的划分。这种划分有助于更准确地把握不同农户群体的生计特点，进而为制定有针对性的政策提供依据。国内学者更侧重于以收入来源与结构为标准划分生计策略类型。农业主导型、农业兼业型、非农兼业型与非农主导型是常见的生计策略分类方式，并可细化为农业生产型、种植自给型、经商型、务工型或转移支付型等。张戬等（2023）根据黄土高原苹果优生区农户的收入来源及不同收入占家庭总收入的比重和劳动力投入情况，将农户生计策略划分为传统农业型、苹果种植型、务工主导型和兼业综合型 4 类。国外学者的研究与实践更侧重以生计多样性为标准划分生计策略类型。Martin 和 Lorenzen（2016）基于风险扩散理论，研究了老挝南部农村社区生计多元化的动因，指出生计活动非农化导致的收入增加与生计资本提升是生计分化的驱动要素。一般而言，农户的生计策略划分为扩张型生计策略、集约化生计策略、多样化生计策略和迁移策略，其中多样化生计策略可以细分为多样化的农业生产策略与多样化的非农业生产策略。多样化的生计可以帮助农户应对冲击、风险等造成的不利影响，增强农户可持续性生计（Blackmore et al.，2023）。随着乡村振兴战略的实施、农业现代化水平的提高以及社会经济的快速增长，越来越多的农户生计策略从单一向多样化发展，并逐渐转移至优势生计。依托乡土文化与自然资源发展乡村旅游、休闲农业和电子商务等新产业发展多样化的生计策略是农村发展的必然趋势。

2. 生计转型研究内容

农户的生计策略是动态变化的，当其所处的生活环境、生计状况以及地方政策制度发生重大变化时，农户通常会调整生计策略以适应新的情况，并没有一种固定不变的生计模式。农户生计转型的核心在于生计策略的改变。一方面，生计策略的选择和实施取决于资源环境、地理位置等条件限制以及生计资源禀赋。自然灾害、疾病等冲击可能会破坏生计选择（Zhang et al.，2019），农户会根据现有条件评估是否需要以及是否能够改变原有的生计方式，从而确定生计转型的方向、程度、结果；另一方面，农户生计转型的结果会进一步影响其生计环境和生计资本，促使农户根据新设定的生计目标进入下一个生计转型阶段。农户生计转型的结果主要体现为家庭生计来源、生产生活方式等的变化，这一演变通常伴随着生产生活空间的转移和对乡村土地依赖程度的改变，并会产生一定的环境效应。因此，基于生计策略的动态性特征进行生计干预与引导，是实现可持续生计的重要手段；综合考虑生计资本、生计环境与生计策略的关系，提升生计资本存量、改善生计环境，从而优化生计策略，是可持续生计的必然选择。此外，必须认识到，农户生计转型不是一个短期的行为，而是一个循序渐进、逐步转变的较长时期的动态演进过程。

近年来，农户生计转型逐渐成为学术界关注的焦点。众多学者围绕生计转型的过程刻画、影响因素分析、效应评估以及干预措施制定等展开了深入的研究（表2-3）。随着长时间序列农户追踪调查数据库的丰富以及生计研究方法的不断创新，农户生计转型的研究逐渐走向深入与细化。在生计转型的过程刻画方面，学者们通过多种研究方法，揭示了农户生计转型的动态过程、规律与路径。例如，焦娜和郭其友（2020）基于生计阶梯理论构建收入—资产指数，识别中国农户的生计策略及其跨期动态转型规律，发现农户兼业化程度和生计多样性程度不断提高，不同类型的生计资本表现出差异化的流动方向，生计转型主要发生在中收益生计策略层，最终整个生计阶梯演化呈“葫芦”形。Thanh等（2021）利用生计轨迹和三维脆弱性框架的追踪研究区域农户采用水产养殖作为新的适应战略后的生计动态。这些研究不仅描绘了农户生计转型的演进特征和演替过程，也揭示了转型过程中的微观差异。在生计转型影响因素的研究中，气候、环境、政策和地理区位等因素被广泛关注。吴海涛等（2015）通过对云南省西南山区少数民族农户的生计模式研究指出，由于地理位置偏远、交通不便以及市场接入度低，农户生计转型受到一定限制，主要局限于从生存型粮食作物种植向发展型经济作物种植的转型。张丙乾等（2008）对赫哲族生计方式的研究则揭示了生态环境变化、现代化进程以及商品经济引入对农户生计转型的深刻影响。Escarcha 等（2020）根据菲律宾农户水牛养殖生计活动的变化，刻画在气候变化背景下农户由传统农业种植转向水牛养殖的生计转型过程。

此外，政策在引导生计转型中的重要作用也备受关注。例如，退耕还林政策的实施使得参与农户的生计策略发生显著变化，向兼业型或非农型转型。Liu 和 Lan（2015）通过退耕还林政策实施前后农户生计多样化程度的定量测度，指出该政策实施过程中增加的劳动力非农就业与技能培训机会是农户生计策略转型的关键因素。土地整治、信贷支持等惠农政策则为农户向农业大户和高素质农民转型提供了有力支持。周建新等（2013）研究发现，西双版纳哈尼族在国家政策的推动下，实现了由粗放的刀耕火种的农业生计向精细管理的林业经济生计的转型。在效应评估方面，学者们主要关注了农户生计策略转型对土地利用模式、自然资源消费方式与效率以及生态系统服务等方面的影响。这些研究不仅有助于深入理解生计转型的环境效应，也为制定科学合理的干预措施提供了依据。在干预措施的制定方面，学者们提出了多种策略和建议。其中，产业扶持、乡村治理、乡村旅游等被视为促进农户生计转型的有效途径（李玉山和陆远权，2020；贺爱琳等，2014）。产业扶持通过提供农业和非农就业及创业机会，对农户的资本积累、生活方式产生影响，从而改变其生计策略选择。乡村旅游业的发展改变了农户原有的生计环境，改变了农户生计资本的储量和组合形式。乡村旅游推动了农户生计策略演化，传统单一的生计方式趋于多样化，促进了农户生计的可持续性。苏芳（2023）指出，乡村旅游是实现乡村振兴的重要载体，对于解决农户生计问题具有重要意义。政府应积极鼓励和引导农户参与旅游生计转型，并结合农户的异质性特征制定差异化政策和措施，以提高农户生计能力和可持续性。

表 2-3 生计转型研究成果及方法运用

作者及年份	数据来源及样本数量	时间维度	研究方法	研究内容
张丙乾等（2008）	赫哲族社区	2006 年	田野调查、定性分析	研究通过田野调查考察了赫哲族生计转型历史发展轨迹，分析转型原因及规律
周建新和于玉慧（2013）	云南省西双版纳傣族自治州老坝荷村	2011 年、2012 年	田野调查、访谈法	通过田野调查分析哈尼族从刀耕火种的生计方式向种植经济作物的生计方式转型的原因，揭示生计转型的逻辑和规律

（续）

作者及年份	数据来源及样本数量	时间维度	研究方法	研究内容
吴海涛等（2015）	云南省西南山区的405份农户调查数据	2002—2007年和2007—2012年	时间跨度对比分析	利用农户调查数据、机构访谈以及统计数据，刻画云南省西南山区农户生计的动态演变过程
史俊宏（2015）	内蒙古自治区320户农户调研数据	2012年、2013年	结构式访谈	基于生态移民调查数据，借鉴世界银行的风险分析框架，构建牧区生态移民生计转型风险分析框架，运用微观主体的风险识别与认知方法，统计描述分析生态移民生计转型风险特征以及风险应对策略
王新歌和席建超（2015）	辽宁省大连市金石滩旅游度假区5个社区556份样本	1992—2012年	纵向时序调查法、参与式农村评估法	结合纵向时序调查法，引入可持续生计的理论框架，探究旅游度假区的生计转型问题
刘自强等（2017）	宁夏回族自治区451份实地调查数据	2014年	参与式农村评估法	获取农户微观调查数据，在测算生计资本指标的基础上，运用线性回归模型对农户生计策略选择的影响因素与生计转型的驱动力进行分析
张银银等（2017）	江西省九江市和湖北省襄阳市620份农户调查数据	2008—2013年	定性与定量分析方法、二元Logistic回归模型	以定性和定量相结合的方法系统分析了征地前后农户生计活动的特征，并利用计量经济模型考察了哪些因素影响失地农户的生计活动，以及不同生计活动所带来的生计结果
王晗和房艳刚（2021）	河北省围场县腰站镇六合店村86份调研数据	2016年、2019年	实证分析、极差标准化法、熵值法等	首先，综合农户生计资本和生计多样化指数对农户进行类型划分；然后，将上述定量分析与深度访谈相结合，以DFID可持续生计框架为理论基础，对不同类型农户的生计特征及转型的可持续性进行分析
唐红林等（2023）	石羊河干流沿线33个乡镇407份调研数据	2019年、2020年、2021年	定性与定量分析方法、双重差分模型、多项Logistic回归模型	将石羊河流域视为流域社会-生态系统，并将农户生计转型作为流域社会-生态系统运行的内部扰动，基于实地调查数据，刻画生态治理下农户生计转型路径，评估转型结果，探究转型机理
Chuong et al.（2024）	越南12个省1 180份样本	2008—2018年	多项Logit模型	基于2008—2018年越南资源调查二级数据库，运用多项Logit模型，评估气候变化影响下越南农村家庭生计选择的变化

（二）农户生计策略选择与生计转型的影响因素

依据DFID可持续生计框架和众多学者研究成果，脆弱性背景、生计资本、政策制度等条件的转变均会影响农户生计策略选择及其动态转型。本小节从这3个方面对影响农户生计策略选择和生计转型的诸多因素进行梳理。

1. 脆弱性背景

脆弱性背景是可持续分析框架中农户无法控制的要素，构成农户生计的外部环境，是造成农户生计脆弱性的风险来源。影响农户生计可持续发展的脆弱性背景主要包括自然灾害、经济波动、政策实施或改变、流行性疾病等。这些风险因素以突发性或周期性的频率对农户生计系统造成不同程度的扰动和冲击，能够引起农户生计资本结构和数量的变化，从而促使农户生计策略发生转变。脆弱性背景对农户生计的负向作用通常体现在影响农户生计资本禀赋、资源获取难易程度以及抗风险能力，还会通过影响相关政策的制定与实施间接影响农户生计资本的积累和组合，进而影响农户生计策略选择。一般来说，生计高度依赖自然资源、位于生态脆弱地区、人力资本不足、处于边缘化的群体往往更容易受到脆弱性背景的不利影响，其风险应对能力更弱。在脆弱性背景对农户生计影响的相关研究中，气候与生态环境变化的影响备受关注。全球气候的持续变暖、海平面的不断上升、降水的极端化（即干旱地区愈发干旱、湿润地区愈发湿润）以及日益频繁的极端天气事件，对农业生产、粮食安全以及农户福祉构成了显著威胁（Zeleke et al.，2023）。如何有效减缓气候变化和环境退化对农户生计带来的不利影响，已成为全球学术界和政策制定者共同关注的焦点议题（Roy et al.，2024）。在这一背景下，国内外学者开展了深入研究。Asfaw等（2019）的研究表明，极端降水频发与作物或生计多样化之间存在着正相关关系，在面对极端降水等气候变化事件时，农户倾向于通过增加作物种类或调整生计方式来应对这些挑战。Escarcha等（2020）在菲律宾地区的实证研究发现，由于台风、洪水和干旱等极端气候事件导致的周期性作物歉收，农民的生计模式逐渐从作物生产转向牲畜生产，以应对气候变化带来的不确定性。

此外，由于农户生计对区域自然生态系统具有较高的依赖性，荒漠化、土地沙化、水土流失、农业面源污染、生物多样性降低等生态环境的持续恶化给农户的生计安全带来了巨大的挑战。这些变化还可能加剧自然灾害的发生频率和强度，进一步威胁到农户的生计安全。Kumar等（2019）以印度北阿坎德邦Jim Corbett国家公园为例，揭示了森林覆盖率下降对人类生活的负面影响，尤其是对那些依赖于森林资源的农业和畜牧业等生计方式造成的负面影响。因此，生态保护在农户生计转型中扮演着举足轻重的角色，它不仅能够确保农户的生计资源得到保护，还能为他们提供更多元化的生计选择和发展机遇。谭伟梅和闫吉美（2020）基于生态保护的视角，对赤水河流域农户生计转型的多元驱动力进行了深入剖析，研究发现流域的生态环境保护、经济社会发展水平以及产业结构的转型升级等因素共同推动着农户生计由单一化向多样化的转型。

2. 生计资本

生计资本的状况和配置结构直接影响农户的生计行为和决策，合理配置和有效利用这些生计资本是实现生计转型的基础。在农户的生计转型过程中，多元化和充裕的生计资本起到了至关重要的支撑与推动作用，有助于农户更有效地抵御各类风险。根据DFID的可持续生计框架，生计资本包括人力资本、自然资本、物质资本、金融资本以及社会资本五大类。此外，学界也对生计资本的分类进行了扩展，引入了地理资本、心理资本、文化资本以及政策和制度资本等概念。已有大量理论与实证研究深入探讨了生计资本如何影响农户的生计策略选择及转型决策。例如，王娟（2014）研究发现山区农户的五大生计资本均不同程度地对农户生计策略产生影响；Bhandari（2013）在尼泊尔地区的研究揭示，人力资本、自然资本和金融资本以及社区资源均不同程度地影响着农户生计转型决策，其中自然资本和金融资本是限制农业向非农业转型的重要因素；周升强等（2023）研究黄河流域农牧交错区农户生计转型发现，人力资本与社会资本有助于农牧民选取进取型生计转型路径，而金融资本更高的农牧民倾向于选择退化型生计转型路径；乐芳军等（2023）以沙化土地封禁保护区为例探究生计资本对生计策略选择的影响，发现自然资本和人力资本显著影响纯农型生计策略的选择，物质资本和社会资本对农户选择兼农型生计策略的影响显著，而金融资本是农户选择非农型生计策略最主要的影响因素。此外，学界也针对单一生计资本类型展开了深入研究。

（1）自然资本。

自然资本是农户生计的重要支柱。农户生计依赖自然资源，农户拥有的自然资本类型越丰富、质量越好、权属越稳定，农户抵御生计风险、保障生计稳定的能力越强。若农户能通过利用自然资本获得预期收益，则他们更倾向于维持当前的生计方式。刘自强等（2017）的研究表明，自然资本对纯农户和农业兼业型农户（以农业为主，同时兼营其他非农产业经营活动）生计策略的选择有显著正向作用。然而，当农户所拥有的自然资本薄弱时，他们更可能倾向于调整生计策略、寻求生计转型。例如，阎建忠等（2009）的研究发现，青藏高原农牧民面临的草地和药材等自然资本退化问题，迫使高山峡谷区和山原区农牧民向第二、第三产业的转型。

在各类自然资本中，土地资源对小农生计尤为重要，土地的数量、类型、质量、权属、空间分布的动态变化均直接影响农户的自然资本，促使农户生计方式发生转变。土地资源不仅为农户提供了经济收入和就业机会，还是农业生产和粮食安全的重要保障。此外，农户还可以通过抵押或出租土地来促进资本积累和财富传承。Daniel 等（2019）探讨了土地所有权在特立尼达和多巴哥农民生计韧性中的作用，研究发现明确的土地产权有助于维持生计。张银银等（2017）研究失地农户发现，征地后农户的自然资本存量减少，促使失地农户向种养以外的生计活动转型，以增加收入。黎毅等（2020）基于 1 045 户农户微观调研数据的分析表明，农地流转能有效促进家庭收入的增加，进一步证明了土地资源在农户生计中的重要地位。

（2）人力资本。

人力资本的数量和质量决定了农户对其他生计资本的利用程度和优先次序。一方面，具备良好人力资本的农户更能够理解市场需求、行业发展趋势和政策变化，能够做出更为明智的生计策略。人力资本决定了劳动力的技能创新能力和技术扩散能力（向栩和温涛，2024）。Bhandari（2013）认为年龄和受教育程度作为人力资本的重要变量，是农业结构变化的重要影响因素，对生计转型有重要影响。

（3）物质资本。

物质资本在很大程度上影响农户参与非农就业的程度。Wu 等（2017）的研究发现，物质资本每减少一个单位，非农业型家庭出现的概率就会增加 0.054 倍。同时，物质资本的积累也可以帮助农户进行农业现代化转型，帮助农户通过采用先进的农业技术和管理模式来提高农业生产效率和产品质量、提高农产品产量和效益，从而实现农业产业升级。

（4）金融资本。

金融资本能够反映家庭经济状况和获得信贷的能力。农户金融资本主要来源于自身的现金收入、从正规渠道和非正规渠道获得的贷款以及无偿援助。农户金融资本积累有助于丰富家庭生计活动和收入来源结构，提升生计活动多样性水平。缺乏金融资本会削弱农户从事非农活动的经济支持，降低其抵御生计风险的能力。相较于小农户，大农户更容易获得收入、储蓄和信贷等金融资本，并有能力利用这些资源来改善他们的生计（Bhandari，2013）。

（5）社会资本。

社会资本衡量农户家庭社交关系的程度。中国农村是典型的“熟人社会”，农户所处的社会网络以及日常的社会交流和人际互动会对个体的生产生活、行为决策产生一定影响（费孝通，2009）。农户的社会网络是基于宗亲、姻亲、邻里、朋友、同学以及生意伙伴等社会关系形成的，每个人在网络中都有着独特的位置和角色（贺雪峰，2013）。总体来说，在农村社区，农户的社会资本主要表现为基于血缘关系的家庭网络、基于地缘关系的邻里网络和基于情感关系的朋友网络。社会资本可以增强人们的相互信任和相互合作，为农户提供信息和资源，降低其交易成本，帮助其获取关于市场行情、农业技术、政策支持等方面的信息，从而更好地制定生计策略（徐勇，2006）。

3. 政策制度

在DFID可持续生计框架中，结构与过程的转变主要涉及制度、组织、政策及相关法律规范等，这些政策制度的变革对农户的生计产生深远影响。与农户息息相关的政策制度涵盖了扶贫兜底（五保户、低保户）、强农惠农（粮食生产补贴、农机购置与应用补贴、农业生产社会化服务、新型农业经营主体支持政策等）、生态保护与修复（退耕还林工程、天保工程等）、产业发展支持（提升乡村基础设施、提供农村信贷支持与金融服务等）、土地制度改革（稳定承包经营权、宅基地有偿退出等）、乡村治理与公共服务（乡村人居环境整治、农村公共服务水平提升改造工程等）等多个方面。这些政策的制定与实施反映了我国不同时期乡村发展与"三农"工作重点的变化，从脱贫攻坚到乡村振兴、从农业大国到农业强国、从经济增长到生态优先。

学者们围绕政策制度对农户生计策略与生计转型的影响进行了深入的实证研究。研究表明，这些政策的制定、改善与实施，不仅会导致农户生计资本或结构的变化，还会引发其生产生活方式的调整。例如，杨永伟和陆汉文（2020）揭示了公益性小额信贷如何通过生产性和消费性服务增强农户的内生发展能力，进而促进其生计的可持续发展。Ayuttacorn（2019）的研究表明，环境保护政策的推行促使泰国清迈Daraang地区的妇女转向有机农业或非农活动，以实现资源的可持续利用并提升收入、粮食安全及整体福祉。李芬等（2014）发现，三江源区的农户经历生态移民后，其生计结构发生了显著变化，生计资本日趋多元化。史俊宏（2015）指出，生态移民在生计转型过程中面临多重风险，因此他们常采取多样化的生计策略以应对和抵御这些风险。

土地整治、基础设施和公共服务设施改善相关政策和工程的实施，能有效改善农户的生产条件和生活环境，为产业发展和农户生计创造更优越的条件。土地整治通过平整耕地和重新安排农业基础设施，一方面改善了耕地资源禀赋，包括地块布局、大小和形状，另一方面升级改造了大量基础设施和公共设施，包括水闸、乡村道路、农场轨道、桥梁等。谢金华等（2020）证实了农地整治措施对农户生计的影响。此外，农业技术的推广和农业现代化服务相关政策的实施则显著提升了劳动生产率，提升了农业竞争力，同时还解放了富余劳动力，推动了农户生计向非农领域的转变。例如，Makate等（2019）的研究显示，政府提供的农业技术推广服务能够增强农户采用耐旱玉米技术改善其生计的积极性，帮助农户通过科学种植和合理使用农药、化肥提升农产品的质量和市场竞争力。Zhao（2021）认为，土地整理通过提高自然资本和物质资本的质量和数量，显著降低了生计脆弱性，并加强了农户生计的可持续性。Liu

等（2024）则证实了农业社会化服务在促进土地流转、推动农村土地适度规模经营中的重要作用。

（三）农户生计策略选择与生计转型的效应评估

在我国以农户为基本单位的农村土地承包经营制度和农业生产模式下，农户生计既体现了经济行为主体利用自然资源和生态系统服务的过程、途径和方式，也直接决定了生态系统和农户自身福祉的可持续性（王凤春等，2021）。农户生计策略选择与生计转型的效应评估可作为评价公共政策实施效果的工具，并为公共政策的改善提供参考。农户生计效应评估研究主要围绕农户生计子系统和生态环境子系统分别展开。

1. 农户生计子系统

农户时刻面临自然、社会、经济等多重压力，基础设施不足、受教育程度不高、劳动力不足、收入水平低等是农户生计脆弱性的主要表现，也是造成农户受到压力因素多重影响的原因。在脆弱性背景下生存的农户，如何利用生计资本、选择生计策略，在一定程度上决定了他们的生计结果。农户采取的生计策略取决于其所拥有的资产状况。一方面，农户通过不同类型资本的组合降低其生计脆弱性。Rahut 等（2018）指出，与仅以农业为生的家庭相比，生计多样化的农户收入更高。Mengistu 等（2024）也指出，多样化生计策略对于增加家庭总收入至关重要。另一方面，农户通过提升技能水平、建立社会安全网、响应国家政策等方式，增强其应对外部风险和压力的能力。例如，吴吉林等（2017）指出，不同生计类型的农户通过利用有利政策，依据自身拥有的生计资本状况适时调整生计策略，拓宽了生计来源。王君涵等（2020）研究表明，通过易地搬迁，农户跳出了原本由于制约性资源存量过低而无力摆脱的贫困陷阱，进入了一个新的可持续生计循环中。Chuong 等（2024）指出，社交网络不仅在为家庭创造信息来源方面发挥着重要作用，而且在家庭抓住机会降低风险方面也发挥着重要作用。随着生计研究的不断深入，仅依靠生计资本的积累与转化并不能保护农户免受外界冲击。以可持续发展理论为支撑的生计研究隐含韧性思维，与生计韧性的结合能够加强农户家庭生计的动态监测以及阐明农户在抵御外来风险时如何更好地维持自身的生计水平。翟彬等（2024）指出，生计策略的选择处于动态变化之中，优化农户生计方式对生计韧性具有显著的提升效应。如果农户认为生计结果不令人满意，那么农户会根据自身条件寻找新的生计方案（Reed et al.，2013）。也就是说，生计结果又会反向影响生计资本的性质和状况（汤青等，2013）。王娟等（2014）研究表明，随着种植结构和劳动力分配结构的改变，山区农户生计行为从“生存型”生计转变成“发展型”生计。Jiao 等（2017）研究表明，随着时间的推移，超过 70%的家庭会改变生计策略，以应对不断变化的压力、激励和机会。

2. 生态环境子系统

农户在依赖自然生态系统获得生计福祉的同时，也会通过对自然资源的消耗以及对生态环境的影响反作用于自然生态系统，造成生态系统结构与服务水平的改变。例如，在许多发展中国家，贫困农户的生计来源往往高度依赖自然资源的开采利用，但是过度依赖自然资源的生计活动容易导致环境退化，使农户陷入贫困—环境陷阱（赵雪雁，2017）。生计转型可能改变农户对自然资源的依赖，使农户对生态环境形成外部性影响，即产生生态环境溢出效应。这种溢出效应既可能是正面的也可能是负面的，例如，贾玉婷等（2023）发现陇南山区发生生计转型的农户中，由传统农业主导型转向务工主导型、由经济作物主导型转向传统农业主导型、由经商主导型转向综合型的农户人均家庭碳排放量减少。然而，王成超和杨玉盛（2011）通过田野调查和比较分析方法对鲁中南沂蒙山区农户进行生计行为变迁研究，结果发现在不同的发展阶段，农户生计对生态系统干扰程度有所差异，生态系统状况存在局部恶化的现象。农户生计不论是单一化还是多样化，都会对当地环境产生相应的影响。单一化的生计策略的生态系统服务水平较低，对生态环境保护具有阻碍作用。由于缺乏先进生产要素的投入，农户的生计单一化难以应对生计的不稳定性，一些农户可能会采取乱砍滥伐等不合理的行为，导致土地的过度开发和森林资源的破坏，加速生态系统的退化。同时，为了获得更多的收入，农户可能会过度使用化肥、农药和其他化学品，造成土地和水源的污染，对生态环境造成长期的负面影响。

农户生计多样化对于生态环境的影响更为复杂。随着农户从传统的以农业生产为主的生计策略逐渐向兼业化、非农化、农业专业化转变，农户自身的生产行为和生活行为也相应发生变化，体现在农户对土地资源、水资源等自然资源的依赖程度、利用方式以及利用效率上（杨伦等，2019）。在生计多样化的转型过程中，农户可能会更加注重土地资源和水资源的可持续利用，采取更多样化的农业种植方式。然而，也需要警惕生计多样化转型可能带来的负面影响。例如，杨肃昌和范国华（2018）研究发现，农户兼业化增加了农业的资本要素投入，进而对农村生态环境产生了负面影响。此外，生计方式还是缓解生态脆弱区人口压力和环境退化等问题的关键。张芳芳和赵雪雁（2015）指出，随着生计多样化、非农化水平的提高，农户的日常生活燃料由秸秆、薪柴等传统能源转向电力、太阳能等清洁能源，这在一定程度上促进了生态脆弱区生态环境的恢复。因此，农户生计转型对生态环境的影响是可变和复杂的，需要在实证中进行检验。

（四）研究评述

农户作为农村地区最基本的社会经济单元和行为决策主体，处于人口、经济与资源环境矛盾的核心。研究农户生计对于理解人与自然的互动关系，协调经济、社会、生态可持续发展具有重要意义。现有研究在探讨农户生计方面已经积累了一定的成果，但也存在以下不足之处：

1. 生计转型动态性研究缺乏

生计视角面临的一个挑战是如何应对长期变化。农户在面对不断变化的外部环境和内部条件时，需要灵活地调整和改变其生计策略。然而，已有研究多选取截面数据开展单一时点研究，将生计实践看作是物质层面的、静止的，缺乏长时间的、动态的和跨尺度的追踪研究。虽然已有一些长时间序列追踪调查数据的支撑，但为了适应农村发展的新情况和研究的新需求，未来应对已有的长时间序列追踪调查项目进行持续追踪，确保数据的连贯性和可比性。同时，针对农村新出现的研究领域，如农村电商、乡村旅游、新型农业经营主体等，未来应增加相关调查内容，以揭示这些新兴领域的发展趋势和潜在问题。

2. 生计的复杂性分析不够深入

生计是一个多维度且复杂的概念，受到经济、社会、环境等多方面因素的交织与影响。然而，当前的研究往往局限于某些特定的影响因素或驱动力对生计的单一作用，缺乏一个全局性和系统性的视角。特别是在脆弱性环境冲击和生计驱动因素不断变化的背景下，仅仅依靠局部性的适应策略难以实现生计的可持续性和稳定性。为了更深入地探讨农户生计的复杂性和动态性，未来可运用复杂性科学的理论与方法，探索各种因素之间的潜在联系和规律。

3. 新技术方法运用较少

目前研究主要采用家庭综合调查、抽样调查以及参与式乡村评估（PRA）等方法来获取生计资本各要素数据信息，然后采取线性回归分析模型、Probit 模型和 Logit 模型等计量经济方法来分析各要素之间的联动关系，对于新技术方法的运用比较少。未来应加强其他学科领域研究方法在农户研究中的应用。例如，将地理空间可视化技术用于揭示农户生计在地理空间上的分布格局和变化特征；将多智能体模型用于预测不同政策干预情景下农户生计转型方向；运用大数据分析、探索性模拟分析以及高性能计算技术，从海量的文献和数据中挖掘影响农户生计转型的关键因素。

二、农业环境政策研究综述

（一）农业环境政策介绍

农业生产与生态环境之间存在着紧密、复杂的联系。在区域资源环境承载力允许的范围内，人类若能合理开发利用自然资源进行农业生产，不仅能够为人类提供食物，更能发挥多重生态功能，如净化空气、调节气候、净化水质并有效涵养水源、预防洪水及土壤侵蚀。然而，一旦农业经营活动超越其承受范围，例如出现过度开垦或者化肥、农药使用不当等现象，就会带来一系列严重的生态环境问题，如土壤侵蚀加剧、地力下降明显、水土污染严重以及生物多样性降低等。在此背景下，可持续农业作为一种旨在平衡环境保护与农业发展目标的理念和对策应运而生。农业环境政策作为实践可持续农业的关键政策工具，已在全球范围内得到广泛应用。无论是欧盟的"共同农业政策"，还是美国的"保护性储备计划"与"环境质量激励计划"，抑或是日本的"环境保全型农业"、韩国的"生态农业"、尼加拉瓜的"农牧复合生态系统补偿项目"等，这些政策均旨在实现农业发展与生态保护的双重目标，并逐步拓展至农业现代化、多功能农业发展、农民福祉增进以及农村社区活力提升等多元化目标。

我国农业与环境相关政策的演变历程可划分为4个阶段：第一个阶段是改革开放初期（20世纪70年代末至80年代中期）。在这一阶段以农村经济恢复为主，环境保护尚未成为政策制定的核心议题。第二个阶段是环境意识觉醒阶段（20世纪80年代末至90年代初）。随着环境问题的日益凸显，环境保护相关法律法规开始陆续出台，特别是1989年颁布的《中华人民共和国环境保护法》标志着我国环境管理法律体系的正式形成，为农村环境保护提供了坚实的法律支撑。第三个阶段是农业可持续发展阶段（20世纪90年代至21世纪初）。在此阶段，政策焦点逐渐转向农业可持续发展。1992年发布的《中国21世纪议程——中国21世纪人口、环境与发展白皮书》标志着中国农业可持续发展战略的确立，而1993年颁布、2002年第一次修订的《中华人民共和国农业法》则进一步强调了农业资源的可持续利用与生态环境保护。第四个阶段是生态文明建设阶段（2010年至今），政府致力于减轻农业对环境的负面影响，推动绿色、资源节约和可持续农业的发展，并加强对土壤、水资源及农村污染的治理。这一阶段的政策更加注重生态文明建设，旨在实现农业与环境的和谐共生。

我国的农业政策和环境政策在制度的顶层设计层面已呈现一体化发展趋势，多部环境法律法规中均涉及了针对农业污染防治的专项政策。然而，由于执法主体分散于农业、林业、海洋、水利、矿产资源等多个管理部门，统一监管的实施面临诸多挑战，直接针对农业非点源污染物控制的政策法规或行动规划仍然滞后（周娟，2014）。进入21世纪后，我国广大农村地区所实施的多项农业与环境政策依然各有侧重，例如，2000年前后，我国开始实施以生态环境修复为主要目标的生态补偿项目（如退耕还林工程、天保工程）；2004年以来，我国开始实施以促进粮食增产、农民增收为目标的农业支持政策。这些政策在目标设计上存在一定的差异，进而对农户的生计策略与生计转型产生了不同的干预效果。本书聚焦于这些具有代表性的农业环境政策，依托农户调研数据进行深入的政策评估，系统剖析农业政策如何影响农户的生计策略与生计转型决策，旨在为农业环境政策的优化提供实证支持与决策参考。

1. 农业支持政策

自1978年改革开放政策实施以来，经济增长和快速城市化进程的推进导致大量耕地资源被占用，而退耕还林工程的推行进一步缩减了耕地面积。为应对耕地面积缩减带来的粮食安全挑战，农业支持政策应运而生，旨在通过政府财政支出、金融市场工具及价格干预等手段支持农业的生产与发展。其中，农业补贴与价格支持政策构成了农业支持政策的核心。

农业补贴是指政府通过财政对农业生产、流通和贸易环节进行转移支付（杨芷晴和孔东民，2020）。自2004年起，我国逐步取消农业税，并实施相关农业补贴政策，有效促进了农民增收及农业与农村的整体发展。至2006年，我国农业补贴政策体系已趋成熟，形成了以种粮农民直接补贴、农业生产资料综合补贴、良种补贴和农业机械购置补贴为核心的"四项补贴"制度。这些补贴通常依据承包粮食播种面积或耕地面积发放，显著促进了粮食产量的稳定增长及农民收入的持续提升，实现了"保供给"与"保增收"的双重目标。在我国粮食生产出现阶段性过剩和资源环境压力日益趋紧的背景下，农业补贴政策目标调整为以高质量绿色发展为导向，农业补贴政策也经历了从"四项补贴"到"三项补贴"（即农业支持保护补贴）的转变。2015年，财政部、农业部发布《关于调整完善农业三项补贴政策的指导意见》，将农作物良种补贴、种粮农民直接补贴和农资综合补贴合并为农业支持保护补贴，支持对象重点向种粮大户、家庭农场、农民合作社和农业社会化服务组织等新型经营主体倾斜，更加强调对耕地地力保护和粮食适度规模经营的支持。

价格支持政策通过干预与价格紧密相关的产出和投入环节，有效调节市场供需。自2004年起，我国逐步构建了以粮食最低收购价、临时收储和目标价格为核心的重要农产品价格支持政策体系，主要针对小麦、稻谷、玉米、大豆、棉花和油菜籽等6种重要农产品（张天佐等，2018）。2004—2012年，我国实施了包括最低收购价和临时收储政策在内的一系列措施：首先，明确政策的启动与退出机制，以减少对市场的过度干预，国家根据市场供需情况、生产成本等因素，合理确定粮食的最低收购价格；其次，明确收购主体及其按最低收购价收储粮食的责任，确保政策的落地执行；最后，限定政策实施的品种和区域，旨在降低政策执行成本，提高政策效率。在政策实施的时间轴上，2004年，我国率先在水稻主产省份推行稻谷最低收购价政策；在2006年，小麦也纳入了最低收购价政策的范畴；2007—2009年，我国相继实施了玉米、大豆、油菜籽等农产品的临时收储政策；至2011年，棉花亦被纳入临时收储政策的覆盖范围。随着市场化改革的深入推进，自2014年起，多个中央1号文件均强调了农产品市场价格形成机制的改革方向。我国的农产品价格支持政策逐步向以市场定价为基础、实现价格和补贴分离的目标迈进。为此，国家启动了棉花和大豆的目标价格改革试点，探索实施“市场化收购＋目标价格补贴”的新型政策模式，同时逐步取消了棉花、玉米等农产品的临时收储政策，尝试推行“市场化收购＋生产者补贴”的方式，以更好地发挥市场机制的作用。

当前，我国农业支持政策体系已日趋完善，形成了以农业支持保护补贴和“三项价格支持”（即最低收购价、临时收储、目标价格）为核心，涵盖禽畜良种及规模化养殖补贴、化肥淡季商业储备利息补贴、农业保险保费补贴等多项补贴项目的综合政策体系，在增加农民收入、保障粮食生产安全、稳定粮食市场价格、促进农业绿色发展等方面展现出了显著的积极效果，为我国农业的可持续发展提供了有力支撑。

2. 生态补偿政策

生态补偿政策在国际上称作“生态系统服务付费”（payments for ecosystem services），其核心目的在于通过经济激励保护生态系统，确保其持续提供生态服务，并调节相关利益方的关系。2007 年发布的《国家环境保护总局关于开展生态补偿试点工作的指导意见》（环发〔2007〕130 号）明确界定了生态补偿机制的内涵，即：以保护生态环境、促进人与自然和谐为目的，根据生态系统服务价值、生态保护成本、发展机会成本，综合运用行政和市场手段，调整生态环境保护和建设相关各方之间利益关系的环境经济政策。由此可见，我国生态补偿机制与国际上常说的“生态系统服务付费”内涵一致。

近年来，全球范围内，无论发达国家还是发展中国家均广泛实施了众多生态补偿政策项目，例如，哥斯达黎加是国际上较早实施“生态系统服务付费”项目的国家之一（Pagiola et al.，2005），该国政府通过向土地所有者支付费用，鼓励他们保护和恢复森林生态系统，以提供水源保护、碳储存和生物多样性保护等生态服务。这一政策显著提高了森林覆盖率，改善了水质，并促进了生物多样性的恢复。美国实施的保护性退耕休耕计划也是一个典型的生态补偿政策（Hellerstein，2017），通过向农民提供经济激励，鼓励他们将边际土地转为非农业用途，如植树造林或恢复草地，以改善土壤、水质和保护野生动植物栖息地。又如，欧盟的农业环境措施是一种综合性的生态补偿政策（Lastra-Bravo et al.，2015），旨在通过提供经济支持，鼓励农民采取更环保的农业实践，如减少化肥和农药的使用、保护生物多样性等。该政策有助于改善农业生态系统的健康状况并促进农业的可持续发展。生态补偿已成为生态经济学和环境经济学的热点研究领域。在发展中国家，这类政策通常针对将自然资源（如森林、草地、湖泊等）作为主要生计来源的农户，通过经济补偿引导其转变生计方式，旨在同时实现生态保护与农户生计改善的双重目标。而政策目标实现的关键在于农户能否转变依赖自然资源的生计模式，实现生计向非农化、多样化转型（Bryan et al.，2018）。

作为世界上人口最多的发展中国家之一，中国近几十年来始终面临着农村贫困与环境恶化的严峻挑战。在日益加剧的生态压力及经济、社会和政策等多重因素的共同推动下，我国政府自20世纪90年代起便着手实施了一系列与森林修复与保护紧密相关的重大生态补偿工程项目。其中，天保工程和退耕还林工程备受瞩目，这两项工程是全球范围内财政投入规模最大、地理覆盖范围最广、政策持续时间最长、社会生态影响最为深远的生态补偿项目，兼有改善生态环境和增加农民收入的双重政策目标（Liu et al.，2008）。

（1）天然林资源保护工程。

我国自1998年起，在云南、四川、重庆等共计12个省份率先启动为期两年的天保工程试点，此举标志着我国林业发展重心由木材生产逐步转向生态建设。2000—2010年，我国在长江上游地区、黄河上中游地区、黑龙江、吉林、内蒙古、新疆、海南等有重点国有林区的17个省份下辖的734个县和167个森工局全面推行天保工程一期工程。2010年起开始实施天保工程二期工程，其实施范围在一期工程基础上，进一步涵盖了丹江口库区的11个县（市、区）。天保工程历经试点和两个10年期建设，到2020年底，中央财政累计投入资金5 000多亿元，累计减少天然林采伐3.32亿米^3。天保工程通过严格森林管护、有序停伐减产、培育后备资源、科学开展修复等措施，有效减少了天然林的采伐量，促进了天然林生态系统的恢复，改善了野生动物栖息地环境，并提升了人民群众对生态保护的意识。

天保工程的目标有明确的阶段性划分，包括近期、中期和远期目标（曹文，2008）。近期目标是：到2010年全面停止长江上游、黄河中上游地区划定的生态公益林的森林采伐，并调减黑龙江、吉林、内蒙古国有林区天然林资源的采伐量，通过严格控制木材消耗、杜绝超限额采伐，初步保护和恢复现有天然林资源，从而缓解生态环境恶化趋势。中期目标展望到2030年，重点聚焦生态公益林建设与保护、建设转产项目、提高木材供给能力以及恢复和发展经济。远期目标则规划至2050年，旨在实现天然林资源的根本恢复，基本以利用人工林为主进行木材生产，并在林区建立起完备的林业生态体系和合理的林业产业体系，从而充分发挥林业在国民经济和社会发展中的重要作用。

根据财政部与国家林业局于2011年联合印发的《天然林资源保护工程财政专项资金管理办法》（该办法已于2020年废止），天保工程财政专项资金主要涵盖森林管护费、中央财政森林生态效益补偿基金、森林抚育补助费、社会保险补助费以及政策性社会性支出补助费等多个方面。根据国家林业局在2011年对天保工程的政策解读[①]，人工造林一期工程在不同地区的投入标准有所不同，例如长江上游地区为每亩200元，黄河上中游地区为每亩300元；二期工程投资标准统一提升至每亩300元。封山育林一期工程投入标准为每亩70元（其中中央投入每亩56元），而二期工程中央预算内投资标准则提升至每亩70元。飞播造林一期工程投入标准为每亩50元，二期工程则提高至每亩120元。在森林经营方面，中幼林抚育按照每亩120元的标准进行安排，后备资源培育中人工造林每亩300元，森林改造培育每亩200元；在森林管护方面，国有林一期工程补助标准为每亩1.75元，二期工程则提升至每亩5元。集体所有的国家公益林森林生态效益补偿基金每亩10元，而集体所有的地方公益林则按照每亩3元的标准补助森林管护费。"十三五"期间，中央财政对天保工程的政策补助标准进一步增加。2016年，人工造林乔木林补助提高到每亩500元，灌木林提高到每亩240元，封山育林提高到每亩100元，飞播造林提高到每亩160元，补植补造、改造培育的补助则由每亩200元提升至每亩300元。2017年，国有林管护补助从每亩5元提高到每亩10元。2019年，集体和个人所有天然商品林停伐补助标准从每亩15元提升至每亩16元，同时国家级生态公益林补偿标准也同步提高至每亩16元。这些措施的实施，有效推动了天保工程的顺利进行，促进了生态环境的改善与林业产业的可持续发展。

（2）退耕还林工程。

退耕还林工程的主要任务是：将易造成水土流失的坡耕地和沙化耕地有计划、有步骤地停止耕种，严格执行"退耕还林、封山绿化"等政策措施，实现从毁林开荒向退耕还林的历史转变。1999年以来，我国先后开展了两轮大规模退耕还林还草，分别为1999年起实施的第一轮退耕还林还草和2014年起实施的第二轮退耕还林还草，中央累计投入5 700多亿元，共计完成退耕还林还草任务2.13亿亩，同时完成配套荒山荒地造林和封山育林3.1亿亩，退耕还林工程贡献了全球绿色净增长面积的4%以上，取得了巨大的生态效益。在生计方面，退耕还林还草先后在25个省份和新疆生产建设兵团实施，共有4 100万户农户、1.58亿农牧民参与并受益。第二轮退耕还林还草的建档立卡贫困户覆盖率达31.2%，促进200多万建档立卡贫困户、近千万贫困人口脱贫增收，在促进农民增收和助力脱贫攻坚方面成效显著。

第一轮退耕还林还草始于1999年在四川、陕西、甘肃3省开展的试点。

① 资料来源：国家林业局天然林保护工程管理中心，国家林业局权威解读天然林资源保护工程二期政策［EB/OL］.（2011-05-17）［2024-05-10］. https://www.gov.cn/gzdt/2011-05/17/content_1865437.htm.

2002年起，退耕还林还草工程在全国25个省份及新疆生产建设兵团全面实施，共涉及1 897个县（市、区、旗）。根据《国务院关于进一步做好退耕还林还草试点工作的若干意见》（国发〔2000〕24号）、《国务院关于进一步完善退耕还林政策措施的若干意见》（国发〔2002〕10号）的相关规定，粮食和现金补助标准为：长江流域及南方地区，每亩退耕地每年补助粮食（原粮）150千克；黄河流域及北方地区，每亩退耕地每年补助粮食（原粮）100千克。每亩退耕地每年补助现金20元。粮食和现金补助年限，还草补助按2年计算，还经济林补助按5年计算，还生态林补助暂按8年计算。此外，退耕还林、宜林荒山荒地造林的种苗和造林补助款按每亩50元标准，由国家提供。为了降低粮食运输成本、提高执行效率，《国务院办公厅关于完善退耕还林粮食补助办法的通知》（国办发〔2004〕34号）规定，从2004年开始，原来的粮食加现金的补偿方案改为只补偿现金的方案，补助粮食（原粮）的价款按每千克2.8元折价计算。加上退耕地补贴，长江流域和黄河流域参与者的补偿标准分别为每年230元/亩和160元/亩。

2007年，按照原定退耕还生态林补助8年、还经济林补助5年、还草补助2年的规定，直补农户的政策陆续到期，部分退耕农户生计出现困难。2007年6月，国务院第181次常务会议研究决定，将退耕还林还草补助政策再延长一个周期，并实施巩固成果专项规划。2007年8月9日出台的《国务院关于完善退耕还林政策的通知》对退耕还林政策做了新的完善，主要内容就是在原有的补助政策到期后，继续对退耕农户给予适当补助，以巩固退耕还林成果，解决退耕农户生活困难和长远生计问题。原有退耕还林补助政策结束后，再延长一个周期，即还生态林再补8年、还经济林再补5年、还草再补2年。在延长期内，从粮食补助资金中拿出一半对退耕农户进行直接补助，同时还要加上退耕地补贴，其中长江流域及南方地区退耕地每年补助现金125元/亩，黄河流域及北方地区退耕地每年补助现金90元/亩。

为了进一步巩固退耕还林还草成果，并扩大退耕还林还草规模，2014年8月，国家发展和改革委员会、财政部、国家林业局、农业部、国土资源部联合印发《关于印发新一轮退耕还林还草总体方案的通知》，开启第二轮退耕还林还草工作，继续在陡坡耕地、严重沙化耕地、重要水源地实施退耕还林还草，重点向贫困地区集中，向建档立卡贫困村、贫困人口倾斜，发挥退耕还林还草政策的扶贫作用。退耕还林补助1 500元/亩，分三次下达，第一年800元/亩，第三年300元/亩，第五年400元/亩；退耕还草补助800元/亩，分两次下达，第一年500元/亩，第三年300元/亩。

2022年，自然资源部、国家林草局、国家发展和改革委员会、财政部、农业农村部联合印发《关于进一步完善政策措施巩固退耕还林还草成果的通知》，明确了延长第二轮退耕还林还草补助期限。退耕还林现金补助期限延长5年，补助标准为每年每亩100元，每亩共补助500元；退耕还草现金补助期限延长3年，补助标准为每年每亩100元，每亩共补助300元。

（二）农业环境政策影响评估

1. 农业支持政策的影响评估

在政策目标方面，农业补贴政策以直接向农业生产者提供经济支持为主要手段，其核心在于达成增加农户收入与保障粮食生产这两大政策目标；而价格支持政策则主要采取设定粮食最低收购价、实施临时收储等措施，更加偏重稳定粮食价格与促进农业绿色发展（杨芷晴和孔东民，2020）。价格支持政策和农业补贴政策不断完善，共同确保了不同阶段政策目标的实现，构成了我国农业支持保护制度的核心。在此基础上，学者们研究了农业支持政策对农户收入、粮食生产和生态环境的影响。

（1）农业补贴政策的影响评估。

农业补贴政策对农户收入的直接影响在于其具有转移支付的特性，能够直接推动农民收入的增加。此外，还存在着两条可能的间接影响路径：一条是农业补贴可能通过影响粮食产量变化对农户收入产生影响；另一条是农业补贴影响了与补贴直接相关的农业要素投入价格，从而影响农户的总体收入水平。

关于农业补贴对粮食生产的影响有两种相反的观点。一种观点认为，农业补贴可通过促进农户扩大土地转入规模、增加农业生产投资和提高农业机械化水平等途径来改善粮食生产效率（张亚洲等，2023）。例如，许庆等（2021）指出，农业补贴改革在整体上提高了规模农户的补贴获得率，促进了粮食适度规模经营。另一种观点认为，农业补贴也可能通过破坏市场机制、扭曲农业资源配置、诱导地租上涨等途径对粮食生产产生不利影响（孙博文，2020）。

在农业补贴对生态环境的影响方面，当前文献主要聚焦于农业补贴政策对化肥施用强度的影响。多数观点认为，农业补贴在一定程度上加剧了农业环境污染。这是因为随着农业规模化和集约化的推进，对化肥、农药等农业生产资料的需求日益增大。特别是在农业补贴降低了污染性生产要素的实际成本后，农户出于提高生产效率的考虑，更倾向于增加化肥、农药和农膜等要素的使用，从而加剧了农业污染的程度。例如，于伟咏等（2017）认为，农业补贴政策扭曲了生产要素市场，形成价格相对低廉的化肥要素对劳动力要素的替代，助长了农户对化肥的过量施用。此外，减免农业税、粮食直补、良种补贴和农资综合补贴等政策措施虽然可以激励农户扩大生产，但也可能导致土地资源被过度开发，进而对生态环境造成严重破坏。然而，也有文献提出不同观点，认为农业补贴在某些情况下具有污染抑制和减排效应，这种效应通常是通过农业环境库兹涅茨曲线（EKC）中的技术效应来实现的（孙博文，2020）。这一观点为全面理解农业补贴政策的环境效应提供了更为多元的视角。

(2) 价格补贴政策的影响评估。

一些学者认为，价格支持政策能增加农户收入和保障粮食安全。例如，秦炳涛和陶玉（2017）建立粮食收购评价体系，研究表明最低收购价格政策能有效激发农民的种植积极性，对保障粮食安全和稳定农民收入具有积极作用。然而，另一些学者则认为价格支持政策对农户增收的效应不够明显，并在一定程度上破坏了粮食的稳定性。贾娟琪（2017）的研究结果表明，在玉米临时收储政策的背景下，玉米种植面积过度增加导致了主粮种植结构的失衡，同时也造成了资源配置的低效率，给国家带来了巨大的财政压力和库存压力。价格支持政策对农业生态环境的作用路径主要在于：通过影响农户对从事农业生产的收入期望，改变农户的生产决策，进而直接或间接地影响农业环境。吴银毫和苗长虹（2017）的研究结果显示，价格支持政策通过提高粮食作物的种植比例，发挥了农业结构效应，显著降低了农业面源污染的程度。

2. 生态补偿政策的影响评估

退耕还林和天保工程这两项具有改善生态环境和增加农民收入双重政策目标的生态补偿政策项目引起了国内外学者们的广泛关注，对其具体实施效益的评估成为学术界的研究热点。在生态效益方面，学者们针对黄土高原（金钊，2022；张慧雯等，2023）、集中连片特困区（刘亦文等，2024）、石漠化地区（宋同清等，2011）、喀斯特山区（张博胜等，2010）等重点区域，综合运用遥感、地理信息系统、生态模拟等多种技术与方法，围绕退耕还林工程和天保工程的生态、水文、侵蚀和气候效应展开了大量研究。学者们对于生态补偿政策的生态效应的认知较为一致，普遍认可中国实施的以退耕还林和天保工程为主的生态补偿工程项目在提高植被覆盖度、降低土壤侵蚀、增加碳封存等方面发挥了显著的积极效应（Liu et al.，2008）。中国退耕还林工程是世界上规模最大，全球实施面积、投资额和参与者人数最多的生态系统服务计划之一。黄麟等（2021）研究表明，2005—2015 年，在工程县域约 46%退耕还林还草地块的土壤保持功能与约 49%地块的水源涵养功能得到了提升。徐省超等（2021）研究结果表明，退耕还林工程有效提升了渭河流域的水源涵养、土壤保持、固碳、生态环境质量改善等生态系统服务。Li et al.（2023）指出，实施退耕还林后，2000—2017 年黄河沿岸年均输沙量比 20 世纪 90 年代平均水平下降了 57%。此外，Chen 等（2019）的研究更是明确指出，约有 25%的地球植被面积增长来自中国，中国的生态补偿工程项目为全球植被覆盖率的增长做出巨大贡献。

在社会效益和经济效益方面，学者们深入探讨了退耕还林和天保工程对农户收入（高清等，2023；潘丹等，2022）、劳动力分配（Kelly and Huo，

2013)、耕地利用(Yin et al.,2014)、能源利用(Song et al.,2018)的多元影响,并检验了其减贫效应(谢晨等,2021;杨均华等,2019)与福利效应(张旭锐和高建中,2021)。大量实证研究揭示,相较于生态效益,这些生态补偿项目的社会效益、经济效益更为错综复杂,受到农户自身特征(如生计资本)、地域特征(如当地农产品和劳动力市场、基础设施水平)、评估时点、政策执行阶段以及同步实施的其他政策等多重因素的显著影响,表现为不同的影响大小和作用方向。例如,Chao 等(2017),Kelly 和 Huo(2013),Yin 等(2014)学者在陕西、四川、宁夏等地的实证研究表明,退耕还林工程通过减少耕地面积促进了家庭富余劳动力的增加,并推动了劳动力从第一产业向第二、第三产业转移。然而,Li 等(2011)的研究则表明,退耕还林工程和天保工程并未导致劳动力转移,农户可能将富余劳动力投入到对土地的精细化管理、增加土地转入、发展禽畜养殖或利用其他自然资源等方面。陈津志等(2023)则结合农户个人禀赋与退耕还林政策,探讨了农村人力资本与农户经济林经营行为之间的关系,发现政策实施对经营经济林的农户人力资本的效用具有正向调节作用,但在纯农户群体中,政策实施反而可能掩盖人力资本的积极影响。

此外,由于社会经济环境的变化和人类行为的复杂性,生态补偿政策的影响会随着时间的推移发生变化。例如,Song 等(2014)在陕西省的调研揭示,众多农户在退耕还林工程补偿结束后倾向于恢复耕作,对退耕还林工程的可持续性构成了潜在威胁。甄静等(2011)利用四川、江西、河北、陕西、山东和广西 6 个省份的 1995—2008 年面板数据,通过倾向得分匹配法分析发现,退耕还林工程的增收效应随时间发展呈现出倒 U 形的变化趋势,这表明生态补偿项目的社会、经济影响具有动态性。潘丹等(2022)基于中国家庭收入调查数据构建了“反事实”分析框架,从退耕程度与参与退耕时间两个维度深入剖析了退耕还林对农户收入的影响效应。研究结果显示,退耕程度高会显著提升退耕农户的收入水平,但退耕程度低则会显著地降低退耕农户的收入水平;相较于未参与退耕的农户,参与退耕时间早对农户家庭收入的影响并不显著,而参与退耕时间晚的农户家庭人均可支配收入则出现了明显减少。因此,为确保政策的有效性,有必要在政策实施的不同阶段开展动态评估,以便更全面地了解政策对农户生计行为影响的动态变化,进而为政策的修正与完善提供科学指导。

受财政资金约束,生态补偿政策的可持续性也引起了学者们的关注。其中,退耕还林工程尤为突出,出现了“有人栽,无人管”、造林质量堪忧等问题(项锦雯等,2023)。退耕还林工程的可持续性面临两大挑战:一方面,当前以资金补偿和实物补偿为主导的生态补偿方式导致农户对补助形成较强的依赖，难以形成可持续的生计策略；另一方面，地方在实施生态补偿项目时存在监管不足的问题。

（三）研究评述

目前，我国面临着农村劳动力结构变迁、农产品价格波动频繁、资源环境限制日益加剧以及国际竞争日益复杂等多重挑战。农业环境政策在实践中扮演着关键的角色。科学合理的农业环境政策可以同时促进农户生计的改善和生态环境的改善，实现农户生计、生态环境和社会发展的可持续平衡。当前学者们从国际农业环境政策对我国农业环境政策的政策启示、我国农业环境政策变迁和政策框架等层面开展了颇多有益的理论探索，然而在实践层面，我国农业政策与环境政策仍然较为割裂，尚未形成农业政策与环境政策一体化格局。因此，本书选取在农村地区广泛实施的农业支持政策和生态补偿政策，对这两类政策提出的背景、补贴标准以及社会、经济和生态效益进行了梳理。

研究表明，农业补贴政策通过向农户提供直接的经济支持，帮助他们应对成本上升、市场波动等问题，促进农业生产稳定发展，增强农户的生产积极性。价格支持政策通过确保农产品价格不低于一定水平，增强农户的内生动力，从而促进粮食生产和农户收入。然而，由于导向机制不够完善，一些农业支持政策在针对性方面出现偏差；有些地方在农业补贴政策实施的过程中未能对土地出租者和实际从事农业生产劳动的承租者进行区分，降低了农业补贴的激励效果，农业补贴政策的正效应持续减弱。生态补偿政策方面，退耕还林工程和天保工程自 20 世纪 90 年代末启动至今已实施 20 余年，然而大多数政策评估研究集中在政策实施的最初 5 年内。较少有研究在更长的时间维度上跟踪观测这些政策随着补贴标准与补贴目标的不断变化而产生的实施效果。因此，新一轮的评估工作势在必行，以便从更长的时间尺度上全面考量这两个生态补偿政策对农户生计决策的中长期影响。值得注意的是，一个地区同时实施多个不同目标的农业支持政策或生态补偿政策的情况十分普遍，而多项具有相近或相悖目标的政策对农户生计的影响可能存在交互，影响政策实施的总体效果。因此，研究农业政策和环境政策的协调发展，需要准确把握这些政策工具对政策目标的影响以及它们之间的相互作用，这是保障政策实施效果、提升政策实施效率的重要基础。

三、多智能体模型研究综述

（一）多智能体模型介绍

多智能体模型（agent - based model，ABM）是理解人地系统、人类-环境系统、社会生态系统等复杂耦合系统的理想工具。该模型通常由主体、环境和主体行为规则这 3 部分组成，其优势在于能够模拟微观层面主体的决策和行为，通过“自底向上”的建模策略，从定义主体行为规则出发，模拟微观主体间的相互作用及其与环境的交互反馈，从而涌现出宏观格局。在模拟人类决策与环境反馈的相互作用中，多智能体模型充分捕捉了人类决策的复杂性，将现实世界的概念和结构映射到模型中，有效弥补了传统数学和物理模型在复杂系统定量刻画方面的不足。多智能体模型尤其适用于农户生计策略及其与生态环境的互动研究，能够模拟农户与环境的复杂交互过程（图 2-3），充分反映农户个体的行为偏好及该个体与其他农户和自然生态系统的互动。通过微观尺度的反馈，该模型能够揭示宏观现象，并以空间显化的方式在不同层次上反映农户生计决策对环境的影响，从而展现出对人类决策实体的强大建模能力。

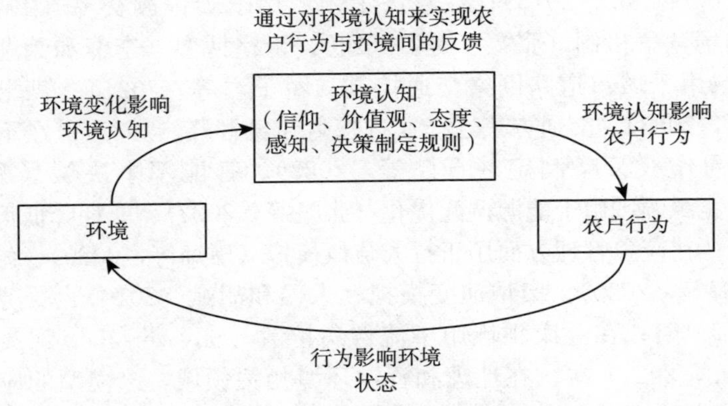

图 2-3　农户生计行为决策与环境的交互反馈关系

在多智能体模型中，主体（agent）是最基本的单元，也有学者将 agent 译为代理、智能体。主体具有独立心智，能够感知环境特征，设定自己的目标，并基于对未来环境的预测做出相应反应，从而影响环境。主体具备多种特征，如独立性、自治性、社会性、主动性、反应性、感知性、适应性、目标驱动性、异质性、交互性、移动性、不可预测性以及协作性等。在多智能体建模中，需要结合所研究的具体对象，针对主体的这些特征设计主体行为规则。

环境在多智能体模型中扮演着主体活动场所的角色，主体在环境中与其他主体产生交互，并通过感知和反应机制与环境产生交互。环境通常由规则格网或不规则地块表示，其形式取决于研究尺度、所掌握的数据量及其对环境描述的精细程度。环境中通常包含一系列空间变量，例如到城镇、景点、湖泊、河流、道路、商业中心、工业中心、公园、教育设施以及邻居的距离等。可以借助 ArcGIS 等空间分析工具实现这些变量的获取和空间信息的存储。

主体行为规则是多智能体模型的核心组成部分，它定义了主体的行为决策逻辑及其与其他主体和环境的交互方式。行为规则的复杂度和对真实决策过程的刻画程度，直接决定了模型在模拟现实世界复杂性和动态性方面的效果。因此，在构建多智能体模型时，必须精心设计这些行为规则，以确保模型能够真实反映现实世界的运行机制和特征。

（二）多智能体模型的研究综述

由于多智能体模型在模拟微观主体行为、集群秩序涌现以及复杂耦合交互等方面具有优势，并且具有较好的灵活性、可拓展性，在多个学科领域被广泛应用。例如，在社会学领域用于人口规模预测（邹艳等，2020）、社会福利（Foramitti et al.，2024）、种族隔离现象模拟（Shin and Fossett，2011）；在生态学领域用于生态系统管理（赵庆建和温作民，2009）、动物种群数量动态演化（Carter et al.，2015）；在经济学领域用于碳排放交易（Tang et al.，2015）、市场竞争机制（张兴平等，2024）、价格博弈（李锋和魏莹，2023）；在交通领域用于城市道路网络交通控制（翟子洋等，2024）、智能交通调度（宋嫣然等，2023）、交通方式选择（石晓腾和吴晋峰，2022）；在军事推演领域用于协同作战策略制定（石鼎等，2023）、智能军事决策（况立群等，2021）；在能源领域用于能源调配优化（张帆等，2022）、能耗降低策略（龙瀛等，2011）；在应急管理方面用于行人疏散模拟（廖灿等，2020）、旅游危机管理（范春梅等，2020）、舆情演变模拟（朱侯和胡斌，2016）、洪涝风险评估（黄河等，2015）；在健康领域用于流行病扩散（Silva et al.，2020）与干预（Kerr et al.，2021）等。在地理和资源环境相关领域，该模型的应用同样丰富，包括城市用地扩张模拟（刘润姣等，2017；陈宝芬等，2017）、土地利用格局优化（王越等，2019；袁满和刘耀林，2014）、城镇开发边界划定（王杰云等，2022）、城市生态保护红线模拟（蒋思琦和何建华，2016）、乡村聚落演变模拟（Lu et al.，2022；刘孟浩和席建超，2019）、农村居民点优化（石云等，2023）、城市新区征收拆迁空间布局模拟（祝锦霞和鲍海君，2016）、居住空间宜居性分析（张延伟等，2016）、社区公共服务设施配置（武田艳等，2015）、社区老年活动中心需求模拟预测与规划布局设计（马妍等，2019）、水资源优化配置（闫猛等，2018）、水环境承载力评估（徐炳哲等，2012）等多个方面。在农业经济领域，多智能体模型被应用于模拟微观农户主体的土地流转（Chang et al.，2024；朱勇等，2020）、耕地撂荒（宋世雄等，2018）、技术采纳（Emami et al.，2024；Shang et al.，2021）、农作物选择（Le et al.，2024）、种植面积决策（章德宾等，2019）、亲环境行为（Wang et al.，2022）等。

此外，多智能体模型因其强大的模拟和决策支持能力，在政策模拟领域展现出广阔的应用前景，成为政策实验的重要工具。多智能体模型在搭建好模型框架、完成参数化设置并通过模型检验后，能够有效地进行多种情景模拟。通过输入情景化参数并与环境模型或相关指标耦合，模型可以输出对应情景下各主体的行为响应，探究主体行为与环境之间的动态反馈机制。学者们已广泛运用该模型来分析农业政策、环境保护政策等不同政策干预下，决策主体的行为机制及其产生的社会、经济和生态效益。在政策评估中，常用指标包括农民生计福利指标（如农民收入、基尼系数）、城市居民生活水平指标（如绿地面积、公共交通密度、商业服务业设施及噪声等）、环境指标（如生态系统服务、生态环境面积、珍稀物种种群数量、土壤有机质含量、土壤侵蚀程度、基因和物种多样性、栖息地面积、碳储量等）。例如，Brady 等（2012）基于多智能体建模开发了农业政策模拟器模型（AgriPoliS），用于模拟农业政策改革下的农户土地利用决策过程，并探究其对农村景观格局、生物多样性及生态服务功能的潜在影响。为优化天保工程的实施效率，Chen 等（2014）设计了现状补偿方式、电力补偿和无补偿 3 种情景，并预测了不同情景下 2030 年研究区域林地面积的变化，结果显示电力补偿方式在保护森林面积方面效果最为显著。Emami 等（2024）利用扩大补贴标准、降低补贴标准、维持不变和随机变化 4 种政策情景设计，评估了农业补贴政策在激励农户采用灌溉系统新技术从而推动水资源可持续管理方面的效果。这些研究充分展示了多智能体模型在辅助政策分析和决策优化中的重要价值。

本书将从多智能体模型的三大核心要素——主体、环境及主体行为规则出发，对国内外相关文献进行系统的综述与梳理。

1. 主体

国内外学者在不同领域开发的多智能体模型，其主体属性和特征有较大差异。基于主体类型的数量，多智能体模型可划分为单一决策主体模型和多类决策主体模型。单一决策主体模型多聚焦于某一类决策主体的行为决策。以农业地域系统为例，模型中通常只设定农户这一种主体，尽管模型主体类型单一，但对农户的属性、心理过程、行为偏好等方面的刻画更加精细，充分体现农户的异质性。例如，朱月季等（2014）在模拟农户对新技术的采纳行为时，考虑了农户对社会规范的遵守程度和学习能力；章德宾等（2019）在研究农户种植面积决策时，详细模拟了农户的从众心理和风险偏好；朱勇等（2020）在模拟农户土地流转决策时，综合考虑了农户的年龄、受教育程度、家庭资源等因素，这些因素共同影响了农户对环境的感知和学习能力，进而影响其土地流转决策。

相较于单一决策主体模型对主体自身特征和行为决策的深入刻画，多类决策主体模型则更侧重于揭示不同主体间的交互作用。多决策主体可根据主体间的关系进一步细化为两类。第一类模型基于清晰的层级关系构建。例如，Walsh 等（2013）定义了包括家庭成员、农户、村民组、镇和地区在内的五级主体，将每个个体作为模拟对象，自下而上逐级聚集，充分展现了多智能体模型的核心思想，即从微观个体行为中涌现出宏观格局。第二类模型则聚焦于平行关系的主体，这些主体在模型中进行各种形式的交互与博弈。在城市土地扩张模拟中，这种主体分类被广泛应用。例如，刘小平（2006）等在模拟广州市海珠区城市扩张时，构建了包含居民、房地产商和政府 3 类主体的城市土地利用多主体模型，深入探讨了这些主体之间及其与环境间的相互作用如何影响城市空间演化的过程。Acevedo 等（2008）进一步将地主、开发商、政府与普通居民纳入模型，并对地主（分为冷漠型、利益驱动型、易受邻居影响型和环境保护型地主）和政府（分为经济增长驱动型、中庸型和冒进型政府）进行了更细致的划分，以探究不同类型主体在决策过程中的差异。Bakker 等（2015）开发了农村土地流转模型（RULEX），模拟农户、自然组织和土地开发商这 3 类利益主体间的博弈，该模型可用于评估气候、市场、政策因素变化对土地利用变化的影响。

在实际建模过程中，无论是针对单一决策主体还是基于层级关系或横向关系定义的多决策主体，通过对多智能体模型复杂性的有效管理策略，有助于揭示耦合系统中的人类行为和决策过程，从而深入理解主体在复杂系统中的角色定位及其相互间的交互机制。通过精确刻画不同主体的特征和行为规则，能够更加精确地模拟和预测复杂系统的动态演变，为决策制定提供科学依据。

2. 环境

环境是模型中主体的存在和交互的空间，主体的行为和决策离不开环境对其的作用。通过对环境的细致刻画，可以更好地理解主体的行为决策机制，为模型的设计和应用提供基础。因此，在进行建模时往往从多个维度对环境进行描述和定义，包括：自然地理环境，如气候条件（降水、积温）、土地利用、植被覆盖、海拔、地形、坡度等；社会经济环境，如交通密度、土地价格、物价和工资水平、区位条件（到商业中心、政府活动中心的距离，到机场、地铁站、公交站的距离等）、基础设施条件（医院与医疗机构、教育机构、公共服务场所、娱乐设施分布等）、社会文化氛围等；生态环境，如自然保护区、森林、公园绿地分布等；政策环境，如落户政策、户籍制度等。借助这些描述为多决策主体行为建模提供宏观的环境背景参数。

大多数研究中关于环境的刻画首先要考虑地理空间特征，例如到主要河流、公路、水库、医院、教育设施等的距离等区位特征（Amadou et al.，2018），以及海拔、坡度、坡向等地理特征（裴小节等，2010）。在一些模拟生态系统变化的研究中，生态环境是主体决策的关键因素。对于生态环境的刻画更关注生物物理信息，如温度、湿度、土壤质地、土壤 pH 等。例如，林春焕

(2018）将多智能体建模用于藻类生长过程模拟中，分析藻类在不同的营养环境条件下的变化规律；Amira 和 Nadjia（2024）在环境空间上明确整合水生栖息地，开发多智能体模型研究疟疾的传播。在当前全球气候变化的大背景下，多智能体模型在环境刻画中越来越注重气候因素的融入，以更好地模拟和理解气候变化对社会生态系统的影响。例如，Trinh Tra 等（2023）以越南湄公河三角洲为例，模拟了不同气候变化下的移民决策；Zhang 等（2024）基于多智能体模型，模拟了不同气候情景下粮—能—水系统之间的相互作用和权衡。

随着多智能体模型在各研究领域的广泛应用，其关于建模环境的刻画也逐渐丰富。学者们开始侧重于对社会环境、市场环境和政策环境的刻画。社会环境方面，研究者通常会考虑社交方式、群体关系等因素，以模拟社会结构和人际关系网络。例如，Wang 等（2021）从地块邻居、房屋邻居、亲属关系 3 个方面定义了农户的社会网络，形成影响农户决策的社会环境；Beth 等（2024）通过集体舆论动态模拟出极端主义、隔离和震荡状态。市场环境在多智能体模型中常用于研究经济系统和市场行为。研究者会考虑供需关系、价格波动、竞争格局等因素，模拟市场参与者的决策和交易行为。例如，Hajimiri（2014）等采用多智能体建模方法运用于期货市场，通过刻画市场环境构建了参与期货市场双边合作的谈判模型，并对买家和卖家之间的行为进行了模拟；Shahpari (2023）等开发了农作物 GIS-ABM，模拟澳大利亚塔斯马尼亚州农民在不同市场价格变化情景下的决策对农业土地利用变化可能产生的累积影响；李姣姣 (2023）等基于多智能体模型开发了生鲜农产品多级库存成本控制模型，把奖励视作市场环境给的一种标量的反馈信号，而主体在该环境下的目的就是最大化它的期望和累积奖励。此外，政策环境对于多智能体模型中的主体行为有着重要影响，在模型中，学者们会结合研究对象和研究案例区的特点，将特定的政府政策、法规约束等因素纳入模型，模拟政策对于智能体决策和系统状态的影响。

综合来看，多智能体模型中的环境刻画是一个多维度、多层次的复杂过程，需要综合考虑自然环境、社会环境、市场环境、政策环境等多方面因素。环境既是主体生存、演化、交互、决策的背景和载体，同时也是交互的对象。通过精细化的环境刻画，多智能体模型能够更准确地模拟主体间的交互和决策过程，进而为系统演化分析和政策制定提供有力支持。

3. 主体行为规则

多智能体模型的核心与难点在于主体行为规则的设计与参数化，而主体行为规则设计通常涉及复杂的交互和决策过程。效用函数模型、空间理论模型、心理认知模型、经验模型或启发式模型、人工智能算法、参与式建模理论以及博弈论等理论或方法在主体行为规则的设计中应用较广。

（1）效用函数模型。

效用函数是一个数学函数，用于量化主体在执行特定行为所获得的效用或满意度。这个函数通常将智能体的状态、行为以及可能的结果作为输入，并输出一个数值，表示该行为对于目标的满足程度。在多智能体模型中，每个决策主体都有自己的效用函数，这些函数可能因主体自身的属性、对所处环境的异质性感知与偏好而存在差异，主体通过比较不同行为的效用值来做出决策，选择那些能最大化其效用的行为。效用函数模型在居民就业与定居选址决策（Lu et al.，2022；李少英等，2013）以及城市扩张模拟（刘润姣等，2017；刘小平等，2006）中得到广泛应用。

（2）空间理论模型。

空间理论模型的核心是距离，通常用于空间决策，例如居民的定居选择、工厂的选址等区位选择问题。其理论基础为杜能（J. H. von Thunnen）的农业区位论、韦伯（M. Weber）的工业区位论、克里斯泰勒（W. Christaller）的中心地理论、廖什（A. Losch）的市场区位理论等。该理论在决策模拟时常与效用模型一起使用，某一个位置对决策者的吸引力取决于它所处的地理、经济区位（陶海燕等，2007；李少英等，2013）。根据位置，决策者可以计算每一个候选位置的效用值，从中选择效用最高的位置。

（3）心理认知模型。

心理认知模型将人类决策过程中的心理认知机制引入智能体的行为决策过程，通过模拟人的思维、感知、学习和决策等心理过程，使智能体的行为更加接近现实世界中的人类行为，从而提高模型的逼真度和预测能力。主体在决策过程中，通过感知环境获取外部信息，并结合自己的认知能力（如记忆力、模仿能力、学习能力和创新能力等）、宗教、信仰、对其他主体的感情依附、过去的经验等因素，综合指导决策制定。其中，基于布拉特曼（M. E. Bratman）的哲学理论建立起的 BDI 范式从心理学视角揭示信念、愿望和意图如何影响人类的行为决策，在主体建模中应用十分广泛（宋世雄等，2018）。此外，计划行为理论（Le et al.，2024）、前景理论（Geaves et al.，2024）、锚定效应（Kusev et al.，2018）等心理学相关理论和框架也被运用到多智能体建模中。

（4）经验模型或启发式模型。

经验模型借助大量的实证经验和历史数据来构建主体的行为规则，通过收集和分析主体在过去类似情境下的行为数据和行动结果，运用统计学模型和工具（如概率统计、直方图、回归分析等）总结出有效的行为模式，并将这些模式应用于新的情境。这种模型强调实证和统计，通过对大量数据的归纳和总结发现行为规律，并据此指导主体的决策。启发式模型则更注重利用专家知识、直观判断或简化算法来构建行为规则。它并不完全依赖于历史数据或复杂的计算，而是根据问题的特性和专家的经验提出一些简单而有效的行为准则。这些准则通常基于直观理解和简化假设，能够在复杂环境中为主体决策提供实用的指导。例如，Valbuena 等（2008）使用了简单的概率方法来表述农户决策规则，但这一方法是在细致的农户分类研究基础上进行的，即认为农户类型与决策行为之间存在一定的对应关系。

（5）人工智能算法。

近些年，人工智能算法发展十分迅速，决策树、神经网络、支持向量机、随机森林、深度学习、强化学习等算法层出不穷，基于人工智能算法对大量数据进行学习和训练，使主体能够自动地从中挖掘规律和模式，并根据这些规律来制定和优化其行为决策，构建出更加智能、自适应和高效的多智能体模型系统，简化决策主体行为建模过程中规则设计的复杂性，大大提升模型构建的效率和模型模拟的精度，以应对各种复杂场景和任务（况立群等，2021）。

（6）参与式建模理论。

参与式建模理论的主旨是：通过引导相关利益方直接参与建模过程，更精确地反映现实情境，进而提升模型的实用性和有效性。参与式建模通常与角色扮演游戏（role - playing games）相结合，为理解利益相关者在自然资源管理、生态系统保护、社区发展与规划等联合决策过程中的行为机制提供一种有效的政策工具（D'Aquino et al.，2003；Guyot and Honiden，2006；Mariano and Alves，2020）。首先，在模型构建初期，邀请利益相关者（如政策制定者、行业专家、社区成员等）共同参与讨论并明确模型的目标、范围和关键变量，利益相关者所提供的宝贵数据和信息可以用于模型的构建和验证；其次，在建模过程中，利益相关者能够根据实际情况对模型进行调整和优化，以确保模型能够更好地反映现实世界的复杂性和多样性；最后，模型结果的解释与讨论也需要在利益相关者的共同参与下进行，并根据结果制定相应的决策或措施。

（7）博弈论。

模拟主体的交互过程与决策机制是多智能体模型的核心。博弈论为分析主体在竞争与合作过程中为了实现自身利益最大化或达到某种共同目标而进行的策略互动和决策过程提供了一种有效的数学框架（郝建业等，2023）。博弈论模型可以模拟主体之间的有序博弈、无序博弈和合作博弈等不同类型的博弈。例如，Abolhasani 等（2023）将战略非零和博弈模型运用于模拟城市开发中利益相关者的竞合决策过程，为城市土地利用规划提供支撑；Xu 等（2024）构建了一个由地方政府、排污企业和排污权交易三方组成的博弈模型，研究不同因素对排污权交易演变过程的影响。

多智能体模型的决策主体行为规则十分复杂，通常需要集成上述多种理论与方法，发挥不同模型的优势，才能更加全面、精细地刻画行为主体的复杂决策过程。

（三）研究评述

多智能体模型通过模拟微观主体的决策行为及其与其他主体和环境的交互过程，为探究人类与环境的互动提供了重要的工具。宏观系统变化及其效应的形成，实质上是微观主体行为在时空尺度上自下而上涌现的结果，是个体决策行为不断累积和演化的体现。多智能体模型的复杂性使得模型在设计、参数化、校准和实施等方面均有别于传统方法，在主体行为刻画、模型大尺度应用、区域间移植、模型验证等方面存在诸多挑战。

1. 多智能体模型对数据要求高，限制了模型的大尺度应用

多智能体模型研究需要大量的数据支撑。地理和环境背景数据可通过遥感技术、地理信息系统以及实地调查与实验等多种途径收集，而模型决策主体的相关行为数据则主要依赖详尽的入户调查及与决策者的深入访谈，其中被调查者的意愿和访谈的质量对模型结果的准确性至关重要，往往需要耗费大量的人力、物力和时间。因此，当前的多智能体模型多以微观尺度为主，大多是在一个国家范围内选择一个较小的区域（如市、县、乡镇、村等）进行模拟。多智能体模型在大尺度研究区域（如国家或全球）的应用研究很少。

2. 地域差异是多智能体模型设置与区域间移植的最大障碍

不同区域主体决策过程受到区域独特的文化背景、社会经济结构、自然环境条件以及农户的个体差异的影响，存在诸多不确定性因素，因此，多智能体模型往往针对特定研究区域进行开发，不同模型往往具有独特的模型框架和参数设置，将多智能体模型应用于其他区域时，往往需要进行大量的修改和调整，以适应新的区域背景和决策环境。这不仅增加了模型应用的难度和成本，也降低了模型的通用性和可移植性，影响了多智能体模型在大范围内的推广和应用。

3. 多智能体模型参数的检验与验证面临较大挑战

首先，多智能体模型通常包含多种类型的决策主体，每类主体都有自己的行为规则、决策机制以及与其他主体和环境的交互方式，主体之间的相互作用和影响使得模型呈现出高度的非线性和动态性，导致参数的变化对模型结果的影响难以准确预测和评估。其次，多智能体模型的参数往往涉及多个方面，包括主体的属性、行为规则、环境特征等，这些参数的取值通常难以直接通过观测或实验获得，往往依赖于经验、专家判断或模拟实验，这种不确定性使得参数的设定和验证变得异常复杂。最后，模型的验证还需要考虑

时空匹配问题。多智能体模型通常需要在不同的时间和空间尺度上进行模拟和验证。然而，不同尺度的数据往往存在不一致性和差异性，这是模型参数检验与验证时面临的重要问题。

尽管多智能体模型面临众多挑战，但其独特的优势和价值仍使其在复杂系统研究中占据不可替代的地位。多智能体模型作为解析人地系统、人类-环境系统以及社会生态系统等复杂耦合系统的重要工具，其核心价值不在于追求更高的模拟精度，而在于通过精准刻画决策主体的行为机理，模拟不同主体间的相互作用与反馈机制，进而揭示复杂耦合系统中的非线性、涌现和自组织等深层次现象，深化了对复杂耦合系统演化内在机制和演变过程的理解，有助于更好地应对系统的不确定性及潜在风险。结合多情景模拟方法，多智能体模型还能有效预测和评估不同政策或干预措施的实施效果，从而为决策制定提供坚实的科学依据。

第三章 生态补偿政策对农户生计决策的影响机理

第一节 问题的提出

劳动力分配和土地利用是农户最基本的生计决策。研究生态补偿政策对农户劳动力分配和土地利用行为的影响，有助于揭示生态补偿政策在农户生计改善和减贫增收方面的作用机理。首先，劳动力分配和土地利用决策相互影响、相互制约。农户中每一个家庭成员的就业选择决定了一个农户可用于土地利用和其他农业生产活动的劳动力时间与数量；反过来，农户从土地利用活动中获得的经济回报会影响农户下一个决策周期将家庭劳动力在农业和非农业劳动中分配的比例。此外，农户劳动力分配和土地利用决策受到家庭外部因素的影响，例如气候变化、政策干预、劳动力市场、农产品价格等。绝大多数学者仅仅关注生态补偿政策对农户劳动力分配或土地利用决策的影响，较少有学者将农户劳动力分配和土地利用决策放在一个框架下，综合评估生态补偿政策对农户生计策略的影响，并考虑两项生计决策之间的关联性。

国内外学者围绕农户生计开展了大量研究，揭示了生计资本在农户生计多样化和抵御内外部压力与扰动中发挥的关键作用。农户作为生态系统服务的主要提供者和生态补偿项目的主要参与者，其所采取的生计策略及其动态转型会对自然资源的利用和环境行为产生影响。例如，由于缺乏生计资本，许多发展中国家的贫困农户只能依赖环境资源维持生计，其提供的木材、非木材植物产品（食物、燃料等）等是低收入农户的生计来源。然而，过度依赖自然资源的生计活动容易导致资源耗竭、生态退化。例如，过度放牧降低草地生产力和生物多样性；为提高产量而施用过量氮肥会导致温室气体和氮径流增加，污染地下水、湖泊等水体；土地过度开垦引起土地肥力流失、结构恶化、通透性降低和土壤板结；大量使用地膜严重影响土壤的再生产能力等。农户抵御环境风险的能力不足，环境退化影响其生计可持续性，使其陷入“贫困—环境资源过量开发—环境持续退化—更加贫困”的恶性循环。因此，农户生计资本可能是影响生态补偿政策对农户生计干预强度和方向的关键因素。目前，较少有研究将农户生计资本嵌入生态补偿政策和农户生计决策关系研究中，验证生计资本因素对政策实施效果的抑制或促进作用。此外，政策对农户生计的影响在不同富裕程度的家庭中可能有所不同。

基于以上分析，本章基于安徽省金寨县天堂寨农户微观调查数据，实证检验生态补偿政策对农户劳动力分配和土地利用这两项基本生计决策的影响关系。具体研究内容包括：首先，构建农户生计资本与生态补偿政策影响下的农户生计决策模型框架，建立生态补偿政策、农户生计资本、农户劳动力分配和土地利用决策之间的相关关系，提出理论假设；其次，采用偏最小二乘结构方程模型，定量检验农户生计资本与生态补偿政策对农户生计决策的影响路径；最后，揭示生态补偿政策对不同富裕程度农户生计决策影响的差异。

第二节　理论分析与研究假设

一、农户生计策略

本章的因变量有两个，分别为劳动力配置决策和土地利用决策。

（一）劳动力配置决策

劳动力配置决策以农户家庭劳动力为决策主体，其在安排劳动力配置时的选择集包括农业劳动、本地经商、本地务工和外地务工经商4种选择。自改革开放以来，中国农村家庭劳动力的配置方式已由过去单一农业劳动配置逐渐转向不同就业方式的组合配置。这种配置通常是以农户为单位，以劳动力资源资本化后实现的预期收入效用最大化为目标，根据不同农户劳动力、土地和其他资本拥有情况，以及市场环境等进行的劳动力资源配置。本章将农户家庭中每位个体劳动力的劳动时间配置根据收入来源划分成以下4种类型：

①农业劳动：包括种植粮食作物和经济作物、种植果树或茶树、养殖禽畜、利用森林资源（砍伐木材，采集草药、竹笋、蘑菇、木耳等林产品），以及其他与农业相关的活动。

②本地经商：指在本县范围内经营的生意，例如经营酒店、民宿、便利店、其他零售店、服务性商店（如理发店、电器修理厂等）、小型工厂，出租房屋，或是从事运输行业、制造业、导游行业等。

③本地务工：指在本县范围内从事的受雇于他人的工作，包括农业或非农业的兼职和全职工作。

④外地务工经商：指每年在本县范围以外的其他地方连续从事6个月及以上的工作。

农户家庭中每位劳动力的劳动力配置决策（$\boldsymbol{Y}_1$）可用如下公式表示：

$$\boldsymbol{Y}_1=[L_F, L_B, L_P, L_M]^T \tag{3-1}$$

式中：L_F、L_B、L_P 和 L_M 分别代表一个农村劳动力分配给农业劳动、本地经商、本地务工和外地务工经商这 4 种就业选择的时间。

（二）土地利用决策

土地利用决策以农户为决策主体，其在决定耕地种植规模时的选择集包括转入、转出、撂荒和维持 4 种选择。随着城乡二元户籍制度的逐步放松，更多农村青壮劳动力选择进城务工，为我国城镇化和工业化注入了强劲动力，但也导致农村青壮劳动力的大量流失，造成耕地流转和闲置撂荒日益增多。因此，本章将土地流转和撂荒作为研究重点。在每年耕作季节开始之前，农户需要根据家庭劳动力数量、农产品价格、历年土地产量等因素来综合决定是扩大（通过转入）、维持还是缩减（通过转出或是撂荒）当年的耕地种植规模。大多数农户拥有不止一块耕地，每一个地块都可能被农户自己耕种、转出或是撂荒，所以农户每年耕种的土地总面积等于农户所承包的耕地总面积加上当年转入耕地的总面积再减去当年转出耕地的总面积以及当年撂荒耕地的总面积，即：

$$A^*=A+A_{in}-A_{out}-A_{abandon}=A+\Delta A \tag{3-2}$$

式中：A^* 表示农户本年耕种的土地总面积，A、A_{in}、A_{out}、$A_{abandon}$ 分别代表农户本年承包的耕地总面积以及本年转入、转出或撂荒的耕地总面积；ΔA 代表农户本年种植的耕地总面积与承包的耕地总面积的差值。基于此，可将农户土地利用决策依据以下规则分为 4 种类型：

①$\Delta A=0$，维持当前种植规模。

②$\Delta A>0$，以转入耕地为主。

③$\Delta A<0$ 并且 $A_{out}\geqslant A_{abandon}$，以转出耕地为主。

④$\Delta A<0$ 并且 $A_{out}<A_{abandon}$，以撂荒为主。

因此，每位农户的土地利用决策（$\boldsymbol{Y}_2$）可表示为以下几个变量的函数：

$$\boldsymbol{Y}_2=[A_{in}, A_{out}, A_{abandon}, \Delta A]^T \tag{3-3}$$

二、农户生计影响因素

本章对农户生计决策影响因素的选取依据农户行为理论和国内外相关文献。

（一）理论模型

理论模型参考 Singh 等（1986）的新经典农户模型以及 Deininger 和 Jin（2005）提出的农业生产和土地流转模型。

假定农户通过消费农产品（X_A）、市场购买的其他商品与服务（X_M）以及安排闲暇时间（L_E）实现效益（U）最大化，则农户关于家庭消费和闲暇时

间的总效用函数为

$$\max U = U(X_A,\ X_M,\ L_E) \tag{3-4}$$

每一个农户可供安排的总劳动时间（L_{Tot}）是固定的，需要决定如何在农业劳动（包括耕地种植、禽畜养殖和森林资源利用）时间（L_F）、非农业劳动（包括本地务工、本地经商和外地务工经商）时间（L_{OF}）和闲暇时间（L_E）之间进行分配，即：

$$L_{Tot} = L_F + L_{OF} + L_E \tag{3-5}$$

农户既参与农产品的生产，也参与消费。考虑到农民食品并非完全自给自足，而是有一部分会从市场获得，因此农户消费的农产品数量（X_A）等于农户自己生产的数量（X_A^H）加上在市场上购买的农产品数量（X_A^P）减去在市场上销售的农产品数量（X_A^S），即：

$$X_A = X_A^H + X_A^P - X_A^S \tag{3-6}$$

农户从耕地上收获的农产品数量（X_A^H）取决于在农业劳动中投入的时间（L_F）、耕种的土地总面积（A^*）、农业投入（I_A，例如化肥、种子、动物饲料等）以及农业生产工具（ω，如拖拉机、农业机械等），即：

$$X_A^H = X_A^H(L_F,\ A^*,\ I_A,\ \omega) \tag{3-7}$$

此外，农户对其他市场商品和服务（X_M）的消费数量与偏好取决于家庭特征（Ω，例如家庭总人口、家庭生命周期、劳动力数量、成员年龄分布等），即：

$$X_M = X_M(\Omega) \tag{3-8}$$

除去一些极端或特殊事件发生的情况（如遭遇自然灾害、经济危机、公共卫生危机或是家庭成员突患重大疾病），农户的基本生计目标是保持其总支出不超过总收入，即：

$$P_A \cdot X_A^S + W_{OF} \cdot L_{OF} + E + r \cdot A_{out} \geqslant P_A \cdot X_A^P + P_I \cdot I_A + P_M \cdot X_M + r \cdot A_{in} \tag{3-9}$$

式中：P_A、P_I、P_M分别代表农产品价格、农业投入价格以及其他市场商品和服务的价格；W_{OF}代表非农业劳动的单位时间工资；E代表其他收入（如政策补贴）；r代表土地流转的租金。

非农业劳动的工资（W_{OF}）取决于劳动力个体特征（η，如年龄、性别和受教育程度）以及非农就业机会，后者受地理区位特征（θ，例如到主要道路和劳动力市场的距离）以及家庭交通工具（τ）的影响，即：

$$W_{OF} = W_{OF}(\eta,\ \theta,\ \tau) \tag{3-10}$$

因此，农户生计决策行为可以被视为一个在时间约束、生产力约束和家庭预算约束下实现效用（U）最大化的优化问题。拉格朗日乘数法可用于求解效用最大化问题，计算公式如下：

$$L=U(X_A, X_M, L_E)-\lambda_1[L_{Tot}-(L_F+L_{OF}+L_E)]-\lambda_2[X_A^H-X_A^H(L_F, A^*, I_A, \omega)]-\lambda_3[(P_A \cdot X_A^P+P_I \cdot I_A+P_M \cdot X_M+r \cdot A_{in})-(P_A \cdot X_A^S+W_{OF} \cdot L_{OF}+E+r \cdot A_{out})] \quad (3-11)$$

式中：λ_1、λ_2、λ_3分别是时间约束、生产力约束和预算约束的拉格朗日乘数。

上述算式中的每一个内生潜变量（L_F，L_{OF}，X_A^H，X_A^P，X_A^S，I_A，X_M，ΔA，A^*，A_{in}，A_{out}，W_{OF}，λ_1，λ_2，λ_3）可以表示为外生潜变量（L_{Tot}，P_A，P_I，P_M，r，Ω，η，θ，τ，A，ω，E）的简约函数。

农村家庭劳动力配置决策的简约函数可表示为

$$\begin{aligned}\mathbf{Y}_1&=[L_F, L_B, L_P, L_M]^T\\&=[L_F, L_{OF}]^T\\&=L(L_{Tot}, P_A, P_I, P_M, r, \Omega, \eta, \theta, \tau, A, \omega, E) \quad (3-12)\end{aligned}$$

农户土地利用决策的简约函数可表示为

$$\begin{aligned}\mathbf{Y}_2&=[A_{in}, A_{out}, A_{abandon}, \Delta A]^T\\&=A(L_{Tot}, P_A, P_I, P_M, r, \Omega, \eta, \theta, \tau, A, \omega, E) \quad (3-13)\end{aligned}$$

根据上述理论模型，影响家庭生计决策的因素包括家庭总可用劳动力时间（L_{Tot}）、价格变量（P_A，P_I，P_M）、土地流转租金（r）、家庭特征（Ω）、劳动力个体特征（η）、地理区位特征（θ）、家庭交通工具（τ）、农户承包的耕地总面积（A）、农业生产工具（ω）和家庭其他收入（E）。由于研究区域范围较小、市场化程度较高，研究基于静态时点的调研数据，因此不考虑价格变量和土地租金等因素。

（二）变量选取

基于以上理论模型，本章将影响农户劳动力配置决策和土地利用决策的因素归纳为5个类别，分别为生态补偿政策、农户生计资本、劳动力个体特征、农户家庭特征和地理区位特征。

①生态补偿政策：选取“是否参与退耕还林”和“天保工程补贴”作为研究变量。

②农户生计资本：选取承包的耕地总面积、房屋类型、交通工具级别、农业工具级别等指标来度量。其中，房屋类型是反映农户家庭富裕程度和金融资本水平的重要指标。理论上，家庭住房较好的农户倾向于分配更多的劳动力到非农业劳动；承包耕地面积较多的农户可能倾向于从事农业劳动，因为耕地面积越大，越适合农业规模经营，撂荒的机会成本越高；拥有更多农业工具和交通工具的农户从事农业劳动意愿更大，他们一般除了耕种自家承包地以外，更有可能从其他农户那里以代种或出租等形式流转土地用于适度规模经营。此外，农户养殖禽畜与是否耕种的决策以及种植作物的选择息息相关。一般而言，养殖禽畜的农户更愿意从事农业劳动。一方面，养殖禽畜需要粮食饲料，

例如养猪的农户更倾向于种植红薯、马铃薯等淀粉类作物用作饲料；另一方面，养殖禽畜对农作物种植也有促进作用，例如水牛可用于犁地，而牲畜的粪便可为种地提供肥料。近些年来，在金寨县农村，种植天麻也是一种重要的生计来源，因天麻的市场价格较高，越来越多农户加入天麻种植。禽畜养殖和天麻的收入可用于投资农业技术、改进农业设备、改良种子化肥和灌溉条件以提高农业投入产出。因此，本章将“饲养禽畜收入”和“是否种植天麻”也选作为度量农户生计资本的指标。

③劳动力个体特征：选取户主年龄、性别和受教育程度等作为体现劳动力个体特征的指标，它们也是影响劳动力分配决策的决定性因素。理论上认为，劳动力的年龄越大，其对新事物的接受能力相对越差，在劳动力市场的竞争能力会有所下降，其外地务工经商意愿越低，更倾向于从事农业劳动或是本地务工。女性的就业选择通常受到家庭分工影响，因为女性被社会赋予了照顾孩子、老人、身体或智力残疾的家庭成员的义务。而更多青壮年男性劳动力选择本地务工、本地经商或外地务工经商。农户受教育程度越高，在本地或外地非农就业市场找到工作的机会越大，因此从事本地务工、本地经商或外出务工经商的意愿越强；反之，受教育程度较低的农户更有可能从事农业劳动。

④农户家庭特征：选取家庭规模、家庭生命周期（不同年龄人口组成、抚养比）等指标。家庭劳动力数量较多的农户可以耕种更多的土地，兼营非农业活动，生计多样化程度更高。当农户家庭抚养比更高，即有较多受抚养者（孩子，老人、身体或智力残疾的家庭成员）时，农户会倾向于从事农业劳动或是本地务工。本节选取家庭规模、12 岁以下孩童数量、未工作成年人数量以及抚养比这 4 个变量来度量农户家庭特征。

⑤地理区位特征：农户所处的地理区位是决定农户获取自然资源便利程度以及连接劳动力和产品市场可能性的关键环境因素。农户宅基地距离镇中心越远、道路条件越差、海拔越高，到城镇或县城的通勤时间则越多，这会降低农户从事本地非农业劳动（如本地务工、本地经商）的意愿。同时，距离道路和乡镇中心越远，农户对接市场越困难，运输成本也就越高，种植经济作物出售的难度也越大。相反，住在距离乡镇中心近、道路条件好、海拔低的农户在本地就业机会更多，也更容易销售农产品（例如蔬菜、茶叶等），更倾向于选择在本地半工半耕的生计模式。本节选取海拔高度、到硬化道路距离和到乡镇中心距离等指标来测度地理区位特征。

三、影响路径与机理

基于以上理论模型与文献梳理，本章构建了一个生态补偿政策对农户生计决策影响的理论框架，由几个相互关联的子部分组成：2 个因变量，分别为劳动力配置决策和土地利用决策；1个生态补偿政策，包括“是否参与退耕还林工程”与“天保工程补贴”两项内容；2个中介变量，分别是农户生计资本与家庭劳动力分配结构；3个控制变量，即劳动力个体特征、农户家庭特征和地理区位特征。它们之间的相互联系如图3-1所示。

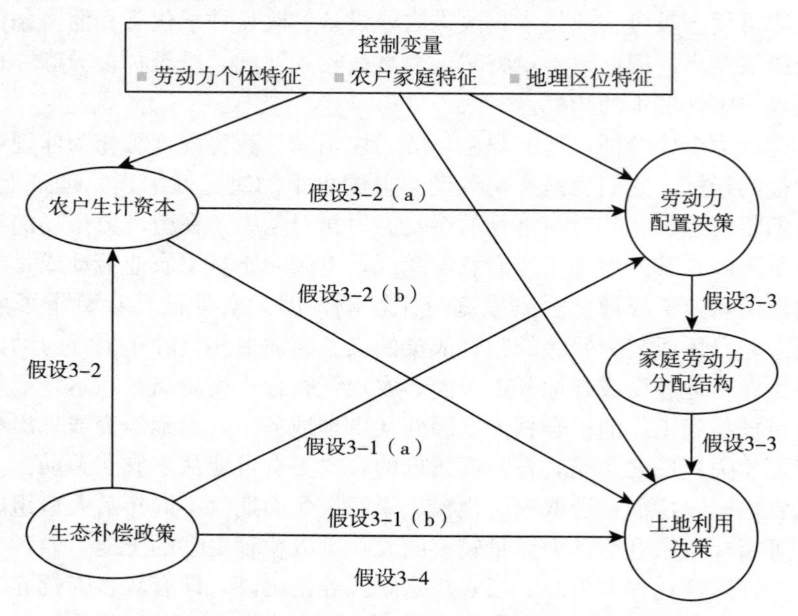

图3-1　生态补偿政策、农户生计资本以及其他因素对农户劳动力配置决策与土地利用决策的影响路径

首先，生态补偿政策直接影响两项农户生计决策。参与退耕还林工程、天保工程的农户，其家庭可用于种植的耕地面积减少，无法从事森林采伐，部分农业劳动力从土地中释放出来，有些农户将这些富余劳动力重新分配到其他农业劳动、在本地经商、本地务工、外地务工经商，或是增加闲暇时间。在政策的土地利用影响方面，参与退耕还林工程的农户可能在剩下的土地上投入更多劳动力精耕细作，通过向周围农户租入土地以弥补因为退耕造成的家庭耕地面积不足，或是将剩余土地转出、撂荒。因此，可提出如下理论假设：

假设3-1：生态补偿政策对劳动力配置决策［假设3-1（a）］与土地利用决策［假设3-1（b）］有直接影响。

生态补偿政策还可通过中介变量来影响农户生计决策行为，产生间接影响。研究表明，生态补偿政策对于农户生计资本改善有积极作用。首先，补贴本身增加了农户的金融资本。有些农户可能将补贴用于购买农业生产性资产，进而扩大现有农业经营规模，增加农业劳动力分配，租入更多土地；也有农户将补贴用于在本地做一些小生意，或是用于支付本地或外地非农务工的交通通勤费用。其次，生态补偿政策也有可能增加农户的人力资本，因为有些生态补偿政策除了发放物资或现金补偿以外，还会给参与农户提供非农就业技能培训或本地就业机会等扶持措施，从而增加农户将劳动力从农业向非农业配置的可能性。本章以农户生计资本为中介变量，验证生态补偿政策对农户生计决策的间接作用路径，假设如下：

假设 3-2：生态补偿政策通过影响农户生计资本积累对劳动力配置决策［假设 3-2（a）］与土地利用决策［假设 3-2（b）］产生间接影响。

此外，家庭中个体层面的劳动力配置决策会影响农户层面的土地利用决策。根据 Stark 和 Bloom（1985）提出的劳动力迁移新经济学理论，农户家庭经济活动之间存在紧密的联系。具体而言，劳动力配置决策对家庭土地利用的作用是通过影响家庭劳动力分配结构来实现的。例如，农户中每一个劳动力个体的就业决策影响家庭劳动力分配结构，进而决定农户可分配于农业劳动的劳动力数量。如果一个农户的农业劳动力不足，则只能通过转出或撂荒缩减耕地种植规模；反之，如果一个农户有足够的农业劳动力，则有可能通过转入扩大土地经营规模。因此，可提出如下假设：

假设 3-3：农户的劳动力配置决策通过影响家庭劳动力分配结构对其土地利用决策产生间接影响。

基于假设 3-1（a）和假设 3-3，可进一步提出如下假设：

假设 3-4：生态补偿政策通过影响农户的劳动力配置决策对其土地利用决策产生间接影响。

如果农户将从生态补偿政策中释放的劳动力重新分配到非农业活动，使得家庭农业劳动力的比例降低，会进一步导致农户转出或撂荒更多的耕地；相反，如果农户把劳动力转移到农业活动中，则更有可能转入土地以实施规模经营或对剩余的耕地进行集约化经营。

除了上述的假设路径外，本章还考虑了控制变量对两项生计决策的影响路径。其中，劳动力个体特征、农户家庭特征、地理区位特征对农户生计的直接影响已在理论和实证文献中得到充分论证。此外，劳动力个体特征、农户家庭特征、地理区位特征也会通过影响农户生计资本的积累对两项农户生计决策产生间接影响。本章基于金寨县天堂寨镇的农户调查数据，实证检验这些直接或间接影响路径，从而揭示生态补偿政策影响下的农户生计决策行为机理。

第三节　实证模型

本章选取偏最小二乘结构方程模型（PLS-SEM）检验生态补偿政策、农户生计资本以及其他控制变量对农户家庭成员个体层面劳动力配置选择以及农户层面土地利用决策的直接和间接影响路径。PLS-SEM 具有以下 3 个优点：一是对样本的分布要求比较宽松，不要求建模数据符合正态分布等较为严格的假设条件；二是适用于样本量较小且存在一定比例缺失值（小于 5%）的研究，仍然可以得到稳健的结果；三是 PLS-SEM 适用于探索性、解释性研究，可用于理论模型构建、复杂的影响路径以及中介效应检验。近年来，PLS-SEM 在社会科学和生态学研究领域得到越来越广泛的应用。PLS-SEM 由测量模型和结构模型两部分组成，其中，测量模型用来度量观测变量（也被称为显变量）与潜变量之间的关系，结构模型用来度量各潜变量之间的关系。PLS-SEM 建模分为两个步骤：第一步，建立测量模型与结构模型，构建路径并计算；第二步，检验建立的测量模型与结构模型。

本书使用 SmartPLS 3.2.9 软件进行模型构建、参数估计、模型检验以及理论假设验证。PLS-SEM 建模步骤与结果输出可参照 Hair 等（2016）及 Garson（2016）的教程。当模型连续两次迭代之间的参数变化小于 10^{-7} 或迭代次数达到最大值 300 时，PLS 算法停止。此外，采用 Bootstrapping 算法从原始数据中随机抽取 5 000 个子样本来检验参数显著性。

一、模型构建

（一）建立测量模型

测量模型是度量观测变量与潜变量之间关系的模型。观测变量是可以直接观察和测量的变量。与观测变量相对，潜变量是不能直接观察但是可以通过观察到的其他变量（即观测变量）推断的变量。理论框架中的 8 个子部分（2 个因变量，即劳动力配置决策和土地利用决策；生态补偿政策；2 个中介变量，即农户生计资本和家庭劳动力分配结构；3 个控制变量，即劳动力个体特征、农户家庭特征、地理区位特征）为潜变量，通过理论模型和文献分析选取的度量指标为相应潜变量的观测变量。在测量模型中，根据潜变量与其观测变量之间的关系，可将潜变量分为反映型潜变量和形成型潜变量两种类型（Hair et al.，2016），如图 3-2 所示。两者的区别是：

①反映型潜变量的观测指标具有高度相关性，指标之间可以相互替换，删除某一个指标不改变潜变量的内涵。反映型潜变量测量模型中的箭头方向是从潜变量指向观测指标。在反映型潜变量的测量模型中，潜变量及其指标之间的系数称为载荷系数（loadings），每一个载荷系数是通过潜变量与其测量指标之间的单一回归方程独立估计的。

②形成型潜变量的每一个观测变量刻画潜变量的某一方面特征，所有观测变量一起形成了潜变量的内涵，每一个观测变量都是独特且不可交换的，移除

某一个观测变量会改变潜变量的性质。因此，指标的选取十分重要，应使其能够覆盖潜变量足够信息。形成型潜变量测量模型中的箭头方向是从观测指标指向潜变量。在形成型潜变量的测量模型中，潜变量及其指标之间的系数称为外部权重（weights）。所有的外部权重值由潜变量和它的观测指标构成的一个多元回归模型同时估计得到。

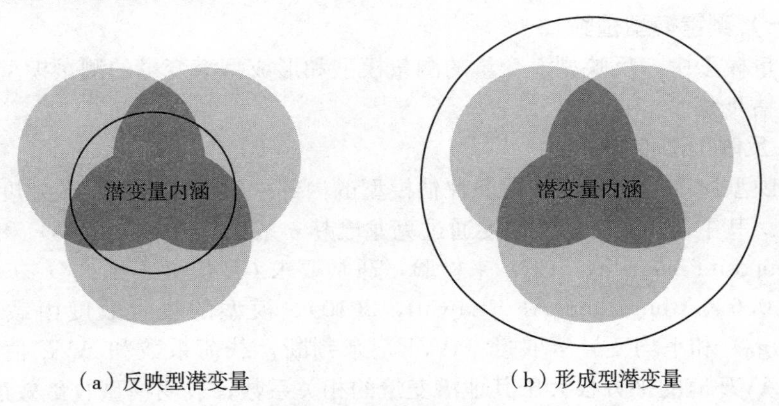

（a）反映型潜变量　　（b）形成型潜变量

图 3-2　反映型潜变量与形成型潜变量的对比

（资料来源：HAIR J F，HULT G T M，RINGLE C M，et al.，2016. A primer on partial least squares structural equation modeling（PLS-SEM）[M]. London：Sage Publications.）

根据定义，将农户家庭特征和地理区位特征两个潜变量定义为反映型潜变量，因其观测变量具有较高的信息重合度。劳动力个体特征、农户生计资本、两项生态补偿政策、家庭劳动力分配结构、劳动力配置决策以及土地利用决策可定义为形成型潜变量，因为这些潜变量的观测变量覆盖的信息有较大的差异性且分别反映潜变量的不同特征。

（二）建立结构模型

结构模型是度量各潜变量之间关系和作用路径的模型。潜变量分为外生潜变量、内生潜变量。外生潜变量不受任何其他变量影响但影响其他变量，在路径图中指向其他变量，但不被任何变量以单箭头指涉，在模型中起解释变量作用；内生潜变量多作为因变量使用，但也可能作为影响其他变量的解释变量。如图 3-1 所示，生态补偿政策、控制变量（劳动力个体特征、农户家庭特征以及地理区位特征）是外生潜变量，在模型中仅作为解释变量，没有其他箭头指涉；农户生计资本和家庭劳动力分配结构这两个中介变量以及劳动力配置决策是内生潜变量，在模型中既是解释变量又是因变量；土地利用决策是因变量，没有从该变量指向其他变量的箭头。通过直接连接外生潜变量与两个因变量（即劳动配置决策和土地利用决策）的路径检验直接影响，而通过中介变量的路径检验间接影响，总影响是直接影响与间接影响之和。结构模型采用偏最小二乘回归算法求解路径系数（β）。

二、模型检验

建立结构模型和测量模型之后，还需要评估模型的质量。PLS－SEM 评估包括两部分，分别是测量模型检验和结构模型检验。

（一）测量模型检验

测量模型中，反映型潜变量的测量模型和形成型潜变量的测量模型遵循不同的评估步骤。

1. 反映型潜变量评估

反映型潜变量测量模型需要评估模型的内部一致性信度、收敛效度以及区别效度。其中，内部一致性信度通过克龙巴赫 α 系数（Cronbach's α）和组合信度（composite reliability，CR）来检验，通常要求 *CR* 值大于 0.7，*Cronbach's* α 值大于 0.6（Aibinu and Al－Lawati，2010）。模型的收敛效度由载荷系数（*loadings*）和平均变异萃取量（AVE）来判断，载荷系数和 *AVE* 值均大于 0.5 且 *AVE* 值的平方根大于其他潜变量的相关系数，表明模型收敛效度较好。区别效度可用异质-单质比率（HTMT）来判断，如果 HTMT 置信区间不包含数值 1，则可认为两个潜变量具有较好的区别度（Henseler et al.，2015）。

农户家庭特征和地理区位特征是反映型潜变量。从最终迭代模型的测量模型检验结果看（表 3－1），各潜变量的 *CR* 值均大于 0.7 而 *Cronbach's* α 值均大于 0.6，表明内部一致性信度较高；各观测变量的载荷系数均大于 0.6，各潜变量的 *AVE* 值均大于 0.5，且 *AVE* 值的平方根大于其他潜变量的相关系数，满足收敛效度检验标准。两个潜变量的 HTML 置信区间为 0.10～0.19，远低于 1，通过区别效度检验。因此，反映型潜变量的测量模型可以满足要求。

表 3－1　反映型潜变量测量模型的信度与效度检验

潜变量	观测指标	内部一致性信度		收敛效度		区别效度
		Cronbach's α 值	*CR* 值	*loadings*	*AVE* 值	HTMT 置信区间（不包括 1）
农户家庭特征	家庭规模	0.784	0.859	0.792***	0.600	Yes
	12 岁以下孩童数量			0.717***		
	未工作成年人数量			0.767***		
	抚养比			0.833***		
地理区位特征	海拔	0.617	0.789	0.775***	0.560	Yes
	到硬化道路距离			0.850***		
	到乡镇中心距离			0.602***		

注：*** 表示在 1%的水平上显著。

2. 形成型潜变量评估

形成型潜变量的测量模型通常需要评估模型指标共线性和外部权重的显著性。指标共线性可通过方差膨胀因子（VIF）进行检验，*VIF* 值小于 5，则通过共线性检验。外部权重的显著性可通过 SmartPLS 的 Bootstrapping 程序获取，$p<0.01$、$p<0.05$、$p<0.1$ 分别表明该指标权重在 1%、5%、10%的水平上显著。

劳动力个体特征、农户生计资本、生态补偿政策、家庭劳动力分配结构、劳动力配置决策以及土地利用决策为形成型潜变量。如表 3-2 所示，所有指标的 *VIF* 值均位于 1.013～1.572，均小于 5，通过共线性检验；对指标外部权重的显著性检验表明，所有指标均显著，且大多数指标在 1%的水平上显著。

表 3-2　形成型潜变量测量模型的指标共线性与指标权重的显著性检验

潜变量	观测指标	权重	*VIF* 值
劳动力个体特征	年龄	−0.625***	1.404
	性别	0.381***	1.179
	受教育程度	0.376***	1.572
农户生计资本	房屋类型	−0.289***	1.112
	农业工具级别	0.152**	1.130
	交通工具级别	−0.374***	1.094
	承包的耕地总面积	−0.115*	1.142
	是否种植天麻	0.477***	1.092
	是否饲养禽畜	0.510***	1.155
家庭劳动力分配结构	农业劳动力	0.925***	1.013
	非农业劳动力	−0.285***	1.013
生态补偿政策	是否参与退耕还林	0.438*	1.021
	天保工程补贴	0.797***	1.021
劳动力配置决策	本地经商	0.518***	1.042
	本地务工	0.789***	1.103
	外地务工经商	0.799***	1.104
土地利用决策	转入	−0.225***	1.310
	转出	0.933***	1.332
	撂荒	0.444***	1.421

注：***、**和*分别表示在 1%、5%和 10%的水平上显著。

（二）结构模型检验

结构模型的检验包括共线性、路径系数（β）的显著性、总决定系数（R^2）以及影响程度（f^2）等（Hair et al.，2016）。首先，对结构模型的共线性进行检验，如表3-3所示，所有变量的*VIF*值在1.048～1.287，表明指标不存在共线性问题。其次，模型预测能力通过结构模型决定系数R^2来评价，R^2值越大，说明观测变量对潜变量的解释能力越强。劳动力配置决策、家庭劳动力分配结构、土地利用决策、农户生计资本的R^2值分别为0.434、0.270、0.191、0.145，表明各观测变量对潜变量的解释程度分别为43.4%、27%、19.1%和14.5%，在可接受的范围之内（Schade et al.，2016）。最后，通过观察移除模型中的潜变量对模型的影响程度（f^2）来衡量被移除的潜变量的重要性。$f^2 \geqslant 0.35$、$0.15 \leqslant f^2 < 0.35$、$0.02 \leqslant f^2 < 0.15$以及$f^2 < 0.02$分别对应影响程度的大、中、小和无影响。如表3-4所示，劳动力个体特征对劳动力配置决策、劳动力配置决策对农户家庭劳动力分配结构的影响程度大；农户生计资本以及家庭劳动力分配结构对土地利用决策有影响，但影响程度小；其他影响路径可忽略不计。

表3-3　结构模型共线性检验

潜变量	*VIF*值		
	农户生计资本	劳动力配置决策	土地利用决策
农户生计资本		1.170	1.287
农户家庭特征	1.081	1.094	1.048
家庭劳动力分配结构			1.210
劳动力个体特征	1.077	1.100	
地理区位特征	1.108	1.203	1.203
生态补偿政策	1.105	1.113	1.123

表3-4　结构模型的影响程度

路径	f^2值	影响程度	p值
劳动力个体特征→劳动力配置决策	0.545	大	0.000
劳动力配置决策→家庭劳动力分配结构	0.374	大	0.000
农户生计资本→土地利用决策	0.116	小	0.000
地理区位特征→农户生计资本	0.088	小	0.000
农户生计资本→劳动力配置决策	0.060	小	0.000
家庭劳动力分配结构→土地利用决策	0.034	小	0.010
劳动力个体特征→农户生计资本	0.025	小	0.042
农户家庭特征→土地利用决策	0.015	无	0.152

（续）

路径	f^2 值	影响程度	p 值
农户家庭特征→农户生计资本	0.013	无	0.140
生态补偿政策→农户生计资本	0.010	无	0.411
地理区位特征→劳动力配置决策	0.007	无	0.245
生态补偿政策→劳动力配置决策	0.004	无	0.569
生态补偿政策→土地利用决策	0.001	无	0.988
农户家庭特征→劳动力配置决策	0.001	无	0.870
地理区位特征→土地利用决策	0.001	无	0.969

第四节　研究结果

一、样本描述性统计

（一）家庭富裕程度分类

研究样本481个农户中总共有993个实际劳动力。为了探索农户生计决策在不同收入水平家庭中是否呈现显著差异，将全部劳动力按照家庭富裕程度划分为较低、中等、较高三个等级。划分方法如下：首先，选取房屋类型、燃料来源、用水与卫生条件、电器拥有情况、通信和娱乐设备、农业工具等级、交通工具等级7个方面的指标，构建了一个综合指数来衡量农户家庭富裕程度（表3-5）。每一个指标取值为0～5，分别代表物质条件从低级别向高级别变化。家庭富裕指数是各因素得分的总和。由于农户处于均值上下的占比较高，为了进一步将所有样本划分为家庭富裕程度较低、中等、较高3个规模相当的组，选取燃料来源作为辅助指标用于分组，燃料来源是衡量农户家庭经济水平的重要指标（Song et al.，2018）。最终，将993个劳动力划分为比例相当的3个组，家庭富裕程度较低、中等和较高的劳动力分别占总样本的31%、35%和34%。

表3-5　家庭富裕指数评价指标

类别	项目	分数/分
您家的房子是什么类型？	三层楼房	5
	带卫生间的两层楼房	4
	不带室内卫生间的两层楼房	3
	单层楼砖头房	2
	土墙瓦顶房	1
	没有房子	0

（续）

类别	项目	分数/分
您家里使用什么燃料？	只用煤炭、沼气或者电，不用柴火	5
	主要用煤炭、沼气或者电，偶尔用柴火	4
	一半用煤炭、沼气或者电，一半用柴火	3
	主要用柴火，偶尔用煤炭、沼气或者电	2
	只用柴火	1
	只用水稻、小麦或者玉米的秸秆	0
您家里用水和卫生设施情况如何？	有自来水、抽水马桶	5
	有自来水、室外公厕	4
	地下井水、室外公厕	3
	山上水源、室外公厕	2
	河流水源、室外公厕	1
	收集雨水、室外公厕	0
您家里有哪些主要电器？	空调	5
	太阳能	4
	冰箱	3
	洗衣机/烘干机	2
	电饭煲/微波炉	1
	无	0
您家里有哪些通信和娱乐设备？	电脑	5
	手机	4
	固定电话	3
	电视机/立体音响设备	2
	收音机	1
	无	0
您家里有哪些农具和设备？	拖拉机/运输拖拉机（价值>2 000 元）	5
	脱谷机/其他小型处理机器	4
	电水泵	3
	牛/骡	2
	锄头等其他小型农具	1
	无	0

（续）

类别	项目	分数/分
您家里有哪些交通工具？	小轿车或者小型面包车	5
	小型卡车	4
	摩托车/摩托三轮车	3
	电瓶车	2
	自行车或者脚踏三轮车	1
	无	0

（二）描述性统计结果

如表3-6所示，在993名劳动力中，略多于半数（54%）的劳动力将其劳动时间主要用于农业劳动，其他劳动力（46%）在劳动时间主要从事非农业劳动。在非农业劳动中，本地务工的比例最高（21%），其次是外地务工经商（19%）和本地经商（6%）。土地利用中，撂荒（34%）占比最高；其次是维持当前种植规模（30%）；还有36%的农户参与了土地流转，其中19%的家庭以转出耕地为主，17%的家庭以转入耕地为主。调研结果表明，在调研时点（2014年暑假），研究区域金寨县天堂寨镇农户仍以养殖禽畜和种植天麻等报酬更高的农业活动为主要生计来源。

不同富裕程度的农户生计选择不同。方差分析（ANOVA）结果显示，不同富裕程度的农户分配给农业劳动的比例在1%的水平上存在显著差异。随着家庭条件的改善，分配到农业劳动的时间比例下降，表明较低富裕程度的农户参与较高收入的非农就业机会较少，其制约因素主要是受教育程度较低或者地理劣势（高海拔、距道路和乡镇中心远）等。对于3种非农业劳动选择，不同富裕程度的农户在参与本地经商和外地务工经商方面存在显著差异，但在本地务工方面没有显著差异。本地经商在3种非农就业选择中占比最小，从事本地经商的农户比例随着家庭富裕程度的提高而增加，因为经商需要较大的资本投入。同样的，外地务工经商的比例也随家庭富裕程度增加而上升，来自较高富裕程度家庭的劳动力比较低富裕程度家庭的劳动力更多选择外地务工经商（$p<0.05$）。此外，较高和较低富裕程度农户在外出就业方面的差异比本地经商小。在土地利用决策方面，3个组在土地流转方面存在显著差异，撂荒选择上差异不大。随着富裕程度增加，农户转入耕地比例下降，而转出比例上升，这与劳动力配置决策是一致的。

表3-7为对影响农户生计的解释变量的定义和描述性统计结果。方差分析（ANOVA）结果表明，大多数变量在不同富裕程度组别中存在显著差异。从个体层面，993名劳动力由56%的男性和44%的女性组成，平均年龄为48

表 3-6　农户生计决策变量的描述性统计

生计决策	变量	单位或变量说明	总样本（N=993）		较低富裕程度（N_1=309）		中等富裕程度（N_2=347）		较高富裕程度（N_3=337）		组间平均差		单因素方差分析	
			均值	标准差	均值	标准差	均值	标准差	均值	标准差	较低 vs. 中等	较低 vs. 较高	中等 vs. 较高	p 值
劳动力配置决策	农业劳动	%，占比	54.41	47.5	63.49	45.98	53.92	47.07	46.58	48.01	0.10***	0.17***	0.07**	0.000
	本地经商	%，占比	6.13	23.04	3.59	18.1	5.88	22.16	8.72	27.36	−2.29	−5.13***	−2.84	0.018
	本地务工	%，占比	20.7	37.92	17.09	34.97	22.65	39.27	22.01	38.97	−5.57*	−4.92*	0.65	0.127
	外地务工经商	%，占比	18.76	38.6	15.83	36.3	17.54	37.35	22.69	41.58	−1.72	−6.86**	−5.15*	0.060
土地利用决策	转入耕地	%，占比	17.12	37.69	21.36	41.05	16.43	37.11	13.95	34.69	4.93*	7.41**	2.48	0.040
	维持耕种规模	%，占比	29.51	45.63	27.18	44.56	30.55	46.13	30.56	46.14	−3.36	−3.38	−0.02	0.560
	转出耕地	%，占比	19.03	39.28	14.89	35.65	18.16	38.60	23.74	42.61	−3.27	−8.85***	−5.58*	0.014
	撂荒	%，占比	34.34	47.51	36.57	48.24	34.87	47.72	31.75	46.62	1.70	4.82	3.12	0.423

注：***、**、*分别表示在1%、5%、10%的水平上显著。

表 3-7　农户生计决策影响因素的描述性统计

	变量	单位或变量说明	总样本（N=993）		较低富裕程度（N_1=309）		中等富裕程度（N_2=347）		较高富裕程度（N_3=337）		组间平均差		单因素方差分析	
			均值	标准差	均值	标准差	均值	标准差	均值	标准差	较低 vs. 中等	较低 vs. 较高	中等 vs. 较高	p 值
劳动力个体特征	年龄	岁	48.35	12.55	51.25	13.23	47.28	11.19	46.80	12.83	3.97***	4.44***	0.47	0.000
	性别	1=男性，0=女性	0.56	0.50	0.57	0.50	0.56	0.50	0.56	0.50	0.01	0.01	0.00	0.933
	受教育程度	年，受教育年数	5.46	3.56	4.70	3.61	5.90	3.41	5.69	3.55	−1.21***	−1.00***	0.21	0.000

（续）

变量		单位或变量说明	总样本（$N=993$）		较低富裕程度（$N_1=309$）		中等富裕程度（$N_2=347$）		较高富裕程度（$N_3=337$）		组间平均差		单因素方差分析	
			均值	标准差	均值	标准差	均值	标准差	均值	标准差	较低 vs. 中等	较低 vs. 较高	中等 vs. 较高	p 值
农户家庭特征	家庭规模	人	3.86	1.45	3.25	1.34	4.09	1.56	4.19	1.24	−0.85***	−0.94***	−0.09	0.000
	12 岁以下孩童数量	人	0.44	0.63	0.33	0.56	0.47	0.67	0.52	0.62	−0.14***	−0.19***	−0.05	0.000
	未工作成年人数量	人	0.42	0.66	0.31	0.53	0.54	0.71	0.38	0.69	−0.24***	−0.08	0.16***	0.000
	抚养比	%	0.71	0.79	0.58	0.73	0.88	0.87	0.66	0.72	−0.30**	−0.08	0.22*	0.002
地理区位特征	海拔高度	米，宅基地所在处	672.2	100.2	686.5	110.6	677.8	98.0	653.4	89.3	8.66	33.07***	24.41***	0.000
	到硬化道路距离	分钟，步行	11.53	14.54	15.56	17.92	12.77	13.95	6.56	9.38	2.79**	9.00***	6.20***	0.000
	到乡镇中心距离	小时，任何交通工具	3.70	0.88	3.88	0.91	3.70	0.84	3.49	0.87	0.17	0.39***	0.22	0.001
农户生计资本	房屋类型	见表 4-1	2.99	1.76	1.37	0.94	2.82	1.56	4.66	0.76	−1.46***	−3.29***	−1.83***	0.000
	农业工具等级	见表 4-1	2.64	1.61	1.89	1.39	2.75	1.62	3.22	1.53	−0.86***	−1.33***	−0.46***	0.000
	交通工具等级	见表 4-1	2.70	1.33	1.72	1.54	3.01	0.89	3.28	0.94	−1.29***	−1.57***	−0.28***	0.000
	承包耕地面积	亩	5.81	2.73	5.01	2.44	6.01	2.67	6.34	2.88	−1.00***	−1.33***	−0.33	0.000
	是否种植天麻	1=是，0=否	0.609	0.488	0.589	0.493	0.643	0.480	0.593	0.492	−0.054	−0.004	0.049	0.286
	禽畜产品价值	万元	0.508	0.759	0.510	0.934	0.507	0.676	0.506	0.655	0.003	0.004	0.001	0.998
家庭劳动力分配结构	农业劳动力数量	人	1.47	0.87	1.46	0.77	1.47	0.97	1.47	0.85	−0.01	−0.01	0.01	0.982
	非农业劳动力数量	人	1.02	0.95	0.76	0.85	1.07	0.80	1.22	1.10	−0.32***	−0.46***	−0.14**	0.000
生态补偿政策	是否参加退耕还林	1=是，0=否	0.577	0.494	0.563	0.497	0.588	0.493	0.579	0.495	−0.025	−0.016	0.009	0.812
	天保工程补贴	元	500.63	620.81	498.30	592.90	515.39	602.57	487.03	666.46	−17.09	11.27	28.36	0.849

注：***、**、*分别表示在1%、5%、10%的水平上显著。

岁，平均受教育年限为5.5年，大多数人的文化水平仅为小学毕业。3个组的劳动力性别组成基本相同，来自较高富裕程度家庭的劳动力平均年龄比其他两组低。不同富裕程度家庭劳动力之间的差异最大的是受教育程度，来自较低富裕程度家庭劳动力的受教育程度最低。

从农户层面看，参与退耕还林工程的农户占57.7%，农户获得的天保工程补贴为501元/年。在两项生态补偿政策指标方面，3个组之间差异不显著，中等富裕程度农户的退耕还林参与率略高于其他两个组，获得的天保工程补贴也更高。不同富裕程度农户在其他变量上存在显著差异。与较低富裕程度农户相比，中等以及较高富裕程度农户的家庭规模更大，12岁以下孩童数量更多，更倾向于从事本地经商或本地务工。中等富裕农户从事更加多样化的农业劳动，如种植天麻和饲养禽畜，这两项农业劳动都需要更多的初始农业资本投资，同时也会产生比种地更高的回报。相比之下，较低富裕程度的农户多居住在高海拔地区、距离硬化道路和乡镇中心较远，房屋条件较差，拥有的农业工具等级和交通工具等级更低，在本地从事非农业劳动面临的障碍更大。

二、直接影响、间接影响与总影响

（一）对劳动力配置决策的影响

PLS-SEM估计的各解释变量对农户劳动力配置决策的直接影响、间接影响与总影响如表3-8所示。研究表明，生态补偿政策对劳动力配置决策的直接影响不显著，而由农户生计资本这一中介变量产生的间接影响在10%的水平上具有统计显著性，验证了中介效应，因此，理论假设3-1（a）未得到实证支持，假设3-2（a）得到证实。由于生态补偿政策对劳动力配置决策的直接影响和间接影响方向一致，均为负向，因此总影响为两者的叠加，总影响比直接影响和间接影响均大，且在10%的水平上显著。在测量模型中（图3-3和表3-9），生态补偿政策这一潜变量与其两个观测指标"是否参与退耕还林"和"天保工程补贴"均呈正相关，这表明，两个生态补偿政策降低了劳动力的非农就业倾向，使得农户增加农业劳动力配置。这与生态补偿政策的政策目标（即转变农户依赖自然资源的生计模式，使其向非农化、多样化生计转型）背道而驰。

农户生计资本与劳动力配置决策有显著负向联系（$\beta=-0.198$，$p<0.01$）。本章所选取的农户生计资本是一个由农业资本与非农业资本构成的综合性指标，它与房屋类型、交通工具等级以及承包耕地面积呈负相关，与农业工具等级和种植天麻、饲养禽畜等农业活动呈正相关（表3-9）。结合测量模型和结构模型可以发现，拥有更多农业生产工具的农户往往配置更多家庭劳动力在农业劳动中，而拥有更好的房屋和交通工具、耕地面积更大的农户则更倾向于从事非农业劳动。

表 3-8　各变量对劳动力配置决策的直接影响、间接影响和总影响

	路径	β值	p值
直接影响	生态补偿政策→劳动力配置决策［假设 3-1（a）］	−0.038	0.196
	农户生计资本→劳动力配置决策	−0.198***	0.000
	劳动力个体特征→劳动力配置决策	0.581***	0.000
	农户家庭特征→劳动力配置决策	−0.010	0.614
	地理区位特征→劳动力配置决策	−0.065**	0.013
间接影响	生态补偿政策→农户生计资本→劳动力配置决策［假设 3-2（a）］	−0.017*	0.060
	劳动力个体特征→农户生计资本→劳动力配置决策	0.028***	0.000
	农户家庭特征→农户生计资本→劳动力配置决策	0.020**	0.023
	地理区位特征→农户生计资本→劳动力配置决策	−0.057***	0.000
总影响	生态补偿政策→劳动力配置决策	−0.055*	0.070
	农户生计资本→劳动力配置决策	−0.198***	0.000
	劳动力个体特征→劳动力配置决策	0.609***	0.000
	农户家庭特征→劳动力配置决策	0.010	0.770
	地理区位特征→劳动力配置决策	−0.122***	0.000

注：***、**、*分别表示在1%、5%、10%的水平上显著。

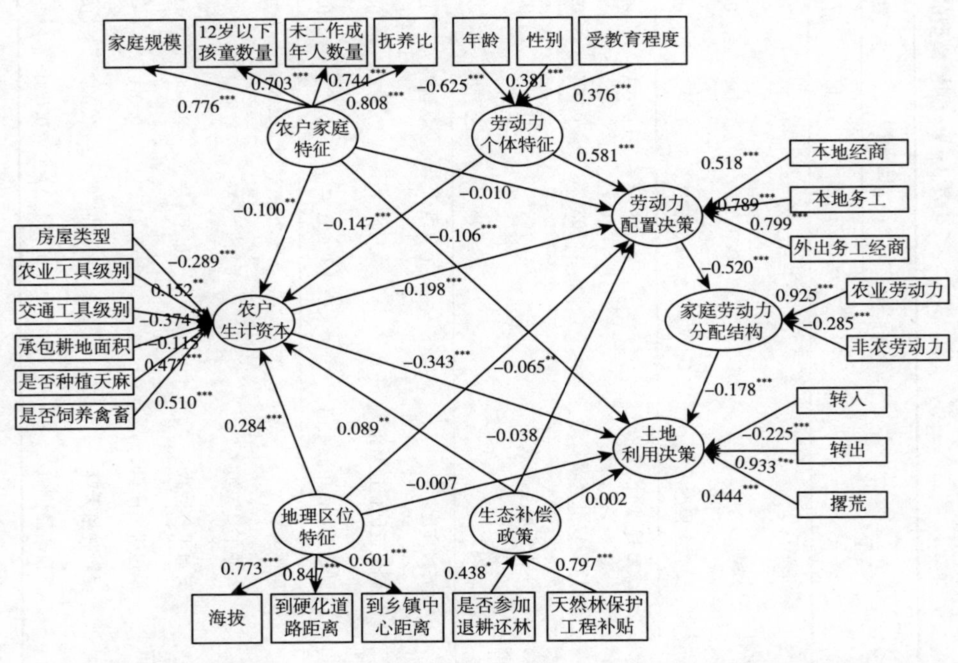

图 3-3　农户生计决策（劳动力配置决策和土地利用决策）影响因素的 PLS 路径分析结果
（注：***、**、*分别表示在1%、5%、10%的水平上显著）

表 3-9　测量模型的载荷系数和权重

变量		载荷系数或权重	总样本		较低富裕程度		中等富裕程度		较高富裕程度	
			l或w值	p值	l或w值	p值	l或w值	p值	l或w值	p值
劳动力个体特征	年龄	w	−0.625***	0.000	−0.709***	0.000	−0.624***	0.000	−0.440***	0.000
	性别		0.381***	0.000	0.403***	0.000	0.466***	0.000	0.354***	0.000
	受教育程度		0.376***	0.000	0.311***	0.006	0.317***	0.003	0.498***	0.000
农户家庭特征	家庭规模	l	0.776***	0.000	0.724***	0.000	0.758***	0.002	0.628**	0.042
	12 岁以下孩童数量		0.703***	0.000	0.584***	0.000	0.698***	0.006	0.548**	0.050
	未工作成年人数量		0.744***	0.000	0.747***	0.000	0.339	0.427	0.502	0.228
	抚养比		0.808***	0.000	0.896***	0.000	0.260	0.601	0.514	0.255
地理区位特征	海拔高度	l	0.773***	0.000	0.762***	0.000	0.895***	0.000	0.538***	0.000
	到最近硬化道路距离		0.847***	0.000	0.820***	0.000	0.764***	0.000	0.766***	0.000
	到最近乡镇中心距离		0.601***	0.000	0.648***	0.008	0.231*	0.073	0.696***	0.000
农户生计资本	房屋类型	w	−0.289***	0.000	−0.219**	0.030	−0.166	0.201	−0.113	0.182
	农业工具等级		0.152**	0.014	0.101	0.381	0.230	0.405	0.329**	0.018
	交通工具等级		−0.374***	0.000	−0.407**	0.020	−0.017	0.993	−0.287**	0.035
	承包耕地面积		−0.115*	0.070	−0.349**	0.014	0.080	0.447	−0.031	0.827
	是否种植天麻		0.477***	0.000	0.324**	0.033	0.691***	0.000	0.417***	0.003
	禽畜产品价值		0.510***	0.000	0.569***	0.000	0.261	0.167	0.458***	0.001

（续）

变量		载荷系数或权重	总样本		较低富裕程度		中等富裕程度		较高富裕程度	
			l或w值	p值	l或w值	p值	l或w值	p值	l或w值	p值
家庭劳动力分配结构	农业劳动力	w	0.925***	0.000	0.927***	0.000	0.929***	0.000	0.950***	0.000
	非农业劳动力		−0.285***	0.000	−0.224**	0.031	−0.338***	0.003	−0.167	0.214
生态补偿政策	是否参加退耕还林	w	0.438*	0.056	0.060	0.247	0.114	0.541	0.517*	0.099
	天然林补贴		0.797***	0.000	0.296	0.406	0.953***	0.000	0.659**	0.021
劳动力配置决策	本地经商	w	0.518***	0.000	0.313***	0.000	0.531***	0.000	0.634***	0.000
	本地务工		0.789***	0.000	0.737***	0.000	0.798***	0.000	0.835***	0.000
	外地务工经商		0.799***	0.000	0.830***	0.000	0.783***	0.000	0.771***	0.000
土地利用决策	转入耕地	w	−0.225***	0.008	−0.222	0.233	0.251	0.345	−0.121	0.662
	转出耕地		0.933***	0.000	0.697**	0.019	0.943***	0.000	0.982***	0.000
	撂荒		0.444***	0.000	0.567**	0.024	0.397	0.184	0.332*	0.068

注：①l表示反映型潜变量载荷系数（loadings），w表示形成型潜变量权重（weights）。

②***、**、*分别表示在1%、5%和10%的水平上显著。

劳动力个体特征对劳动力配置决策的直接影响最大且具有统计显著性（$\beta=0.581$，$p<0.01$）。这表明，农户家庭劳动力个体特征对其劳动力分配决策起决定性作用，影响远超过家庭特征因素和其他外部因素。劳动力个体特征通过影响农户生计资本积累对劳动力决策带来的间接影响比直接影响小得多，但依然显著，且与直接影响方向一致，因此总影响是两者的叠加。结合测量模型可以发现，劳动力个体特征这一潜变量与年龄呈负相关，与教育年限和性别为男呈正相关，年轻且受过良好教育的男性更有可能从事非农工作，最多的是外地务工经商，紧随其后的是本地务工，而在本地经商的相对较少，这与在中国广大农村的观察结果一致。

农户家庭特征对劳动力配置决策有显著的间接影响，直接影响不显著。直接影响和间接影响方向相反，彼此抵消，导致总影响忽略不计。如图 3-3 所示，农户家庭特征与农户生计资本之间存在负相关关系。结合两个潜变量的测量模型可以发现，在本地生活且家庭成员人数较多、拥有更多老人和小孩的农户往往拥有更好的住房和交通工具。这些家庭倾向于选择在本地半农半工，既在本地做点小生意或是务工，又从事多样化农业活动，例如种植粮食作物和蔬菜，同时一般还会饲养鸡、鸭等小型禽类，部分农户会养猪、牛、羊，甚至有一些农户在自有池塘里养鱼虾，还有超过半数的农户种植天麻。

地理区位特征对劳动力配置决策的直接影响和间接影响均为负向且显著，并且通过农户生计资本产生的间接影响在更高的水平上显著（$p<0.01$），表明生活在地理区位更差、海拔更高区域的农户更倾向于增加农业资产数量，包括购买更高级别的农具、转入更多土地，因此从事农业活动比例更高。地理限制导致通勤成本增加，同时非农就业机会更少，降低了他们非农业劳动力的配置。

（二）对农户土地利用的影响

PLS-SEM 估计的各解释变量对农户土地利用决策的直接影响、间接影响与总影响如表 3-10 所示。与劳动力配置决策类似，生态补偿政策对农户土地利用的直接影响不显著，但通过农户生计资本这一中介变量发挥显著的间接影响，因而拒绝假设 3-1（b），验证了假设 3-2（b）。由于直接影响和间接影响相反且相互抵消，导致总影响忽略不计。土地利用决策这一潜变量与转出耕地和撂荒有正相关关系，而与转入耕地呈负相关，这表明，抛荒和转出耕地在安徽金寨县天堂寨镇十分普遍。

农户生计资本对农户土地利用决策的直接影响为显著（$\beta=-0.343$，$p<0.01$），通过劳动力配置决策发挥的间接影响（$\beta=-0.018$，$p<0.01$）仅为直接影响的 5%，两者均统计显著且方向为负，因而总影响强度更大（$\beta=-0.361$，$p<0.01$）。结合相应的测量模型可以发现，转入耕地与农具等级、种植天麻和饲养禽畜呈正相关，表明拥有更多农业机械与工具、从事多样化农业生产的农

户倾向于从其他农户那里转入更多耕地用于规模经营；相反，拥有更好的房屋和交通工具的农户选择转出、撂荒的意愿更高。

表 3-10 农户土地利用决策的直接影响、间接影响和总影响

	路径	β值	p值
直接影响	生态补偿政策→土地利用决策［假设 3-1（b）］	0.002	0.882
	农户生计资本→土地利用决策	−0.343***	0.000
	农户家庭特征→土地利用决策	−0.106***	0.007
	家庭劳动力分配结构→土地利用决策	−0.178***	0.000
	地理区位特征→土地利用决策	−0.007	0.801
主要的间接影响	生态补偿政策→农户生计资本→土地利用决策［假设 3-2（b）］	−0.030**	0.048
	劳动力配置决策→家庭劳动力分配结构→土地利用决策（假设 3-3）	0.092***	0.000
	生态补偿政策→劳动力配置决策→家庭劳动力分配结构→土地利用决策（假设 3-4）	−0.004	0.235
	农户生计资本→劳动力配置决策→家庭劳动力分配结构→土地利用决策	−0.018***	0.000
	劳动力个体特征→农户生计资本→土地利用决策	0.051***	0.000
	劳动力个体特征→劳动力配置决策→家庭劳动力分配结构→农户土地利用决策	0.054***	0.000
	农户家庭特征→农户生计资本→土地利用决策	0.034**	0.019
	地理区位特征→农户生计资本→土地利用决策	−0.098***	0.000
总影响	生态补偿政策→土地利用决策	−0.033	0.442
	农户生计资本→土地利用决策	−0.361***	0.000
	劳动力个体特征→土地利用决策	0.107***	0.000
	农户家庭特征→土地利用决策	−0.071*	0.084
	家庭劳动力分配结构→土地利用决策	−0.178***	0.000
	地理区位特征→土地利用决策	−0.116***	0.000
	劳动力配置决策→土地利用决策	0.092***	0.000

注：***、**、*分别表示在1%、5%和10%的水平上显著。

劳动力个体特征主要通过影响劳动力配置决策和家庭劳动力分配结构以及通过影响农户生计资本来对农户土地利用决策产生间接影响，两个间接影响路径皆为正向且影响程度相当，分别为0.054和0.051，且在1%的水平上显著。因此，有更多受过更高教育的青壮年男性劳动力的家庭倾向于通过转出耕地和撂荒的方式减少耕种规模。

农户家庭特征对农户土地利用决策的直接影响和间接影响均显著但作用方向相反，直接影响（$\beta=-0.106$，$p<0.01$）是间接影响的3倍且显著性更高（$\beta=0.034$，$p<0.05$），总影响依然为负向，表明家庭规模大、需要抚养或赡养更多家庭成员的农户倾向于通过流转扩大耕种面积以满足更多人口对食物的需求。

地理区位特征对农户土地利用决策的影响主要通过农户生计资本的间接影响（$\beta=-0.098$，$p<0.01$）。住在高海拔山区远离道路与乡镇中心的农户更愿意改善农业资产、提高农业工具等级、从事多样化农业生产，因此转入耕地的比例更高。

此外，劳动力配置决策通过影响家庭劳动力分配结构从而对农户土地利用决策产生显著的间接影响（$\beta=0.092$，$p<0.01$），假设3-3得到验证。然而，由于生态补偿政策对劳动力配置决策的直接影响不显著，因此通过影响劳动力配置决策从而对农户土地利用决策产生的间接影响也较小且不显著，假设3-4未得到实证支持。

三、对不同富裕程度农户生计的影响

将农户根据富裕程度划分为较低富裕程度的农户、中等富裕程度的农户和较高富裕程度的农户3个类别，运用PLS-SEM进一步检验生态补偿政策对农户生计决策的异质性影响。直接影响、间接影响和总影响的分析方法与前述相同，在此不再一一展开分析，仅关注总影响。由表3-11可知，生态补偿政策对中等富裕程度农户的生计资本有显著正向影响（$\beta=0.207$，$p<0.01$），通过农户生计资本进一步影响劳动力配置决策和家庭劳动力分配结构。结合测量模型可以看出（表3-9），这两项生态补偿政策促进了农户对农业资本的积累，使其向农业多样化方向发展。这是因为中等富裕程度的农户人口抚养比更高（表3-7），该组农户家庭特征和农户生计资本之间的联系是正向的，这表明有更高抚养比的家庭倾向于积累农业资产并从事更多的农业活动，包括种植粮食作物和蔬菜等、饲养禽畜以及种植天麻，从而可以兼顾老人、儿童以及其他需要照料的家庭成员。农户可能将生态补偿政策补贴用于购买天麻种子、牲畜幼崽或支付土地租金。生态补偿政策对较低富裕程度的农户、较高富裕程度的农户影响不显著。

表3-11　不同富裕程度农户生计决策的总影响分析

路径	较低富裕程度		中等富裕程度		较高富裕程度	
	β值	p值	β值	p值	β值	p值
生态补偿政策→农户生计资本	−0.017	0.436	0.207***	0.009	0.154	0.135
生态补偿政策→劳动力配置决策	−0.012	0.938	−0.066	0.178	−0.097	0.152

（续）

路径	较低富裕程度		中等富裕程度		较高富裕程度	
	β值	p值	β值	p值	β值	p值
生态补偿政策→土地利用决策	0.002	0.578	−0.040	0.647	−0.077	0.465
生态补偿政策→家庭劳动力分配结构	0.007	0.939	0.035	0.188	0.050	0.174
劳动力配置决策→家庭劳动力分配结构	−0.547***	0.000	−0.527***	0.000	−0.511***	0.000
劳动力配置决策→土地利用决策	0.118**	0.026	0.066	0.103	0.086*	0.052
家庭劳动力分配结构→土地利用决策	−0.216**	0.023	−0.126*	0.094	−0.169**	0.043
农户生计资本→劳动力配置决策	−0.135**	0.032	−0.171**	0.013	−0.244***	0.000
农户生计资本→家庭劳动力分配结构	0.074**	0.040	0.091**	0.021	0.125***	0.000
农户生计资本→土地利用决策	−0.380**	0.032	−0.102	0.828	−0.397***	0.000
农户家庭特征→农户生计资本	−0.179**	0.025	0.151	0.183	−0.022	0.966
农户家庭特征→劳动力配置决策	0.064	0.286	0.019	0.610	0.016	0.998
农户家庭特征→家庭劳动力分配结构	−0.036	0.308	−0.010	0.617	−0.008	0.998
农户家庭特征→土地利用决策	−0.053	0.429	−0.110	0.111	−0.076	0.296
劳动力个体特征→农户生计资本	−0.213**	0.020	−0.056	0.467	−0.082	0.251
劳动力个体特征→劳动力配置决策	0.612***	0.000	0.596***	0.000	0.601***	0.000
劳动力个体特征→家庭劳动力分配结构	−0.334***	0.000	−0.313***	0.000	−0.306***	0.000
劳动力个体特征→土地利用决策	0.151**	0.037	0.047	0.197	0.082**	0.022
地理区位特征→农户生计资本	0.152*	0.085	0.337***	0.000	0.292***	0.004
地理区位特征→劳动力配置决策	−0.099**	0.028	−0.149***	0.001	−0.109**	0.022
地理区位特征→家庭劳动力分配结构	0.054**	0.031	0.079***	0.002	0.056**	0.036
地理区位特征→土地利用决策	−0.064	0.529	−0.211**	0.017	−0.141	0.128

注：***、**、*分别表示在1%、5%和10%的水平上显著。

本章小结

本章构建了生态补偿政策对农户的劳动力配置决策与土地利用决策影响的理论框架，基于安徽省金寨县天堂寨镇农户调研数据，运用偏最小二乘结构方程模型实证验证生态补偿政策对农户生计的直接影响与间接影响路径。结果表明，生态补偿政策对劳动力配置决策和土地利用决策的直接影响很小且不显著，政策的影响随着时间的推移逐渐减弱。2017 年在陕西省的一项农户调查也证实，退耕还林工程参与者对该项目的经济效益认可度较低（Dang et al.，2020）。虽然直接影响不显著，但生态补偿政策通过农户生计资本对农户生计决策产生的间接影响具有统计显著性。生态补偿政策通过农户生计资本这一中介因素对劳动力配置决策和土地利用决策产生显著的间接影响降低了农民外地务工经商的倾向，促进农户转入耕地。

本章还检验了劳动力个体特征、农户家庭特征、农户生计资本、地理区位特征等因素对农户生计的影响，得到了一些有意思的结论。首先，验证了地理位置在农户生计决策中的重要作用。虽然著名的5A级旅游景区——天堂寨风景名胜区位于天堂寨镇，但富裕程度较低的农户往往居住在海拔较高的山区，远离主要道路和乡镇中心，因此他们在本地从事旅游相关的务工或经商的机会相对较小，验证了“空间贫困陷阱”的存在。其次，劳动力个体特征和农户家庭特征对劳动力配置决策影响最大。其中，劳动力个体特征因素占主导，尤其是性别和受教育程度。受过良好教育的年轻男性劳动力更有可能在本地从事非农工作或到外地务工经商。最后，中等富裕程度的农户倾向于在本地从事农业多样化经营，包括种植天麻和养殖禽畜，是当地农业发展的“中坚力量”，这类农户往往因需要抚养的儿童和赡养的老人数量较多而无法到外地务工经商，对口粮需求更大，因此倾向于通过转入土地形成适度经营规模，并通过其他农村副业来获得相当于外地务工经商的收入。各种惠农强农政策应该向这类农户倾斜，发挥政策引导作用，更好地支持他们与现代农业发展有机衔接。

此外，研究还表明，生态补偿政策对不同富裕程度农户的影响存在一定的异质性，其中对中等富裕程度农户的影响最为显著，促进了农户对农业资本的积累，增加了农业劳动力配置。退耕还林工程和天保工程已经实施了20余年，在生态效益方面取得了显著成效，然而其在农业增收和农民生计方面的影响越来越小，这对巩固生态补偿政策的生态保护成果和维持生态补偿政策的可持续性带来一定挑战。因此，有必要对生态补偿政策进行重新评估和改进，对政策的社会效益和经济效益给予更多关注。

第四章 农业支持政策与生态补偿政策对农户土地利用行为的交互影响

第一节 问题的提出

本章重点研究退耕还林工程、天保工程和农业补贴这3项农业环境政策对农户生计的交互影响。这3项政策均已实施20余年，但是大多数政策评估研究是在政策实施后的5年内开展的，评估的是政策对农户生计的短期、即时影响。在这20年间，政策补偿标准、社会经济环境均发生较大变化，有必要从更长时间维度、不同实施阶段评估这些农业环境政策对农户生计行为的影响，为决策者提供新的政策依据。此外，一个地区同时存在多个不同的农业环境政策并行实施的情况十分普遍。然而已有研究往往只关注单一政策或对多个政策的影响分开评估，鲜有学者定量评估多项政策的综合影响或探索具有相近或相悖目标的政策之间的相互作用。例如，退耕还林工程和天保工程都旨在保护森林资源，通过鼓励农户从事非农就业来减轻农户对自然资源的依赖，这两项政策对农户行为的影响可能存在协同效应；退耕还林工程与农业补贴政策目标相悖，可能存在权衡效应，即对农户的劳动力配置决策和土地利用决策的影响可能相互抵消，从而影响政策实施的总体效果。此外，受农户自身特征、自然环境、社会经济环境等多元因素影响，这些农业环境政策对农户行为的引导作用往往与政策预期存在较大的差距。

本章选取天堂寨镇作为实证研究区域，退耕还林工程、天保工程和农业补贴政策在该地区并行实施，通过对3项农业环境政策展开综合评估，检验是否存在协同效应或权衡效应，以期为政策优化提供思路。

第二节 变量选取与研究假设

一、农户土地利用决策

本章的因变量是农户土地利用决策。1984年，我国基本完成农村家庭联产承包责任制改革，所有耕地都被划分等级，各等级的土地按人均划分，这样的承包模式虽然保证了公平，但是造成了农户土地细碎化、零散分布的现状。在安徽省金寨县天堂寨镇，农户户均耕地面积 5.7 亩，分散在 3～4 个地块上，人均耕地面积不足 2 亩。在实际土地利用过程中，农户可能只耕种自己的承包地、向其他农户转入更多耕地以扩大种植规模、转出耕地以缩减种植规模，或者完全不种地也不参与流转，而是将土地撂荒。在实际调研中，发现有的农户既有转出耕地也有转入耕地面积，这种情况可能是农户之间通过承包地互换实现连片经营。农户的土地利用行为与其劳动力配置行为是息息相关的，如果农户将家庭中的劳动力投入到非农业活动中，则更有可能缩减耕地种植规模，这一点在上一章节已经充分讨论。

本章重点关注农户的土地利用决策，具体包含以下两个方面的决策：

（1）关于耕地种植规模变化的决策。

该决策又可细分为 3 类：

①扩张：转入耕地面积＞转出耕地面积＋撂荒耕地面积。

②维持：转入耕地面积＝转出耕地面积＋撂荒耕地面积。

③缩减：转入耕地面积＜转出耕地面积＋撂荒耕地面积。

（2）关于如何缩减耕地规模的决策。

该决策又可细分为两类：

①转出主导型：转出耕地面积＞撂荒耕地面积。

②撂荒主导型：转出耕地面积≤撂荒耕地面积。

二、土地利用决策影响因素

基于 DFID 可持续生计分析框架和国内外相关文献，本章选取影响农户土地利用决策的相关解释变量，将其分为六大类，包括农业环境政策和五维农户生计资本，即人力资本、自然资本、物质资本、金融资本和社会资本，如表 4－1 所示。

表 4－1　影响农户土地利用决策的解释变量及其说明

	解释变量	变量描述
农业环境政策	是否参与退耕还林	是否参与退耕还林，1＝是，0＝否
	天保工程补贴	获得的天保工程补贴金额
	农业补贴	获得的农业补贴金额
人力资本	家庭规模	家庭总人数
	家庭成年成员平均年龄	家庭中成年成员的平均年龄
	户主受教育程度	户主受教育总年数

（续）

	解释变量	变量描述
人力资本	家庭医疗支出	表征农户家庭成员的健康状况，以过去12个月在医疗保健和购买药品、医疗保险方面的支出衡量
	本地务工经商人数	家庭劳动力在本县劳动力市场务工经商的人数
	是否在外地务工经商	家庭劳动力或从本户迁出的前家庭成员是否有在外地务工经商的，1＝是，0＝否
自然资本	承包耕地面积	承包耕地总面积
	耕地地块数量	承包耕地地块数量
	到地块平均时间	从宅基地到耕地地块的平均步行时间，单位：分钟
物质资本	农业工具等级	农户所拥有的农业工具的级别，见表3-5
	交通工具等级	农户所拥有的交通工具的级别，见表3-5
金融资本	禽畜产品价值	农户饲养的禽畜的市场价值
	是否种植天麻	是否参与到天麻种植中，1＝是，0＝否
	收到汇款金额	农户收到的来自外地务工经商成员、迁出的前家庭成员的汇款
社会资本	社会连接度	农户在社交活动中的支出与收入/家庭年总收入
	村民组规模	农户所处的村民组的总户数
	村民组富裕程度	农户所处村民组的平均富裕指数，度量方式见表3-5

（一）农业环境政策

本章重点研究退耕还林工程、天保工程和农业补贴这3项农业环境政策对农户土地利用决策的影响。首先，退耕还林工程会对农户土地利用产生直接影响。通过参与退耕还林将易造成水土流失的坡耕地转换为林地，农户承包耕地面积会有所降低，一部分农业劳动力得到释放。有些农户会将这部分劳动力投入到剩余耕地的精细化管理，维持当前耕种规模不变，加大单位面积上的劳动力投入；也有农户通过向其他农户转入耕地来扩大耕种规模或弥补耕种面积的减少；还有一些农户将富余劳动力投入到非农业劳动中，缩减耕地种植规模。

与退耕还林工程相比，天保工程主要通过影响家庭收入和农业劳动力数量来间接影响农户土地利用行为。如果农户将从森林砍伐减少中释放的劳动力转移到本地或外地的务工经商，则会减少家庭农业劳动力数量从而缩减耕种规模。如果农户将天保工程补贴用于改善农业生产条件，例如购买农机、改进灌溉设施，则很可能会扩大耕种。

此外，研究区域的大多数农户还获得了农业补贴。农户不仅可以使用农业补贴增加农业生产投入来提高农业生产效率，还可以转入更多的土地以扩大生产。与生态补偿政策相比，农业补贴与农户土地利用决策之间的关系更为直接，在农业补贴的激励下，农户很可能会维持或扩大耕地种植面积。然而，农民也可能将他们获得的农业补贴用于其他目的，例如用于在本地务工经商或外地务工经商，或仅仅是增加消费以提高生活质量。

除了检验这3项政策对农户土地利用决策的直接影响外，本章还将探讨3项政策的交互影响。根据3项政策的目标以及与农户土地利用的关系，可提出如下理论假设：

假设4-1：退耕还林工程和天保工程有着一致的政策目标，即以修复与保护生态环境为主，两者可能对农户土地利用决策产生协同效应，使农户缩减耕种规模。

假设4-2：退耕还林工程和农业补贴政策的目标有一定的冲突，前者减少农户耕种规模，后者激励农户从事粮食生产，两者可能对农户土地利用决策产生权衡效应。

假设4-3：天保工程和农业补贴政策的目标也有一定的冲突，前者减少农户对自然资源的开采，后者激励农户从事粮食生产，两者可能对农户土地利用决策产生权衡效应。

（二）人力资本

人力资本是指农户通过各种生计活动来实现其生计目标时可以利用的家庭劳动力的数量和质量。人力资本可用家庭规模、家庭成员的年龄性别构成、家庭生命周期、抚养比以及家庭成员的受教育程度等指标来度量。农户所处的家庭生命周期阶段决定了家庭成员的消费需求和可用于农业生产的劳动力数量，从而影响农户的土地利用行为。例如，在农户家庭生命周期的早期阶段，由于劳动力的缺乏，农户可能仅种植满足消费需求的耕地规模（Chayanov，1966）；随着未成年人逐渐成年，家庭劳动力数量增加，农户可能扩大耕种规模；在家庭生命周期的后期阶段，随着下一代分家组建自己的家庭，家庭劳动力减少，农户种植规模又会有所下降。在家庭生命周期的不同阶段，农户对农产品的消费需求也会随着家庭成员的数量和年龄的变化而发生动态变化。家庭生命周期可用家庭中成年成员的平均年龄来表征。

家庭成员的受教育程度是度量劳动力质量的一个关键指标，反映了劳动力获取工作机会所需的知识和技能。通常具有较高受教育程度的人更容易获取工作机会及较高的收入。健康状况是反映劳动力质量的另一个重要维度，可采用农户在医疗保健、购买药品等方面的支出来衡量。除了从事农业劳动以外，很多农户还从事本地非农业劳动（如本地务工经商），或有家庭成员到外地务工经商。外地务工经商成员的汇款往往是农村家庭的主要收入来源。农户非农业劳动力的增加会减少家庭农业劳动力的供给，从而导致耕种规模降低。因此，本章选取家庭规模、家庭成年成员平均年龄、户主受教育程度、家庭医疗支出、本地务工经商人数和是否在外地务工经商等6个指标度量人力资本。

（三）自然资本

自然资本指农户生产生活可获取的自然资源，包括自然资本的数量、质量与可获得性。承包耕地总面积和家庭拥有的地块数量可表征农户可利用的自然资源的数量；灌溉条件、坡度和土壤质量度量自然资本的质量。到耕地地块的距离可衡量农户获取自然资本的便捷性。在丘陵地区或山区，以时间为单位衡量农户到地块的步行时间比以地理距离（米）为单位衡量更能反映农户到耕地的可达性。本章选取承包耕地面积、耕地地块数量和到地块平均时间来度量自然资本。

（四）物质资本

物质资本指农户可用于创造家庭收入的生产性资产和基础设施。其中，农业工具如脱谷机、电水泵、锄头、犁等，可提高粮食生产能力，有助于农户管理更大规模、更多数量的耕地；交通工具如拖拉机、卡车、汽车、摩托车等，可以使农户更容易地将农产品运往市场。因此，拥有更多农业工具和交通工具的农户更倾向于扩大耕地种植规模。但是，交通工具也会使得农户更方便前往本地劳动力市场从事非农业劳动，导致缩减耕种规模。本章选取农业工具等级、交通工具等级这两个指数来度量物质资本，这两个指标的具体度量方式详见表3-5。

（五）金融资本

金融资本指农户可从各种渠道获取的金融资源，包括农户的储蓄、从正规金融机构（例如银行、信用社）的贷款以及从亲朋好友或是其他个人或机构获取的民间借贷等。农户可将金融资本用于扩大生产，例如租赁土地，雇用农业劳动力，购买农业工具或交通工具，改进种子、化肥和农药等。本章选取禽畜产品价值、是否种植天麻和收到汇款金额3个指标测度金融资本。

禽畜养殖与土地耕种之间有着相互促进的关系。一方面，饲养禽畜可为耕地提供肥力和劳动力，例如耕牛是丘陵山区农业生产不可或缺的主要畜役力。Bhandari（2013）在尼泊尔农村地区的一项实证研究发现禽畜养殖显著降低了农户的农业生产退出意愿。另一方面，养殖户通常需要耕种更多土地为禽畜提供食物。农户饲养的禽畜也可视为一种家庭储蓄，可以随时在市场上通过交易转化为现金以供农户不时之需。调研发现，研究区域大部分农户都种植了一种叫作天麻的中药材。天麻的收购价格较高、远超过粮食作物和一般的经济作物。天麻在潮湿且带有菌种的木材上生长，很多农户在自家农房里就可以培育，但天麻种植是劳动密集型产业，在一些关键环节和特殊节点需要大量的劳动力投入，因此种植天麻的农户往往没有多余的精力管理耕地，倾向于转出土地甚至让耕地撂荒。此外，外地务工经商家庭成员和迁出的前家庭成员（例如出嫁的女儿、分家的儿子等）的汇款也是农户重要的金融资本。汇款既可能被农户用于投资农业生产、扩大耕种规模，也可能降低农户从事繁重农活的意愿，因此缩减耕种规模。

（六）社会资本

社会资本是农户可用于抵抗风险、提高生计水平的社会关系的数量、质量，社会组织（如协会等）的参与情况或其他团体的成员资格（如民族、社区等）。本章选取社会连接度、村民组规模、村民组富裕程度 3 个指标测度社会资本。

中国乡村是一个典型的熟人社会，同一个村庄甚至相邻村庄的农户之间、邻里之间人情往来密切，在婚丧嫁娶或者建房等大事件中相互支持，增强了农户应对各种内部压力、外部冲击与风险的能力。通常，与社会网络中的其他个体交互更频繁、连接度更高的农户，有更多的社会资源可供利用，无论是转入耕地或是转出耕地都更容易，获得非农业劳动的机会从而缩减耕地规模的可能性也更大。因此，本章选取农户在社交活动中的人情支出与收入之和与家庭年总收入的比值来度量社会连接度。

其次，隶属同一社会组织（民族或社区）的农户遵循相同的社会规则与规范，具有更高的信任度和认可度，更容易促成集体行动，产生公共利益，在土地利用上也呈现一定的规律性，这与来自不同社会组织的农户形成鲜明对比。天堂寨镇不属于民族地区，因此采用两个社区层面的变量——村民组规模和村民组富裕程度来反映农户所生活的社区的社会资源的情况。在规模较大的村民组，农户之间的社会交互更频繁，可供利用的社会资源也更多。村民组富裕程度则反映农户社会资源的质量，用居住在该村民组的所有农户富裕程度的平均值来度量。在第三章中介绍过，农户富裕程度是一个由房屋类型、燃料来源、用水与卫生条件、电器拥有情况、通信和娱乐设备、农业工具等级、交通工具等级 7 个方面指标构成的综合指数（表 3 - 5），每一个指标取值为 0～5，分别代表物质条件从低级别向高级别变化。由于农业工具等级、交通工具等级这两个指标已用于度量农户的物质资本，在此选用其余 5 个指标来综合衡量家庭富裕程度，家庭富裕指数是这 5 个因素得分的总和。

第三节　实证模型

多分类 Logistic 回归是用来预测一个具有类别分布的因变量不同可能结果的概率的模型，本章的第一个因变量“农户耕地利用规模变化”是一个包含维持、扩张和缩减 3 个组别的类别变量，分别用 $Y_{i=1}$、$Y_{i=2}$、$Y_{i=3}$ 表示；$P_{Y_{i=1}}$、

$P_{Y_{i=2}}$、$P_{Y_{i=3}}$分别代表第 i 个农户选择维持、扩张、缩减的概率，所有选择的概率之和为1。当因变量包含 m 个类别时，只需要计算 $m-1$ 个方程，因为当 $m-1$ 个类别的概率确定后，第 m 个类别的概率也就确定了，因此可将其中一个类别作为参照组，本章将"维持"这一类别指定为参照组。多分类逻辑回归模型通过Logit函数将因变量转换成比数的自然对数形式，并估计解释变量对这些比数的影响，就得到模型1的方程式，如下所示：

$$\mathrm{Logit}(Y_i)=\ln\left(\frac{P_{Y_{i=2}}\text{ 或 }P_{Y_{i=3}}}{P_{Y_{i=1}}}\right)=\alpha+\sum_{k=1}^{K}\beta_k x_{ik}+\varepsilon_i \quad (4-1)$$

式中：x_{ik}是第 i 个农户的第 k 个解释变量的取值；解释变量包括农业环境政策、人力资本、自然资本、物质资本、金融资本和社会资本6大类共20个指标；α 是常数项；β_k是第 k 个解释变量的估计系数，度量第 k 个变量的作用大小；ε 是误差项。

与线性回归系数一样，逻辑回归系数可理解为当解释变量变化1个单位时，$\mathrm{Logit}(Y_i)$ 所发生的变化。$\mathrm{Logit}(Y_i)$ 是农户选择扩张或缩减的概率与选择维持（参照组）的概率的比值取自然对数。因此，与参照组相比，农户选择扩张或缩减的概率与解释变量之间的关系是非线性的。

本章的第二个因变量"采用何种方式缩减耕种规模"（转出或撂荒）是一个典型的二元选择问题，可用二分类Logistic回归模型来分析。二分类Logistic回归是一个二元概率模型，适用于因变量为二分变量的数据统计分析。"转出"和"撂荒"分别用 $Y_{i=31}$ 和 $Y_{i=32}$ 来表示，$P_{Y_{i=31}}$、$P_{Y_{i=32}}$ 分别表示第 i 个农户选择转出、撂荒的概率，两者之和为1。模型2的方程式可以写成以下形式：

$$\mathrm{Logit}(Y_i)=\ln\left(\frac{P_{Y_{i=31}}}{P_{Y_{i=32}}}\right)=\alpha+\sum_{k=1}^{K}\beta_k x_{ik}+\varepsilon_i \quad (4-2)$$

式中：x_{ik}是第 i 个农户的第 k 个解释变量的取值；α 是常数项；β_k是第 k 个解释变量的估计系数，度量第 k 个影响因素的作用大小；ε 是误差项。

运用Logistic回归模型检验交互效应最常见的方法就是加入变量相乘的交互项。为了检验3项农业环境政策之间的交互效应，在模型1和模型2中分别加入3项农业环境政策之间两两相乘的交互项，如下所示：

$$\mathrm{Logit}(Y_i)=\alpha+\sum_{k=1}^{K}\beta_k x_{ik}+\gamma x_{i1}x_{i2}+\delta x_{i2}x_{i3}+\theta x_{i3}x_{i1}+\varepsilon_i \quad (4-3)$$

式中：x_{i1}、x_{i2}、x_{i3}分别代表第 i 个农户"是否参与退耕还林""天保工程补贴"和"农业补贴"3个变量的取值。

为了更直观地分析农业环境政策之间的交互效应，将 $\mathrm{Logit}(Y_i)$ 转换为条件概率形式：

$$P_{Y_{i=j}}=\frac{\alpha_j+\sum_{k=1}^{K}\beta_{jk}x_{ik}+\gamma_j x_{i1}x_{i2}+\delta_j x_{i2}x_{i3}+\theta_j x_{i3}x_{i1}+\varepsilon_{ij}}{1+\sum_{j=2}^{3}e^{\alpha_j+\sum_{k=1}^{K}\beta_{jk}x_{ik}+\gamma_j x_{i1}x_{i2}+\delta_j x_{i2}x_{i3}+\theta_j x_{i3}x_{i1}+\varepsilon_{ij}}};\ j=2,\ 3 \quad (4-4)$$

建模前，将家庭医疗支出、禽畜产品价值、收到汇款金额等变量取自然对数，并运用 Z－score 方法对所有连续型变量进行标准化处理，标准化后均值为 0，标准差为 1。

最后，运用方差膨胀因子（VIF）检验回归方程是否存在多重共线性，结果如表 4－2 所示，*VIF* 值在 1.09～2.66，通过共线性检验。

表 4－2　农户土地利用决策解释变量的共线性统计

解释变量		*VIF* 值	
		维持 vs. 扩张 vs. 缩减	撂荒 vs. 转出
交互项	退耕还林×天然林保护	2.46	2.53
	退耕还林×农业补贴	2.66	2.60
	天然林保护×农业补贴	1.07	1.12
农业环境政策	是否参与退耕还林	1.09	1.12
	天保工程补贴	2.46	2.41
	农业补贴	2.66	2.64
人力资本	家庭规模	1.58	1.67
	家庭成年成员平均年龄	1.42	1.47
	户主受教育程度	1.14	1.29
	家庭医疗支出	1.10	1.18
	本地务工经商人数	1.44	1.54
	是否在外地务工经商	1.17	1.36
自然资本	承包耕地面积	1.30	1.41
	耕地地块数量	1.37	1.58
	到地块平均时间	1.09	1.16
物质资本	农业工具等级	1.25	1.21
	交通工具等级	1.49	1.79
金融资本	是否种植天麻	1.28	1.33
	禽畜产品价值	1.26	1.41
	收到汇款金额	1.26	1.32

（续）

解释变量		VIF 值	
		维持 vs. 扩张 vs. 缩减	撂荒 vs. 转出
社会资本	社会连接度	1.13	1.18
	村民组规模	1.20	1.23
	村民组富裕程度	1.13	1.18
VIF 均值		1.48	1.55

第四节　研究结果

一、样本描述性统计

表 4-3 为农户土地利用情况的描述性统计。与以欧美国家为代表的大中型家庭农场相比，我国耕地仍以小农家庭经营模式为主，农户户均承包耕地面积仅 8.4 亩。天堂寨镇农户户均耕地面积仅为 5.7 亩，小于全国平均水平；户均撂荒面积达 1.1 亩，转出耕地面积 0.8 亩，转入耕地面积 0.5 亩。统计结果显示，58%的农户选择缩减耕种面积，26%的农户选择维持当前耕种规模，只有 16%的农户转入耕地以扩大生产规模。选择转入耕地的农户所承包的耕地面积最少，仅有 5.1 亩，这些农户平均转入耕地面积为 2.6 亩。在两种缩减耕种规模的方式中，撂荒农户在总样本量中所占的比例（36%）高于转出耕地的农户所占的比例（22%）。选择以撂荒方式缩减耕种规模的农户承包的耕地面积最大（6.1 亩），撂荒的耕地面积为 2.6 亩；以转出耕地为主的农户平均转出耕地面积为 3.3 亩。

表 4-3　农户土地利用决策（因变量）的描述性统计

单位：亩

土地利用决策	总样本 ($N=441$)		扩大 ($N_2=71$)		维持 ($N_1=114$)		缩减 ($N_3=256$)			
							转出主导 ($m_1=98$)		撂荒主导 ($m_2=158$)	
	均值	标准差	均值	标准差	均值	标准差	均值	标准差	均值	标准差
承包耕地面积	5.7	2.7	5.1	2.7	5.5	3.0	5.7	2.6	6.1	2.6
转入耕地面积	0.5	1.2	2.6	1.9	0.0	0.3	0.1	0.4	0.1	0.4
转出耕地面积	0.8	1.6	0.1	0.4	0.0	0.3	3.3	1.7	0.2	0.5
撂荒耕地面积	1.1	1.6	0.3	0.6	0.0	0.1	0.5	0.8	2.6	1.8
耕地种植总面积①	4.3	3.3	7.3	3.4	5.5	3.0	2.0	2.2	3.4	2.7

注：①耕地种植总面积＝承包耕地面积＋转入耕地面积－转出耕地面积－撂荒耕地面积。

因此，做出扩大耕种规模决策的农户平均耕种总面积最大（7.3 亩），其次是选择维持当前耕种规模的农户（5.5 亩），通过撂荒或转出耕地从而缩减耕种规模的农户种植面积最小，分别为 3.3 亩和 2.0 亩。结果表明，虽然农户初始承包耕地面积相差不大，但是随着土地流转和撂荒现象日益普遍，农户在耕种规模上呈现较大差异，大多数农户不再将种地作为主要的生活来源。

对影响农户土地利用决策的解释变量的描述性统计结果如表 4-4 所示。参与退耕还林工程的农户占总样本量的 56.5%，扩大耕种规模的农户中参与退耕还林的农户比例（60.6%）高于选择撂荒的农户（55.7%）或转出耕地的农户（51%）。这表明，农户将自己的部分土地退耕还林后，倾向于向周边农户转入部分耕地以弥补耕地面积的减少。农户获得的农业补贴平均值为 695.8 元，略高于天保工程补贴 592.4 元。相比之下，农户从退耕还林中获得的平均补贴最少，仅为 173 元。

在人力资本方面，研究区域农户家庭规模小，户均不到 3 人，成年成员的平均年龄 52.6 岁，平均受教育年数不到 6 年。由此可见，在当前农村大量青壮年劳动力进城的情况下，仍留守农村的家庭劳动力呈现数量少、老龄化、受教育程度较低的特点。研究区域 18%的农户有家庭成员在当地从事非农工作，66.2%的农户有一名或多名成员在外地务工经商。农户每年在医疗、药品、保险方面的平均支出为 4 100 元，占家庭年收入的 12%。选择扩大或维持耕种规模的农户家庭人口规模比缩减耕种规模的农户大，因为这些农户有更高的粮食消费需求和足够的劳动力来维持或扩大农业生产。通过转出土地缩减耕种规模的农户在本地从事非农工作的比例最高（33.7%），远高于选择维持的农户（18.5%）、撂荒（17.9%）或扩大耕种规模的农户（10.5%）。同样的，通过转出耕地或者撂荒来缩减耕种规模的农户中外地务工经商的比例也更高，分别为 69.4%和 68.4%。

在自然资本方面，农户承包耕地面积为户均 5.7 亩，地块数为户均 3.5 块，到耕地地块的平均步行时间为 11.1 分钟。选择扩大耕种规模的农户承包的耕地面积最小，但地块数最大，说明这些农户所承包的耕地过于分散和细碎化，农户管理难度很大，因此倾向于转入邻近地块来改善耕种条件。虽然选择转出或撂荒耕地的农户承包的耕地面积都较大，但前者的地块面积大于后者，更容易将土地流转出去。选择扩大或维持耕种规模的农户比缩减耕种面积的农户到地块的步行时间更短。

在物质资本方面，农户的生产性资产的情况差异较大，选择扩大耕种规模的农户拥有更多的农业工具，然而在交通工具等级上，转入耕地的农户比其他农户略差。除了农作物生产外，天堂寨镇有 57.6%的农户种植天麻，饲养的禽畜产品的市场价值为 4 500 元。农户收到来自外地务工经商成员、迁出的前

表 4-4　农户土地利用决策影响因素（解释变量）的描述性统计

解释变量		单位	总样本（N=441）		扩大（N_1=71）		维持（N_2=114）		缩减（N_3=256）			
									转出主导（m_1=98）		撂荒主导（m_2=158）	
			均值	标准差	均值	标准差	均值	标准差	均值	标准差	均值	标准差
农业环境政策	是否参加退耕还林	%	56.5	49.6	60.6	49.2	59.6	49.3	51.0	50.2	55.7	49.8
	天保工程补贴	元	592.4	667.4	543.6	564.9	665.2	719.4	473.8	537.9	635.4	734.3
	农业补贴	元	695.8	1 340.1	630.2	487.4	796.0	1 049.7	765.4	2 437.4	609.8	666.1
人力资本	家庭规模	人	2.9	1.3	3.1	1.2	3.2	1.4	2.6	1.1	2.8	1.4
	家庭成年成员平均年龄	年	52.6	10.3	52.4	9.9	52.1	8.9	52.8	10.9	53.0	11.1
	户主受教育程度	年	5.9	3.0	5.7	2.9	5.8	2.9	6.7	3.5	5.6	2.8
	家庭医疗支出	万元	0.41	0.70	0.27	0.36	0.48	0.72	0.50	0.89	0.36	0.66
	本地务工经商人数	人	0.5	0.7	0.3	0.6	0.5	0.7	0.7	0.7	0.4	0.7
	是否在外地务工经商	%	66.2	47.4	60.6	49.2	64.0	48.2	69.4	46.3	68.4	46.7
自然资本	承包耕地面积	亩	5.7	2.7	5.1	2.6	5.5	3.0	5.7	2.6	6.0	2.6
	耕地地块数量	块	3.5	1.8	4.6	2.0	3.5	1.6	2.1	1.5	3.7	1.6
	到地块平均时间	分钟	11.1	8.2	10.5	7.7	10.2	7.3	11.7	8.2	11.6	8.9
物质资本	农业工具等级	指数	2.5	1.6	3.2	1.6	2.6	1.7	1.9	1.5	2.3	1.5
	交通工具等级	指数	2.5	1.4	2.4	1.3	2.6	1.3	2.6	1.5	2.6	1.4
金融资本	禽畜产品价值	万元	0.45	0.88	0.75	1.07	0.48	0.83	0.19	0.24	0.46	1.02
	是否种植天麻	%	57.6	49.5	66.2	47.6	72.8	44.7	35.7	48.2	56.3	49.8
	收到汇款金额	万元	1.00	2.03	0.52	1.17	1.24	2.76	0.96	1.52	1.07	1.96
社会资本	社会连接度	%	47.0	79.4	32.5	42.7	39.4	48.4	54.7	107.8	54.2	88.1
	村民组规模	户	26.1	8.6	26.5	8.9	26.2	8.8	27.9	7.4	24.6	8.9
	村民组富裕程度	指数	20.2	2.1	20.0	2.1	20.2	2.1	20.6	2.0	20.1	2.2

家庭成员的汇款均值为 1 万元。在所有农户中，维持当前耕地种植规模的农户种植天麻的比例最高，占比 72.8%；选择扩大耕地种植规模的农户饲养的禽畜产品价值最高，平均市场价值为 7 500 元，证实了禽畜养殖与耕地种植之间的正向联系。对于种植天麻而言，其需要的劳动力更多，限制了农户扩大耕地种植规模。维持当前耕种规模的农户收到的汇款最多，这使他们能够从繁重的农业生产活动中解放出来，可以享受更多的闲暇时间。

在社会资本方面，农户在人情往来中的支出与收入占总收入的 47%，是一笔不小的负担。具体而言，选择缩减耕种规模的农户社会连接度更高，有更多的人情开支和收入用于维系社会网络，这为他们的非农就业积累人脉。土地流转多发生在规模较大的村民组，而住在人口规模小的村民组的农户撂荒比例更高，因为村民组规模越大，越容易找到有转入土地意愿的农户。

二、土地利用决策影响因素分析

以农业环境政策、人力资本、社会资本、物质资本、自然资本和金融资本等 6 个维度 20 个指标为解释变量，以农户耕地种植规模变化决策（扩大、维持、缩减）为第一个因变量，以农户缩减耕种规模的方式选择（转出土地、撂荒）为第二个因变量，利用多分类 Logistic 回归模型和二分类 Logistic 回归模型分别对两项农户土地利用决策影响因素进行分析，结果如表 4－5 所示。两个模型的参照组分别为“维持”和“转出”，结果分析以两个参照组为基础来展开。本章选取 OR（odds ratio）值来报告研究结果。*OR* 值>1，表示与参照组相比，解释变量增加会引起因变量发生概率的增加；反之，*OR* 值<1，表示与参照组相比，解释变量增加会导致因变量发生概率的降低。

（一）农业环境政策

农业环境政策方面，只有天保工程补贴对耕地种植规模变化决策的影响是显著的。农户获得的天保工程补贴每增加一个标准差（即 667.4 元），则农户扩大耕地种植规模的可能性降低 33.5%（$p<0.10$），缩减耕种规模的可能性降低 32.3%（$p<0.05$），表明天保工程补贴促使农户维持当前耕地经营规模。获得更多天保工程补贴的农户往往居住在海拔更高、更偏远的地区，这些农户的生计选择较少，多以农业生产为主且高度依赖自然资源。虽然禁止砍伐森林资源，但是拾薪材，采草药、木耳、菌类等林产品是允许的。天保工程补贴是这些农户维持生计的一项重要收入来源。

相比之下，退耕还林工程与农业补贴政策对两项土地利用决策的影响均不显著。虽然参与退耕还林工程的部分农户通过转入土地扩大耕地种植规模以弥补退耕导致的耕地面积减少，但这种影响很小，而且在统计上不显著。更多农户选择在剩余的土地上精耕细作或者将富余劳动力转移到非农业劳动中。农业

表 4-5　农户土地利用决策影响因素的 Logistic 回归结果：不考虑交互效应

解释变量		模型 1（参照组：维持）						模型 2（参照组：转出）		
		扩大			缩减			撂荒		
		OR 值	标准误	*p* 值	*OR* 值	标准误	*p* 值	*OR* 值	标准误	*p* 值
农业环境政策	是否参加退耕还林	1.724	0.793	0.236	0.995	0.346	0.988	0.942	0.443	0.899
	天保工程补贴	0.665*	0.163	0.095	0.677**	0.126	0.037	0.919	0.197	0.695
	农业补贴	0.740	0.204	0.276	0.784	0.163	0.242	0.784	0.157	0.224
人力资本	家庭规模	0.623*	0.159	0.064	0.579**	0.133	0.018	1.478	0.520	0.267
	家庭成年成员平均年龄	0.754	0.232	0.359	1.230	0.299	0.395	0.887	0.221	0.630
	户主受教育程度	1.089	0.314	0.768	0.656**	0.138	0.045	0.563**	0.132	0.014
	家庭医疗支出	0.802	0.173	0.305	0.733	0.145	0.115	0.609*	0.158	0.056
	本地务工经商人数	0.303***	0.137	0.008	0.890	0.206	0.615	0.654	0.209	0.185
	是否在外地务工经商	1.193	0.649	0.745	2.704**	1.110	0.015	0.315**	0.177	0.039
自然资本	承包耕地面积	0.583	0.207	0.129	2.345***	0.567	0.000	0.635*	0.165	0.080
	耕地地块数量	1.259	0.327	0.376	0.491***	0.120	0.004	12.887***	5.284	0.000
	到地块平均时间	0.805	0.277	0.528	1.209	0.245	0.349	0.737	0.182	0.216
物质资本	农业工具等级	2.074**	0.726	0.037	1.115	0.247	0.622	0.854	0.228	0.556
	交通工具等级	2.083***	0.585	0.009	1.653**	0.378	0.028	1.382	0.390	0.251

（续）

解释变量		模型 1（参照组：维持）						模型 2（参照组：转出）		
		扩大			缩减			撂荒		
		OR 值	标准误	*p* 值	*OR* 值	标准误	*p* 值	*OR* 值	标准误	*p* 值
金融资本	禽畜产品价值	1.064	0.343	0.846	0.779	0.161	0.228	0.663*	0.155	0.078
	是否种植天麻	0.379	0.258	0.154	0.366*	0.192	0.055	1.687	0.855	0.302
	收到汇款金额	0.883	0.235	0.639	1.056	0.230	0.804	1.985**	0.584	0.020
社会资本	社会连接度	1.240	0.309	0.389	1.463*	0.299	0.063	1.157	0.307	0.582
	村民组规模	0.545*	0.181	0.067	0.655**	0.129	0.032	1.432	0.354	0.147
	村民组富裕程度	0.679	0.212	0.214	1.125	0.211	0.531	0.597*	0.157	0.050
常数项		0.480	0.284	0.214	2.859**	1.409	0.033	6.146***	4.071	0.006
模型总结		*Wald* Chi^2=99.30，p<0.001 Log *pseudo likelihood*=−2 800.15 *Pseudo* R^2=0.289						*Wald* Chi^2=88.54，p<0.001 Log *pseudo likelihood*=−804.91 *Pseudo* R^2=0.474		

注：***、**、*分别表示在1%、5%、10%的水平上显著。

补贴对农业生产的影响不显著的原因可能是补贴并未发放到耕地的实际耕种者手中。虽然农业补贴要求按照实际播种面积进行补贴，但 2014 年本研究团队在天堂寨镇调研时发现，该地区的农业补贴直接发放给耕地承包户，而不是实际耕种者，即使农户撂荒耕地也能根据承包耕地面积拿到相应的农业补贴，与实际耕种面积关系不大，导致了政策成效大打折扣，这与 Huang 等（2011）的研究结果一致。

（二）人力资本

家庭规模对扩大和缩减耕种规模都有显著的负相关关系，表明人口规模较大的农户更倾向于维持当前耕地种植规模。家庭成年成员平均年龄的影响在两个模型中都不显著，但受教育程度较高的产生缩减耕种规模的意愿相对较低，即使减少耕地种植面积，也更倾向于将土地转出而不是撂荒，表明产生受教育程度越高，对耕地经济价值的认识越高。医疗支出较高的农户倾向于维持耕种规模，即使缩减耕地也会选择转出土地，因为他们更需要土地租金支付医疗费用。从事本地非农务工经商与扩大耕地规模之间存在显著的负相关关系，如果农户家庭成员中从事非农业劳动力增加一个标准差，则该农户扩大耕种规模的可能性降低 70%。在外地务工经商与缩减耕种规模的决策有很强的正相关关系，有外地务工经商成员的农户减少耕地的概率为无外出经商成员农户的 1.7 倍。此外，有外出经商成员的农户在缩减耕地经营规模时，更倾向于转出土地而不是撂荒。

（三）自然资本

承包耕地面积和地块数量对两项土地利用决策都有显著影响，但作用方向相反。在其他变量保持不变的情况下，如果农户承包的耕地面积增加 1 个标准差（即 2.7 亩），其缩减耕种规模的概率增加 1.3 倍；如果农户承包耕地地块数增加 1 个标准差（即 2 块地），其缩减耕种规模的概率降低 50%。当农户选择缩减耕种规模时，拥有较多耕地地块的农户倾向于撂荒，原因是耕地地块过于细碎化，很难流转出去，这与 Yan 等（2016）在重庆山区的研究结果一致。此外，到耕地地块的步行时间对土地利用决策的影响不显著，这可能是由于从农户住宅到耕地地块的步行时间普遍较短。

（四）物质资本

和预期一致，农户拥有更多农业工具，例如电水泵、脱谷机、小型拖拉机等，其扩大耕地规模的可能性更大。农户拥有更高级别的交通工具，意味着同时增加了其扩大和缩减耕种规模的概率，但对扩大耕种规模的影响更大。交通工具不仅增大了农户在本地获得非农就业的机会，也使得农户更容易将生产的农产品放到市场上交易。此外，拥有更多农业工具和更高级别交通工具的农户可以向其他农户出租农业工具或是提供运输服务以获得经济收入。因此，这两项物质资本也可以转移为金融资本或社会资本。

（五）金融资本

种植天麻的农户比不种植的农户缩减耕种规模的可能性低63%，说明天麻能够带来比较高的农业收入，是农户维持生计的重要来源。饲养家畜较多的农户倾向于维持当前耕种规模，即使选择缩减耕种规模，也是通过转出土地而不是撂荒。相比之下，那些收到更多来自外地务工经商人员或是其他分家成员汇款的农户撂荒的概率更高。

（六）社会资本

首先，社会关联度越高的农户，即每年人情收支更高的农户，更有可能缩减耕地种植面积，这与预期一致，在维系社会关系上花费更多资金的农户更容易获得非农就业机会，因此降低了对农业劳动的依赖。村民组的规模对扩大与缩减耕种规模的决策都有负向影响，表明生活在人口规模较大的村民组的农户倾向于维持耕种规模，因为规模较大的村民组一般位于海拔较低、地形更平坦的地方，耕地生产条件更好，距农产品市场更近，获得各种公共基础服务（例如教育、医疗）更便捷，社会稳定性也更强，这些条件降低了农户到外地务工经商的意愿，农户更愿意在本地务工经商，同时维持一定规模的耕种面积以满足口粮需求。此外，村民组的富裕程度对农户缩减耕种规模的方式有显著影响，来自更富裕的村民组的农户更倾向于转出土地而不是撂荒，因为他们有更多的社会资源可供利用，更容易将土地流转出去。

三、农业环境政策的交互影响

3项农业环境政策中，退耕还林工程和天保工程政策目标一致，均以森林生态系统保护为主要目标，同时兼有提高农户收入、改善农户生计的次要目标。但是这两项生态补偿政策与农业补贴政策的目标有一定的冲突，前者旨在降低农户对自然资源的依赖，后者则是鼓励农户增加农业投入、加大对土地资源的利用。这些有着相似或冲突目标的农业环境政策是否会对农户土地利用决策产生协同或权衡效应是本章研究的重点问题。被调研的农户中，56.5%的农户参加了退耕还林工程，全部农户参加了天保工程，87%的农户获得了农业补贴。首先，本章检验了3项政策对农户两项土地利用决策的交互影响，结果不显著；然后，进一步验证了三者之间的两两交互效应，模型引入交互项后显著地提高了模型整体拟合度，表明三项政策之间存在显著的交互作用，结果如表4-6所示。

天保工程和农业补贴政策对农户扩大和缩减耕种规模的决定有显著的交互影响，从 *OR* 值和 p 值看，农户扩大耕种面积的概率高于缩减耕种规模的概率。结合表4-5不考虑交互效应的结果，农业补贴影响不显著而天保工程补

表 4-6　农户土地利用决策影响因素的 Logistic 回归结果：考虑交互效应

解释变量		模型 3（参照组：维持）						模型 4（参照组：转出）		
		扩大			缩减			撂荒		
		OR 值	标准误	*p* 值	*OR* 值	标准误	*p* 值	*OR* 值	标准误	*p* 值
交互项	退耕还林×天保工程	1.158	0.503	0.735	1.051	0.348	0.881	2.888**	1.243	0.014
	退耕还林×农业补贴	0.917	0.425	0.852	0.848	0.313	0.656	1.182	0.455	0.663
	天保工程×农业补贴	2.145**	0.681	0.016	1.598**	0.379	0.048	0.940	0.185	0.755
农业环境政策	是否参加退耕还林	1.821	0.856	0.202	1.014	0.359	0.969	1.188	0.563	0.717
	天保工程补贴	0.537**	0.161	0.038	0.600**	0.132	0.020	0.739	0.189	0.238
	农业补贴	0.740	0.222	0.315	0.755	0.179	0.236	0.769	0.202	0.318
人力资本	家庭规模	0.609*	0.157	0.054	0.572**	0.135	0.018	1.455	0.522	0.296
	家庭成年成员平均年龄	0.839	0.260	0.572	1.337	0.325	0.233	0.900	0.225	0.673
	户主受教育程度	1.127	0.316	0.670	0.660**	0.138	0.046	0.555**	0.135	0.015
	家庭医疗支出	0.873	0.186	0.524	0.773	0.149	0.180	0.640	0.179	0.111
	本地务工经商人数	0.307**	0.141	0.010	0.918	0.212	0.712	0.630	0.204	0.154
	是否在外地务工经商	1.226	0.684	0.715	2.881**	1.217	0.012	0.358*	0.207	0.075
自然资本	承包耕地面积	0.579	0.203	0.119	2.339***	0.557	0.000	0.633*	0.167	0.084
	耕地地块数量	1.343	0.373	0.288	0.496***	0.120	0.004	12.094***	4.894	0.000
	到地块平均时间	0.856	0.293	0.650	1.251	0.248	0.258	0.736	0.187	0.229

（续）

解释变量		模型3（参照组：维持）						模型4（参照组：转出）		
		扩大			缩减			撂荒		
		*OR*值	标准误	*p*值	*OR*值	标准误	*p*值	*OR*值	标准误	*p*值
物质资本	农业工具等级	2.106**	0.753	0.037	1.111	0.258	0.651	0.849	0.242	0.566
	交通工具等级	2.379***	0.734	0.005	1.806	0.432	0.013	1.370	0.377	0.253
金融资本	禽畜产品价值	1.043	0.327	0.892	0.793	0.166	0.267	0.669	0.165	0.103
	是否种植天麻	0.363	0.259	0.155	0.330	0.179	0.041	1.673	0.851	0.312
	收到汇款金额	0.902	0.232	0.689	1.065	0.238	0.779	1.990**	0.585	0.019
社会资本	社会连接度	1.221	0.318	0.443	1.408*	0.291	0.097	1.134	0.299	0.634
	村民组规模	0.508**	0.168	0.041	0.613**	0.127	0.018	1.502	0.394	0.122
	村民组富裕程度	0.596	0.192	0.108	1.070	0.204	0.722	0.643	0.174	0.103
常数项		0.470	0.284	0.211	3.006**	1.519	0.029	5.342**	3.552	0.012
模型总结		*Wald* Chi^2=95.83，$p<0.001$ Log *pseudo likelihood*=−2 754.03 *Pseudo* R^2=0.301						*Wald* Chi^2=91.05，$p<0.001$ Log *pseudo likelihood*=−781.63 *Pseudo* R^2=0.490		

注：***、**、*分别表示在1%、5%和10%的水平上显著。

贴增加了农户维持耕种规模的意愿，表明天保工程补贴对农户耕种面积的影响比较复杂，可能存在非线性关系。农户在收到农业补贴的同时有更高的天保工程补贴，则会增加农户扩大转入耕地的意愿，尤其对于那些居住在高海拔、远离硬化道路、相对闭塞的农户。天保工程和农业补贴政策产生了协同效应，两项政策的补贴使得农户可以扩大农业投资，租入更多耕地，购入农业机具以提高农田生产力。

退耕还林工程和天保工程对农户种植规模的交互影响不显著，但对农户选择缩减耕种规模的方式（转出土地或撂荒）产生了一定的交互作用（表 4－6）。具体而言，参与退耕还林同时获得较高的天保工程补贴的农户更有可能通过撂荒的方式来缩减耕种规模，一个重要的原因是这类农户往往居住在森林资源更多的高海拔山区，这些地区的耕地灌溉条件差，地块狭长，农作物很容易受到野生动物破坏，因此很难将土地流转出去。

退耕还林工程与农业补贴政策之间的交互效应在两项土地利用决策中都不显著，因此不再进一步讨论。

（一）天保工程与农业补贴政策的交互效应

虽然 Logistic 方程回归结果提供了理解交互效应的所有关键信息，通过图形来阐述交互效应更为直观、高效。图 4－1 展示的是天保工程与农业补贴政策的交互效应，纵轴为农户选择扩大、缩减和维持当前耕种规模的预测条件概率值，横轴是农业补贴的变化，从比均值低两个标准差（－2.0）向均值（0.0）到高两个标准差（＋2.0）过渡。图 4－1 中三条线分别代表当农户获得低天保工程补贴（低于两个标准差）、中天保工程补贴（均值）、高天保工程补贴（高于两个标准差），其他解释变量取样本平均值的情况下计算得到的预测条件概率值。

如图 4－1 所示，在控制其他变量的情况下，天保工程补贴和农业补贴对土地利用决策具有权衡效应。观察图 4－1（a）和图 4－1（c）的斜率可以发现，随着天保工程补贴的增加，农业补贴与扩大耕种规模的关系由负向转为正向，而农业补贴与维持耕种规模的关系由正向变为负向。图 4－1（b）表明天保工程与农业补贴政策对于缩减耕种规模的交互影响更复杂，呈现非线性关系。首先，假设农户获得中天保工程补贴（即中等水平），则随着农业补贴的增加，农户选择缩减耕种规模的概率将降低而维持当前耕种规模的可能性会增加。但是，当农户获得低天保工程补贴（低于两个标准差）时，可以观测到农业补贴和缩减耕种规模的概率呈现倒 U 形的关系，且转折点在农业补贴为均值时。这表明，同时获得低天保工程补贴和低农业补贴的农户倾向于缩减耕种规模，但是随着农业补贴增加，农户的缩减意愿降低、维持耕种的意愿增加。也就是说，对于获得低天保工程补贴的农户而言，农业补贴确实起到了一定的促进农业生产的作用。此外，对于获得高天保工程补贴的农户而言，农户扩大与缩减耕种规模的概率都会随着农业补贴的增加而提高，而与维持当前耕种规模概率的关系则为反向。这些农户在农业补贴较低的情况下倾向于维持耕种面积，但在农业补贴较高的情况下减少耕种面积，表明天保工程补贴与农业补贴之间存在明显的权衡效应，且天保工程补贴起到主导作用，总体上导致农户减少耕种面积，这更加符合生态补偿政策的环境保护目标。因为获得更多天保工程补贴的农户所拥有的天然林更多，这类农户往往生活在高海拔、森林资源丰富、距离硬化道路和城镇中心更远的地区，减少耕种等农业生产，降低人类活动对自然的扰动和对环境的污染是生态补偿政策最主要的目标。

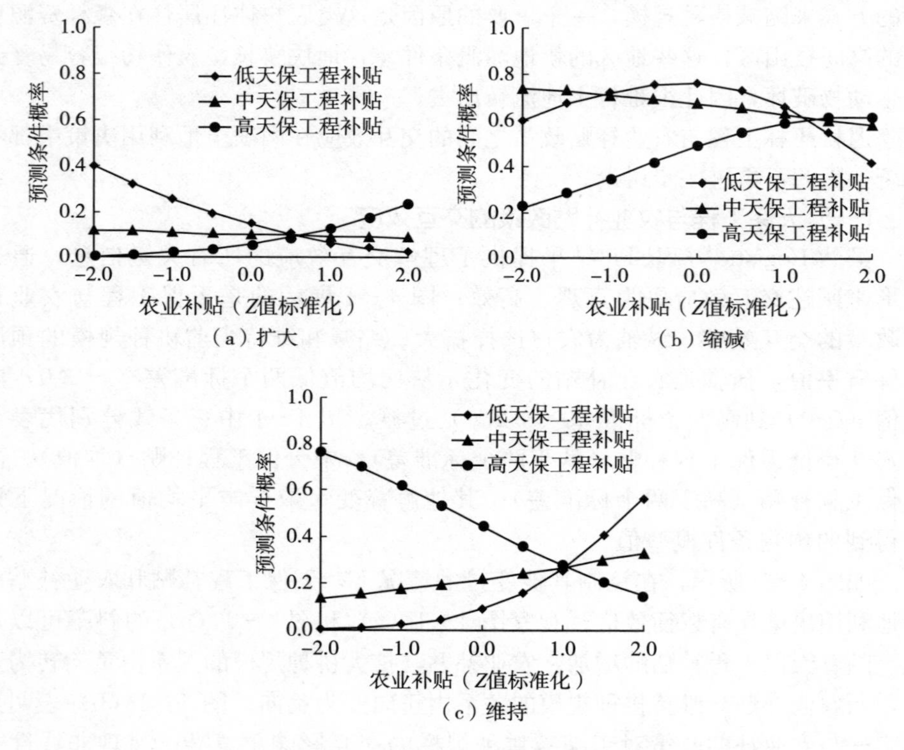

图 4-1　天保工程与农业补贴政策的交互效应

（注：农业补贴与天保工程补贴均已采用 Z 值标准化方法进行处理，标准化后均值为 0，标准差为 1。图中的低天保工程补贴、中天保工程补贴、高天保工程补贴分别代表比均值低两个标准差、等于均值以及比均值高两个标准差）

（二）退耕还林工程与天保工程的交互效应

退耕还林工程与天保工程的交互效应如图 4-2 所示，纵轴为农户选择撂荒或转出土地的方式缩减耕地种植规模的预测条件概率值，横轴是天保工程补贴的变化，从比均值低两个标准差（−2.0）向比均值高两个标准差（+2.0）过渡。图中两条线分别代表参与退耕还林与未参与退耕还林，同时其他解释变量取样本平均值的情况下计算得到的预测条件概率值。

由图4-2所示，参与退耕还林工程改变了天保工程与撂荒之间的负向关系，提高了农户撂荒的概率、降低了农户通过转出土地缩减耕种规模的概率，表明两项生态补偿政策之间存在一定的权衡效应。具体而言，对于参与退耕还林工程的农户而言，天保工程补贴越高，他们撂荒的概率越高；而未参与退耕还林工程的农户表现出相反的趋势，随着天保工程补贴升高，抛荒概率降低，转出概率增大。

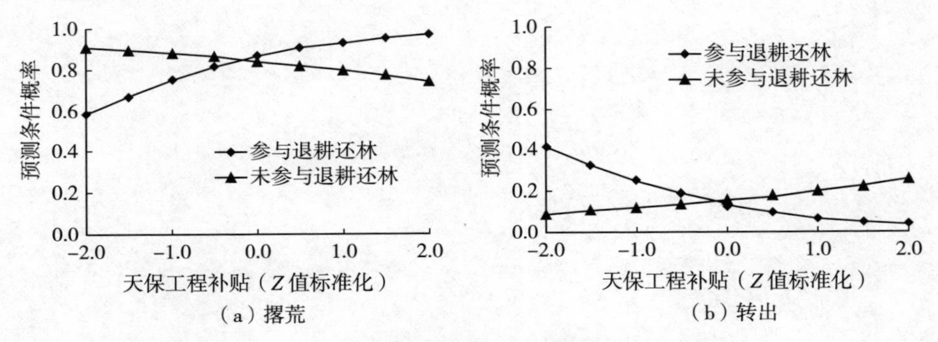

图4-2　退耕还林工程与天保工程的交互效应

本章小结

本章探索了退耕还林工程、天保工程和农业补贴政策这3项农业环境政策对天堂寨镇农户土地利用决策的交互影响。研究区域58%的农户通过转出土地（22%）或是撂荒（36%）的方式缩减了耕地种植规模，而维持和扩大当前耕种规模的农户分别占总数的26%和16%。本章应用多分类Logistic回归模型和二分类Logistic回归模型定量分析了农业环境政策和农户生计资本（人力资本、自然资本、物质资本、金融资本、社会资本）对农户土地利用决策的影响。统计模型的结果表明，天保工程补贴促进了农户维持当前耕种规模，降低了农户非农就业的意愿；而退耕还林工程和农业补贴政策对农户土地利用决策的影响并不显著。本章还检验了三项农业环境政策之间的两两交互作用，结果表明，同时获得较高天保工程补贴和农业补贴的农户倾向于缩小耕种规模，天保工程政策抵消了农业补贴政策旨在鼓励农户扩大生产的政策目标，验证了研究假设4-3，即两项政策的目标存在一定冲突，可能对农户行为产生权衡效应。

令人感到意外的是，两项目标一致的生态补偿政策对农户缩减耕种规模方式选择的决策并没有产生预期的协同作用，反而表现出一定的权衡效应。这些研究结果能够为政策制定者提供一定的参考依据，在引入新的农业环境政策时，应充分评估研究区域内所有相关的正在实施的政策项目，明确区域的发展重点和优先方向，利用政策之间的协同效应，规避政策之间的权衡效应，切实提高政策实施的效果和效率。

第五章 农户生计策略识别及其动态转型影响因素

第一节 问题的提出

近几十年来，在城市化、工业化和全球化的推动下，许多国家的农村地区经历了社会经济转型，从传统的农业社会向城市、工业或服务型经济转变，农业生产率提高，农业和非农业农村部门的生产模式多样化，农村家庭的劳动力逐渐从农业部门转向非农业部门。在转型过程中，许多发展中国家出现社会经济发展不平衡、不充分，导致城乡之间的社会经济和收入水平差距不断扩大。缩小不平等是联合国制定的17个可持续发展目标中的第10个目标（SDGs-10）的主要关注点之一，该目标旨在通过促进适当的立法、政策和行动，减少国内和国际的不平等现象。在快速城市化和社会经济转型过程中，农户生计转型轨迹是什么样的？转型过程受到哪些因素的影响？农户生计转型对其收入产生怎样的影响？对这些问题的探索是引导农户生计可持续发展、缩小城乡差距、实现共同富裕目标的重要基础。

本章选取我国曾经的14个集中连片特困地区之一的大别山区作为实证研究区域，选取CFPS2010、CFPS2018两个年份数据库中采集自大别山区的2×210个农户样本构成的平衡面板数据，以在这两个年份均参与调查的家庭作为研究对象。重点关注地理空间因素与生态补偿政策对农户生计动态转型的影响。

第二节 指标选取

一、农户生计资本

根据DIFD可持续生计分析框架，农户生计资本包括人力资本、自然资本、物质资本、金融资本、社会资本这5个维度，因此本章从这5个维度选取相应指标综合衡量农户生计资本。

1. 人力资本

人力资本选取了家庭人口规模、家庭抚养比两个指标衡量。在一个家庭中，人口规模和家庭抚养比都会影响家庭的生活方式、经济负担和社会关系等方面。通常来说，家庭人口规模较大时，家庭的经济负担和生活压力可能会增加；而家庭抚养比合理的话，家庭成员在经济和生活方面的责任分配会更加平衡。

2. 自然资本

自然资本选取农用地类型这一指标，它反映了一个家庭直接或间接为农业生产所利用的土地。

3. 物质资本

物质资本选取家庭拥有的房屋现值，该指标体现了农户的经济实力和资产积累能力。房屋是一种重要的生活资产，代表了家庭的经济状况和财务稳定性。房屋的现值反映了家庭房产投资的成果，也意味着家庭在财务方面的实力和资产积累程度。拥有高价值的房产可以增加家庭的财富和稳定性，提高家庭的生活质量和经济安全感。

4. 金融资本

金融资本选取家庭现金存款总额，它体现了家庭的收入水平高低，同时也体现家庭可利用资金水平。

5. 社会资本

社会资本选取通信费用、人情礼金支出、是否有族谱 3 个指标。通信费用的高低反映了家庭成员之间的信息交流和沟通程度，也代表了家庭与外界联系的活跃程度。同时，通信费用的高低可以反映家庭社会资本的丰富程度，即家庭在社会网络中的位置和影响力。人情礼金支出是家庭成员之间互相赠送礼物的行为，代表了亲情关系的密切程度，也反映了家庭成员之间的互助和支持关系。人情礼金支出可以反映家庭内部的凝聚力和团结程度，也体现了家庭成员之间的情感联系。族谱是家庭的文化传统和历史记载，记录了家族的来源和血脉传承，对于家庭成员来说是一种身份认同和文化传承的象征。族谱的存在可以增强家庭成员之间的凝聚力，同时也传承了家族的文化传统和价值观念。

二、地理空间因素

地理空间因素是影响农户生计转型的重要因素（赵雪雁，2017）。根据数据的可获取性，本章选取到医疗点的时间和海拔两个指标衡量农户的地理空间特征。其中，到医疗点的时间反映农户到达公共医疗服务设施的便捷程度；海拔是一个相对综合的地理变量，海拔越低，地理区位相对更好。

三、生态补偿政策

受限于数据的可获取性，本章节仅关注退耕还林工程这一项生态补偿政策，选取退耕还林补贴金额作为政策变量。

第三节　研究方法

一、K-均值聚类分析

本章选取聚类分析划分农户生计策略类型，利用 2010 年、2018 年两个时点农户类型的变化来描述农户生计转型的轨迹。当前学术界对于生计类型的划分通常以农户家庭劳动力或收入在不同生计来源中的比例作为依据。本章采纳这一分类思路，根据农户家庭各类型收入结构占比指标，运用 K-均值聚类分析，借助 SPSS 软件划分农户生计策略类型。具体步骤如下：首先，随机分配 K 类中心点，并以它们为中心，分别计算每个样本到 K 个中心点的欧氏距离，将其分配至最近的中心点，形成 K 个数据集。其次，根据聚类结果，重新计算各数据集中所有样本各自维度的算术平均值，确定新的中心点。再次，比较各数据集中新的中心点与原有数据点距离，若中心点距离不再发生变化，则停止迭代，获得最优中心点；否则，回到上一步骤，继续进行迭代。最后，根据聚类之间的显著差异，确定了 4 种农户生计策略类型。

二、Logistic 回归模型

本章构建两个 Logistic 回归模型来检验农户生计策略选择与生计转型的影响因素。首先，以 2018 年农户生计类型作为因变量，由于农户生计选择通常具有路径依赖效应，即 2018 年农户生计策略的选择可能受到 2010 年农户生计策略的影响，因此将 2010 年农户生计类型作为解释变量输入模型。由于生计策略类型是四分类离散型变量，选用多分类 Logistic 回归模型来检验各因素对 2018 年农户生计类型的影响。

假设第 i 个农户可以从几种互相排斥的生计策略方案中进行选择，他选择第 j 种生计策略所带来的效用函数可以表示为

$$U_{ij}=\gamma X_{ij}+\varepsilon_{ij} \tag{5-1}$$

式中：U_{ij} 为第 i 个农户从第 j 种生计策略中获得的效用；X_{ij} 为第 i 个农户在第 j 种生计策略中的生计资本、退耕还林补贴以及地理因素等变量；本章认为农户有 4 种生计策略（详见下一节），因此 $j=1，2，3，4$；γ 为一组参数，测度影响因子的大小；ε_{ij} 为随机扰动项。

理性农户会根据自身的资源禀赋情况从几种生计策略中选出最优方案。第 i 个农户选择第 j 种生计策略的概率为

$$p_j=\frac{\exp(\gamma X_{ij})}{\sum_{j=1}^{4}\exp(\gamma X_{ij})} \tag{5-2}$$

本章采用的第二个模型是有序 Logistic 回归模型，该模型的因变量为 2010—2018 年农户生计转型方向，由向下转型、维持、向上转型 3 种类型组成，分别赋予离散且有序的数值 0、1 和 2。使用 2010 年和 2018 年的家庭生计策略是否发生变化，以及各类生计策略的总收入高低作为划分标准：向下转型指家庭生计策略由 2010 年的高收入生计策略变为 2018 年的低收入生计策略；维持指家庭生计策略在 2010 年和 2018 年两年未发生改变；向上转型指家庭生计策略由 2010 年的低收入生计策略变为 2018 年的高收入生计策略。有序 Logistic 回归模型用于检验农户生计转型的影响因素，解释变量包括农户生计资本、退耕还林补贴以及地理因素等指标。

第四节　研究结果

一、样本描述性统计

表 5-1 为变量的描述性统计。从表 5-1 中可以看出：人力资本方面，研究区域的家庭平均为四口之家，但也存在家庭规模较大的家庭。家庭抚养比均值在 6，但农户之间差别较大。自然资本中，农用地类型均值接近 1 种，可以看出研究地区的农村家庭普遍只有耕地这一种类型，虽然存在拥有 3 类农用地的家庭，但是普遍种植的农用地类型比较单一。

物质资本中，每户家庭拥有的房屋现值不到 20 万元，但不同家庭房屋价值有着明显的差别。

表 5-1　变量的描述性统计

变量			描述	单位	平均值	方差	最小值	最大值
农户生计资本	人力资本	家庭人口规模	农户家庭人口数量	人	4.470	2.100	2	9
		家庭抚养比	60 岁以上或 18 岁以下家庭成员人数与家庭人口之比		6.160	5.110	0	11
	自然资本	农用地类型	家庭拥有的农业用地类型数量	种	1.200	0.430	1	3
	物质资本	家庭拥有的房屋现值	家庭目前居住房屋的当前市场总价值	万元	19.38	20.85	0	200
	金融资本	现金存款总额	家庭现金和存款总额	元	12 550	17 622	0	50 000
	社会资本	通信费用	家庭成员交通和通信总支出	元	1 606	1 476	0	4 800
		人情礼金支出	家庭赠送礼物/礼金的总价值	元	3 292	3 281	200	10 000
		是否有族谱	家庭是否拥有族谱（是=1；否=0）		0.470	0.500	0	1

（续）

变量		描述	单位	平均值	方差	最小值	最大值
地理因素	到医疗点的时间	到最近医疗点所需的时间	分钟	9.694	8.115	1	60
	海拔	住户所在地的海拔高度	米	195.156	299.645	30.780	859.841
生态补偿	退耕还林补贴	参与生态补偿工程农户所获得的补贴金额	元	55.935	42.63	0	100

家庭现金存款总额表示家庭的金融资本，可以看出研究区域农户存款平均不到15 000元，农户的经济水平总体较低，并存在一定的差异。

社会资本方面，农户的通信费用一年平均要花费1 606元，人情礼金支出花费约3 300元，这两类花费相比较于各自的最大值都具有较大的差距，这种社交费用的差距也体现出农村家庭有着明显的经济差距。同时，拥有族谱的家庭接近一半，可看出农村家庭普遍不具有庞大的家庭社交网络。

地理因素方面，家庭到医疗点的时间平均不到10分钟，可以看出该研究区域具有便捷的医疗资源配置。同时，研究区域海拔平均不到200米，基本处于低海拔区域。

生态补偿指标方面，有182户农户未参与退耕还林工程，未获得生态补偿。参与生态补偿的农户有28户，补偿金额平均55.9元，最高补贴100元，可以看出CFPS 2018数据库中，研究区域农户参与退耕还林的比例较低，且补偿金额较小。

二、农户生计类型划分

生计策略是建立在生计资本要素选择基础上的生计活动，是指家庭为了实现可持续生计而进行的活动和做出选择的组合。在不同的生计资本状况下，各种生计活动相互组合、相互促进，最终形成生计策略。

通过K－均值聚类分析农户生计类型，以农户收入作为指标，具体包括工资性收入占比、经营性收入占比、财产性收入占比、转移性收入占比、家庭总收入、人均纯收入。其中，工资性收入变量包含了就业人员在各项工作中得到的全部劳动报酬和各种福利，变量综合考虑家庭经济问卷和家庭内个人自答问卷汇总的收入，并在二者之中取较高值。个人自答问卷详细询问了从事过的每一项工作相关信息，因此对个体而言出现遗漏的概率较低。同时，考虑到家庭中并非每个拿工资的人都拥有完整的个人自答问卷，因此也参考家庭问卷所采集的总体工资收入。经营性收入指住户或住户成员从事生产经营活动所获得的净收入，计算方式为经营收入减去经营费用、生产性固定资产折旧及生产税，包括农业生产净收入和私营企业、个体经营净收入。其中，农业生产净收入为自家消费与出售的农林产品及副产品总值减去各项生产成本，个体经营净收入则是在访问中直接由受访者自报的收入。当上述两部分净收入总和为负时，经营性收入的数值视作0。需要指出的是，由于农业生产收入是经营性收入的一部分，因此CFPS数据未单独统计农业生产收入。财产性收入包含房租收入、出租土地收入、出租其他资产收入、金融投资收入。转移性收入包含了政府补助、收到的社会捐助、住房拆迁补偿、土地征用补偿、离退休/养老金。家庭总收入包括工资性收入、经营性收入、财产性收入、转移性收入和其他收入5个大类。人均纯收入是家庭总收入除以家庭的人口数量。

以大别山区210户农户2010年、2018年的数据作为分析样本，基于收入指标将农户生计策略划分为农业主导型、农业兼业型、非农兼业型、非农主导型4种类型（表5-2），对每个划分指标进行组间方差分析。结果显示，除转移性收入占比外，其他指标的组间差异均在统计水平上显著。4种生计策略类型为无序多分类因变量。从各生计策略类型所对应的农户特征来看，农业主导型农户表现为经营性纯收入占比最高，同时有一定比例的工资性收入，人均纯收入最低；农业兼业型农户工资性收入的比例较高，经营性收入比例在所有类型中第二高，总的人均纯收入较低；非农兼业型农户有着最高的工资性收入，同时有少量的经营性收入，家庭的人均纯收入较高；非农主导型农户有着较高的工资性收入，但经营性收入最低，其他类型收入也最低且比例非常小，该类家庭劳动力主要从事非农工作。

家庭总收入从高到低排序分别为非农主导型、非农兼业型、农业兼业型和农业主导型。组间财产性收入占比差异不明显。从人均收入方面看，非农主导型农户以高人均纯收入为主，并且具有较高比例的工资性收入占比；农业主导型农户的人均纯收入最低，且具有较高比例的经营性收入占比。

表5-2　农户生计策略分类

农户收入指标	农业主导型	农业兼业型	非农兼业型	非农主导型	组间方差分析
工资性收入占比	0.283	0.628	0.773	0.740	57.164***
经营性纯收入占比	0.338	0.205	0.089	0.048	29.666***
财产性收入占比	0.009	0.005	0.005	0.004	0.621***
转移性收入占比	0.142	0.048	0.033	0.022	12.176
人均纯收入	2 833.245	7 527.871	13 923.321	20 190.941	302.014***
家庭总收入	10 536.177	33 593.384	70 485.073	116 793.853	2 564.463***

注：*** 表示组间方差分析结果在1%的水平上显著。

三、农户生计动态转型轨迹

表 5-3 为农户 2010 年和 2018 年家庭生计策略的转型情况，表中文字加粗的数值代表了两年期间维持型生计转型的农户数量。这 4 个数值构成一条对角线，对角线上方的三角区域代表 2010 年选择中低收入生计策略的农户在 2018 年转移至更高收入生计策略的数量，而对角线下方的三角区域代表 2010 年选择中高收入生计策略的农户在 2018 年转移至更低收入生计策略的数量。在 2010 年，农业主导型是大部分农户的主要生计策略，选择该类型的农户有 110 户，占总样本的 52.38%；其次是农业兼业型，选择非农兼业型的农户 81 户，占 38.57%；选择非农兼业型的农户有 15 户，占 7.14%；选择非农主导型的农户最少，仅有 4 户，占比不到 2%。到了 2018 年，选择农业主导型的农户数量有所下降，为 80 户，占 38.10%，其他三种生计策略类型的占比增加，农村家庭的生计不再简单地由农业占主导。其中，选择农业兼业型的农户（54 户，25.71%）和选择非农兼业型的农户（46 户，21.90%）的比例相当；选择非农主导型的农户数量和比例（30 户，14.29%）虽然有所上升，但仍然是最少的。农户生计策略整体呈现"葫芦"形的分布特征，相对于中低收入国家"金字塔"形生计阶梯的假设（Walelign，2017），中国农户的"葫芦"形生计阶梯是一种进步，意味着中国贫困治理取得了阶段性的成果。可以看出随着一系列脱贫政策的实施，农户的收入随着以农业为主的传统生计策略向高收入的生计策略的转变而提高，贫困得到了改善。从生计的转型来看，在这 8 年的时间里，大多数家庭（61.43%）在各种机会和条件下改变了他们的生计策略，不到一半的家庭保持了他们原有的生计策略。选择较高收入的非农主导型农户、非农兼业型农户明显增多，表明较高收入的生计策略进入率有着明显的提高；选择农业兼业型和农业主导型的农户有所下降，意味着较低收入的生计策略有着较高的退出率。

表 5-3　2010 年和 2018 年生计策略的状态转移矩阵

单位：户

生计策略类型		2018 年生计策略				2010 年合计	2010 年转出
		农业主导型	农业兼业型	非农兼业型	非农主导型		
2010 年生计策略	农业主导型	**56**	29	15	10	110	54
	农业兼业型	17	**21**	27	16	81	60
	非农兼业型	5	4	**3**	3	15	12
	非农主导型	2	0	1	**1**	4	3
2018 年合计		80	54	46	30	210	129
2018 年转入		24	33	43	29	129	

图 5-1 进一步展示了农户生计策略的转变轨迹。从 2010 年到 2018 年，从某种生计策略发出的线条方向表示 2010 年选择该策略的农户在 2018 年转向各生计策略的方向，每一条线的宽度描绘了转向各生计策略的农户数量的多少，线条越粗，表示农户数量越多。在 2018 年，农业主导型依然是最普遍的生计策略，但是有约 25.71%的农户（54 户）放弃了这一类生计策略，表明它面临着较高的流出现象。具体而言，农业主导型向农业兼业型（29 户）和非农兼业型（15 户）流入的比例较大，也有小部分向高收入的非农主导型（10 户）转移。可以看出，在放弃农业主导生计策略后，农户依然选择了农业生产组合策略，组合中非农业活动的比例在扩大。2018 年农户选择第二多的生计策略是农业兼业型，但是有 60 户农户在 2018 年放弃了该策略，它有着最高的流出率，主要流向非农兼业型（27 户），表明非农化程度加深。在 2018 年，非农主导型和非农兼业型拥有较高的流入，使得它们的占比呈现两倍甚至多倍的增长。研究结果显示，2010 年和 2018 年家庭在生计策略中的分布有明显不同，表明 2010—2018 年间家庭在生计策略中的大量流动（进出），生计策略向更多的非农业生计组合和高收入生计策略转变。

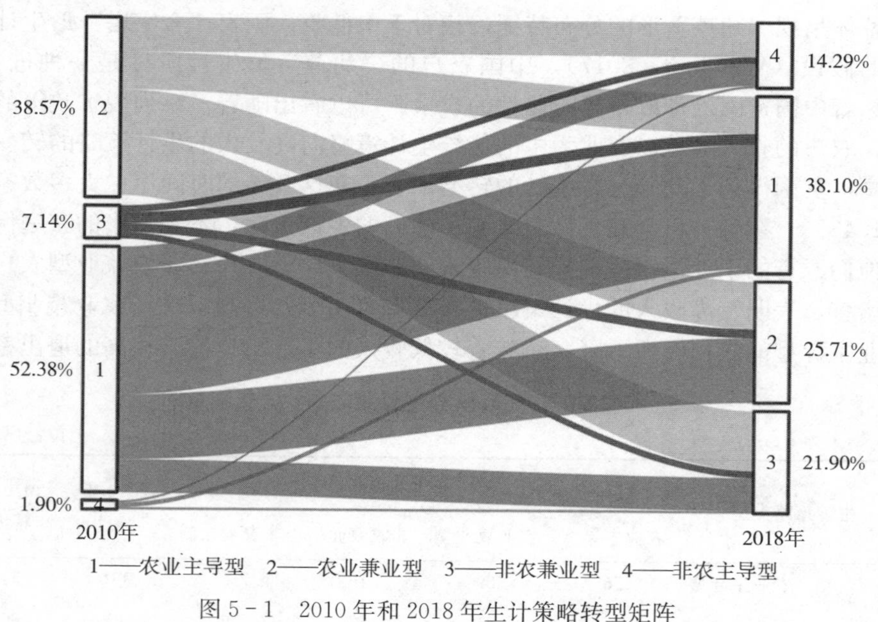

图 5-1　2010 年和 2018 年生计策略转型矩阵

四、农户生计策略选择的影响因素

表 5-4 为农户 2018 年生计策略影响因素多分类 Logistic 回归的结果，把收入最低的农业主导型农户作为参照组，将 2010 年农户的生计策略作为解释

变量，回归系数表明了与选择农业主导型策略相比较，解释变量的相对影响程度。

表 5-4　生计策略决定因素的多项式 Logit 回归结果

项目		农业兼业型（2018 年）		非农兼业型（2018 年）		非农主导型（2018 年）	
		β值	标准差	β值	标准差	β值	标准差
	农业兼业型（2010 年）	0.506	0.473	1.341**	0.528	1.109**	0.634
	非农兼业型（2010 年）	−0.446	0.858	−0.475	1.036	−0.537	1.179
	非农主导型（2010 年）	−14.827	604.938	−1.891	1.545	−1.583	1.630
人力资本	家庭人口规模	0.292**	0.122	0.471***	0.136	0.669***	0.164
	家庭抚养比	−0.120**	0.043	−0.108**	0.049	−0.114*	0.060
自然资本	农用地类型	1.026	0.856	1.111	0.999	0.292	1.133
物质资本	家庭拥有的房屋现值	−0.003	0.011	0.006	0.011	0.004	0.015
金融资本	现金存款总额	0.000	0.000	0.000**	0.000	0.000**	0.000
社会资本	通信费用	0.000	0.000	0.000	0.000	0.000*	0.000
	人情礼金支出	0.000**	0.000	0.000**	0.000	0.000**	0.000
	是否有族谱	1.239**	0.492	1.329**	0.561	1.133*	0.675
地理因素	到医疗点的时间	−0.019	0.030	0.009	0.033	0.056	0.037
	海拔	−0.004**	0.002	−0.006**	0.002	−0.004*	0.002
	生态补偿	0.001	0.009	−0.007	0.012	−0.033*	0.020

注：①农业主导型作为对照组。
②***、** 和 * 分别表示 1%、5% 和 10% 的水平上显著。

相较于在 2010 年选择农业主导型策略，2010 年选择非农兼业型和非农主导型策略与 2018 年其他各策略选择之间的系数均为负相关，表明农户有着放弃原来的农业主导型的生计策略而选择新生计策略的可能。其中，相较于在 2010 年选择农业主导型策略，在 2010 年选择农业兼业型策略与在 2018 年选择非农兼业型和非农主导型策略的系数呈显著（在 5% 的水平上显著）的正相关，表明相较于农业主导型策略，农业兼业型农户更加希望摆脱低收入的策略，向中高收入策略进行改变。

人力资本方面，家庭人口规模对于 2018 年农户生计策略选择影响因素显著，家庭规模大的家庭更有可能选择非农主导型策略，家庭规模小的家庭更有可能选择农业兼业型策略（$\beta=0.292$，$p<0.05$），而中等规模的家庭农户更容易选择非农兼业型生计策略（$\beta=0.471$，$p<0.01$）。家庭的抚养比是另一个显著生计策略影响因素。结果显示，家庭抚养比对农户选择农业兼业型、非农主导型和非农兼业型有着负向作用（$\beta<0$），家庭抚养比越高，农户越不可

能选择具有较高收入的生计策略。其原因可能是抚养人数较多会限制农户选择其他收入高的非农工作。

金融资本中的农户现金存款总额对于非农主导型和非农兼业型策略的影响在5%的水平上显著，可以看出山区农户家庭可利用资金对于家庭非农策略比例影响较为显著。农户存款越多，家庭越倾向于生计非农化转型。

社会资本方面，通信费用对选择非农主导型的影响在10%的水平上显著，人情礼金支出对于选择农业兼业型、非农主导型、非农兼业型策略的影响在5%的水平上显著，可以看出农户对于社交网络的维护支出更有利于家庭追求更高报酬的生计策略。农户是否有族谱对策略的选择有很大的正向影响，且对于选择农业兼业型和非农兼业型比选择非农主导型有着更高水平的显著性。家庭族谱象征家庭的社交网络大小，农户家族越庞大，选择非农兼业型的可能性越大，而家族相对较小的农户家庭更倾向于选择非农主导型策略。

地理因素中，海拔与非农主导型策略和非农兼业型策略均呈显著负相关。海拔越高，越有可能选择非农兼业型策略，并且海拔对这两种策略的影响相较于非农主导型有着更高水平的显著性，很大可能是由于非农主导型家庭与非农兼业型相比，农业占比更小，其家庭成员更多地从事外出工作，而海拔会影响外出的交通条件，进一步影响农户生计策略选择。

本章还探索了生态补偿对农户生计策略选择是否有影响，从结果可以看出，生态补偿对于非农主导型有着负向影响，生态补偿越高，农户越不太可能选择非农主导型策略（$\beta=-0.033$，$p<0.01$）。研究区域内得到生态补偿的农户较少，且补偿金额普遍较低，农户更倾向于更高收入的非农策略转移。

五、农户生计动态转型的影响因素

表5-5的有序Logit回归模型揭示了2010年和2018年农户生计转型的影响因素。结果表明，人力资本中家庭人口规模每增加一个单位，会使得农户生计策略向下转型和维持的可能性分别减少2.8%和2.7%；每减少一个单位，会让生计策略向上转型的可能性增加5.5%。这意味着家庭成员的数量越多，农户劳动力数量也会相应增加。相较于低收入农业，农户更愿意将劳动力配置到高收入的非农业活动中，因此家庭人口规模越大，越会促使家庭选择高收益的生计策略。家庭抚养比例的增加会提高农户生计策略维持和向下转型的可能性，而农户生计策略向上转型的可能性会下降，其原因是：农村家庭追求高收益策略主要依靠到外地务工经商，而家庭抚养人数量的增加会限制劳动力的外出，导致他们更偏向于选择离家近且能照顾家人的农业占比大的组合策略，而

往往这样的策略与非农主导型生计策略相比收入较低。

金融资本方面的家庭现金存款总额对于农户生计转型有着显著的影响，在10%的水平上显著。家庭现金存款总额越高，越有利于农户向上转型（即向非农比例较高的生计转型），而减少农户的向下转型和维持生计。

社会资本中，家庭人情礼金对于农户生计转型有着显著的影响（$p<0.05$），具体的对于家庭维持原有生计策略以及向下转型有着负面影响，对家庭生计向上变动有着积极作用。家庭人情礼金支出是一个家庭维持其社会网络的成本，该支出较高说明家庭社会网络强，越有利于通过社会网络的获取的信息或其他帮助去追求更高收益的生计策略。

海拔对于农户生计转型的影响在5%的水平上显著，海拔越高越不利于家庭生计向上转型，反而会促进维持、向下转型。这可能是由于海拔带来的交通成本会限制农民外出追求更高报酬生计的可达性以及便利性。

表5-5　农户生计策略动态转型影响因素的有序Logistic回归估计

变量		有序Logistic回归		边际效应					
				向下转型		维持		向上转型	
		β值	标准差	β值	标准差	β值	标准差	β值	标准差
人力资本	家庭人口规模	0.274***	0.080	−0.028**	0.009	−0.027***	0.007	0.055***	0.015
	家庭抚养比	−0.050	0.031	0.005	0.003	0.005	0.003	−0.010	0.006
自然资本	农用地类型	0.281	0.572	−0.029	0.058	−0.028	0.056	0.058	0.114
物质资本	家庭拥有的房屋现值	0.004	0.007	0.000	0.001	0.000	0.001	0.001	0.001
金融资本	现金存款总额	0.000*	0.000	−0.000*	0.000	−0.000*	0.000	0.000*	0.000
社会资本	通信费用	0.000	0.000	−0.000	0.000	−0.000	0.000	0.000	0.000
	人情礼金支出	0.000**	0.000	−0.000**	0.000	−0.000**	0.000	0.000**	0.000
	是否有族谱	0.069	0.320	−0.007	0.033	−0.007	0.031	0.014	0.064
地理因素	到医疗点的时间	0.030	0.019	−0.003	0.002	−0.003	0.002	0.006	0.004
	海拔	−0.002**	0.001	0.000**	0.000	0.000**	0.000	−0.000**	0.000
	生态补偿	−0.007	0.006	0.000	0.001	0.000	0.001	0.000	0.002
	/cut1	−0.265	0.777						
	/cut2	2.034***	0.783						
$N=210$，Log *pseudo-likelihood*$=-182.44455$，*Pseudo*-$R^2=0.1261$									

注：***、**和*分别表示1%、5%和10%的水平上显著。

本章小结

本章基于 CFPS2010 和 CFPS2018 两个年份数据库中在大别山区采集的农户样本数据，建立平衡面板数据集，采用 K-均值聚类分析对农户的生计策略进行划分定义，分析了农户生计策略的变动情况，进一步通过 Logistic 回归模型检验了生态补偿政策、农户生计资本、地理因素对农户生计动态转型的影响，结果表明：

①研究期间，农户生计策略变动较大，大多数家庭（61.43%）在各种机会和条件下改变了他们的生计策略，农业兼业型农户有着最高的流出率，非农主导型和非农兼业型拥有较高的流入，不到一半的家庭保持了他们原有的生计策略。伴随着较高收入的生计策略进入率提高，较低收入的生计策略有着较高的退出率，但农业主导型依然是最普遍的生计策略。

②农户生计策略选择受人力资本、金融资本、社会资本和地理因素的影响，这些资本会促进农户选择更高收入的生计策略。位于海拔较高的山区农户会因为交通成本相对较高而选择农业占比较大的生计策略类型。

③因补贴金额太少，农户生计动态转型未受到退耕还林补贴的影响，但地理因素、人力资本、金融资本和社会资本的影响显著。在地理因素方面，海拔越高，越不利于农户生计向上转型；在人力资本方面，家庭成员的数量越多，劳动力相对更丰富，农户更愿意将劳动力配置到更高收入的非农业活动中，促进家庭生计策略向上转型；在金融资本方面，农户存款越多，越倾向于向非农生计策略转型；在社会资本方面，家庭人情礼金支出通过社会网络的维持与强化，获取更有益的信息来推动农户生计向上转型，因此，应加强乡村社会关系网络建设和农户社会资本的积累，为农户加快生计策略调整创造机遇。

第六章

应对外部冲击、内部压力和地理劣势下的农户生计可持续性评估

第一节　问题的提出

生计可持续性指一个社区或家庭在有效应对各种冲击的同时，能够保持或增强其能力、资本和可持续生计机会，以供下一代使用。这个概念与联合国提出的多个可持续发展目标（SDGs）有关，包括环境保护、促进发展伙伴关系、消除贫困和饥饿、促进性别平等以及确保优质教育和健康。研究表明，当地环境的变化和家庭资产拥有情况等因素可能会影响不同社会阶层的生计可持续性。发展中国家的农户面临着可能阻碍其生计福祉的外部冲击和内部压力，因此提高其生计的可持续性尤为迫切。在中国，经过政府的不懈努力，已经消除了绝对贫困。然而，由于生计资本不足、生态和经济环境薄弱以及遭受各种内部压力、外部冲击，已经脱贫的农户很容易再次陷入贫困。因此评估农户生计的可持续性，识别影响农户生计可持续发展的关键因素，对于制定有针对性的政策措施、巩固拓展脱贫攻坚成果、进一步推进乡村振兴意义重大。

近些年，学者们从生计资本、生计多样性、脆弱性、韧性、收入、粮食安全、福祉、环境可持续性等多个角度对生计可持续性展开评估。许多政府机构与研究组织，例如英国国际发展署（DFID）、联合国开发计划署（UNDP）、美国援外合作组织（CARE）等分别提出了相应的可持续生计框架，对于理解相对贫困人群的生计脆弱性来源、指导政策干预帮助脆弱人群增强生计能力起到重要的支撑作用。当前对生计可持续性的研究往往是在脆弱性的环境下进行的。农户生计容易受到极端气候事件、自然灾害、经济波动、政策干预等外部冲击的影响，同时还受到生计资本的变化和重大家庭事件等内部压力因素的扰动。可持续生计框架强调了农户生计资本对农户生计可持续性的重要性，然而，关于外部冲击和内部压力如何影响农户生计资本的积累并最终影响农户生计可持续性的研究仍然不足。

此外，近些年来空间贫困理论的出现也引起了人们对可持续生计与空间地理因素之间关系的极大关注。根据空间贫困理论，地理资本的缺乏，如地理位

置偏远、基础设施落后、市场准入受限、政治上处于劣势等，是区域贫困的发生和持续存在的主要原因（Zhou and Liu，2022）。自20世纪90年代中期以来，世界银行对贫困分布和差异进行了研究，发现地理条件的劣势对农户的收入有相当大的负面影响（Ravallion and Jalan，1996）。生计的可持续性也会受到地理、空间和其他地理因素的影响。学者们广泛探讨了地理环境因素对生计的影响，例如靠近城市地区通常意味着农户有更多机会进入消费市场，获得更多的就业机会、更好的基础设施和公共服务，这些都为农户的农业和非农业活动提供了更多选择，从而有利于家庭生计的可持续性。然而，很少有研究量化分析地理因素如何影响农户生计资本并在多重风险与冲击环境下进一步影响其生计的可持续性。

厘清外部冲击、内部压力、农户生计资本、地理劣势和生计可持续性之间的联系是指导农户生计可持续管理的基础。本章以CFPS2018数据库中的6 752个农户样本为研究对象，实证检验外部冲击、内部压力、农户生计资本和地理劣势等因素如何影响农户生计的可持续性。研究结果对于巩固拓展脱贫攻坚成果、促进乡村振兴具有现实指导意义。

第二节　理论分析与研究假设

一、理论框架

本章以压力-状态-响应（PSR）模型、可持续生计框架（SLF）和空间贫困理论为基础，建立农户生计资本、外部冲击、内部压力和地理劣势与生计可持续性之间的理论框架（图6-1）。

由经济合作与发展组织（OECD）和联合国环境规划署（UNEP）提出的PSR模型在国内外环境、资源和可持续性问题研究中应用十分广泛。PSR模型由3个相互关联的部分组成，即压力、状态和响应。压力（P）指对系统施加压力的自然或人为因素，状态（S）指系统当前的状况，响应（R）包括系统为防止、减轻或缓解压力或风险造成的负面影响而采取的行动及其导致的结果。PSR模型突出了各过程之间的因果关系，其结构灵活、全面，并以解决方案为重点，是理解机制和指导决策的理想工具。本章运用PSR模型探究外部冲击和内部压力（P）如何影响农户生计资本的状态（S），以及农户基于P和S采取的生计策略如何导致特定的生计响应（R），即生计可持续性。

采取DFID的可持续生计框架来定义农户生计资本，包括人力资本、自然资本、物质资本、金融资本和社会资本，同时随着物质生活的条件不断地提高，学者发现心理资本对于农户各方面影响也在不断增强（陈弘志和王文烂，2023；吴吉林等，2024），因此本章将心理资本也纳入框架。心理资本指的是农户的家庭成员所拥有的认知和情感资源，如他们的智力、技能、态度和动机，这些资源影响着他们学习、工作、与他人互动和应对挑战的能力。

最后，根据空间贫困理论，地理劣势也可能影响农户生计的可持续性。该理论将贫困与空间地理因素联系起来，强调空间地理位置在贫困的形成甚至持续中的重要作用。空间贫困理论有助于识别影响农户生计可持续性的地理限制性因素，并为设计和实施针对具体情况、以地方为基础的政策干预提供指导。

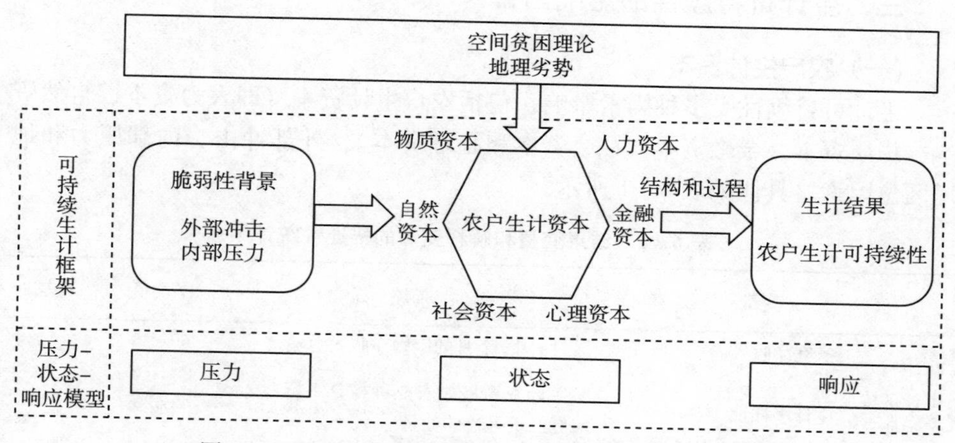

图 6－1 农户生计可持续性及其影响因素的概念框架

二、生计可持续性测度

本章从家庭净收入、生计多样性和教育支出 3 个方面来衡量农户生计的可持续性。作为农户经济实力的直接反映，家庭净收入直接影响其可持续性。在大多数国家，收入被用作确定贫困线和识别贫困家庭的标准。长期来看，较大的收入差距会造成严重的社会问题。更高的收入意味着能够获得更高的生活水平、更优质的教育、更强的社交网络和更多的资源，这使得家庭更容易应对多重风险冲击及其负面影响，从而实现更可持续的生计。因此，使用农户的净收入作为生计可持续性的一个衡量标准。

生计多样性既包括现有生计选择的多样性，也包括各种活动所得收入的来源情况、不同活动选择的自由性（Ellis，1998）以及利用社会网络参与不同生计活动的能力。在发展中国家的农村地区，生计多样化是降低脆弱性和规避风险的一项重要策略。通过增加生计多样性，农户可以优化生计结构，提高生计稳定性，从而使生计更具可持续性。因此，选取农户所从事生计活动的数量来衡量家庭生计的多样性。

根据马斯洛的需求层次理论，对于已经解决了生存困境的低收入群体而言，为后代提供优质教育已取代生存成为代际可持续性的核心需求。为了提高生计的可持续性，关注代际可持续性尤为重要。农户可以通过增加教育投资来改善代际可持续性。作为下一代生计可持续发展的前提条件之一，代际教育也能促进生计的可持续发展。因此，本章选取后代的教育支出来反映农户的代际可持续性。

三、生计可持续性的影响因素

（一）农户生计资本

生计可持续性受多种因素影响，包括农户生计资本（即人力资本、自然资本、物质资本、金融资本、社会资本和心理资本）、外部冲击、内部压力和地理区位因素，具体如表 6-1 所示。

表 6-1 结果变量和解释变量的描述性统计

	变量	单位	描述	平均值	方差
生计可持续性	家庭净收入	元	过去 12 个月的家庭净收入总额	60 215	72 443
	生计多样性		生计来源（如农业种植、工资收入、家庭经营等）的数量	2.520	1.230
	教育支出	元	教育和培训费用	3 848	7 914
外部冲击	农业病虫害		是否经历过农业和林业虫害或传染病（是=1，否=0）	0.320	0.460
	自然灾害		经历的自然灾害次数（干旱、洪水、森林火灾、霜冻和冰雹、台风和风暴潮、山体滑坡和泥石流、地震）	1.740	1.300
内部压力	慢性病比例	%	患有慢性病的家庭成员比例	0.130	0.220
	医疗费用	元	家庭过去 12 个月的医疗费用	5 618.805	14 971.26
	非正规贷款		家庭是否向亲戚、朋友或其他人借过钱（是=1，否=0）	0.270	0.440
	正规贷款		家庭是否从银行贷款用于购房或其他用途（是=1，否=0）	0.180	0.380
地理劣势	海拔	米	每户所属乡镇的海拔高度	709.7	768.8
	到医疗点的时间	分钟	到最近医疗点所需的时间	13.956	17.781
	地形位指数		根据海拔高度和坡度进行计算，可反映某个地点的地形信息	0.140	0.120

（续）

	变量	单位	描述	平均值	方差
物质资本	耐用品价值	元	耐用消费品（如家用电器、家具、农具等）总价值	27 832	75 060
	汽车所有权		是否拥有汽车（是=1，否=0）	0.230	0.420
人力资本	户主受教育程度		户主受教育年数	6.350	4.070
	劳动力受教育程度		家庭成员的平均受教育年数	7.860	2.830
	劳动力数量	人	家庭中16～65岁劳动者的数量	1.720	1.420
社会资本	交通和通信费用	元	家庭成员的交通和通信费用	4 556	6 031
	经济支持	元	过去一年从亲戚、朋友、同事等处获得的经济支持和家庭给予的经济支持的总和	1 970	12 760
自然资本	土地类型		家庭拥有的土地类型（如耕地、林地、草地、池塘）数量	1.140	0.650
	土地资产	元	农户拥有的土地资产价值	30 400	87 189
金融资本	存款	元	现金和存款总额	28 756	92 883
	金融产品		是否拥有金融产品（如股票、基金、国债等）（是=1，否=0）	0.012	0.108
心理资本	幸福感		家庭成员的平均幸福感（取值1～10，最低水平为1，最高水平为10）	7.430	1.810
	心理健康状况		家庭成员的平均心理健康状况（取值1～5，非常不健康为1，非常健康为5）	4.210	0.790

农户的物质资本包括用于生产和生活的物质设备以及基础设施。随着全面脱贫目标的实现，农户基本住房条件得到了显著改善，几乎每个农户都拥有了稳定和良好的居住环境。因此，本章没有将住房作为物质资本的衡量标准，而是选择了耐用品价值以及汽车所有权两个指标，因为这些指标更能代表物质资本，而且在不同家庭之间具有更高的异质性。

人力资本主要由劳动技能、健康和受教育程度等指标反映。人力资本的缺乏既是生计脆弱性的内在因素，也是其外在表现。因此，增加人力资本存量有助于从根本上建立可持续生计。拥有更多劳动力的家庭可以获得更高的收入。农户的受教育程度对于激发内生动力、增加就业机会和经济收入、防止返贫至关重要。一般来说，受教育程度较高的农村户主会更加重视对后代的教育和培养，从而使家庭劳动力的技能更高，生活条件也因此得到改善。在人力资本方面，选择了家庭成员的平均受教育程度、劳动力数量和户主的受教育程度来衡量。

社会资本是指农户可以用来提高收入和改善生计的人际关系和资源。礼物和人情是农户维护和建立社会网络的常见方式。通过与网络中的成员互动，农户可以交流信息和农业技术，并获得更多就业机会。此外，拥有较好社会资本的农民可以从他人那里获得更多支持，以应对风险、确保家庭生计的可持续发展。本章选取家庭成员从亲戚、朋友、同事等处获得的经济支持以及家庭成员的交通和通信费用来衡量家庭的社会资本。

自然资本指用于生产的自然资源，如土地、水和环境服务。作为中国农村地区农户的重要自然资本，土地种类越多、质量越好、面积越大，越有利于农户种植农产品并从中获得收入，从而改善生活。因此，选取农户拥有的土地类型（如耕地、林地、草地、池塘）和土地资产（其经济价值反映土地质量）来衡量自然资本。

农户的金融资本是农户可用于消费或投资的资金，包括储蓄、收入和借贷。农户的金融资本主要来自农业生产、务工、小规模经营、转移支付和其他活动。随着农村金融的发展，各种农业信贷协会和银行也将金融服务延伸到农村地区，帮助农户改善的生产生活。因此，金融资本不仅可以用家庭的存款来衡量，还可以用家庭的金融产品来衡量。

与其他 5 种资本不同，心理资本是一种主观形式的资本。在农民的生存和发展过程中，心理资本指的是农民积极的心理状态。农村地区的家庭成员拥有健康的心理状态，可以更好地应对各种风险和挑战。因此，为了评估农户的心理资本，采用了家庭成员的心理健康状况和幸福感来衡量。

（二）外部冲击

自然灾害（如干旱、洪水）、病虫害、市场波动和气候变化是以农业为生的农户面临的脆弱性来源（Makame et al.，2023）。根据可获取的数据，选择两个指标来衡量外部冲击：第一个指标是农业病虫害，家庭是否遭遇农业病虫害可能会影响他们的收入和粮食安全；第二个指标是自然灾害，农户很容易受到自然灾害（如干旱、洪水、森林火灾、台风、风暴潮、山体滑坡和地震）的影响而减少农业收入，进一步损害其生计的可持续性。

（三）内部压力

内部压力选择了慢性病比例、医疗费用、正规贷款和非正规贷款等指标。家庭成员慢性病比例和医疗费用反映了家庭成员的健康状况和家庭劳动力的素质。当家庭成员中患慢性病的人数较多、医疗费用较高时，农户的压力就会较大。正规贷款是指从银行获得的用于购房或其他用途的贷款，非正规贷款是指从亲戚、朋友或其他人处获得的贷款。由于农村地区正规融资渠道有限，家庭有更多的可能拥有非正规贷款。在农村地区的调研观察发现，由个人社会网络促成的非正规贷款可促进家庭消费，尤其是对那些近期经历过健康冲击、面临财务限制且无法获得正规融资的家庭而言。如果一个家庭负债累累，又遭遇健康冲击等其他家庭事件，他们偿还债务的能力就会减弱。这样一来，即使收入很高，家庭生计也难以为继。

（四）地理劣势

选择海拔高度、地形位指数和到医疗点的时间来测度农户的地理劣势。地形位指数由 Weiss（2001）首次提出，它根据海拔高度和坡度计算得出，可以综合反映地形信息。海拔越高、坡度越大，地形位指数越高；反之亦然。由于海拔高，地形复杂，农户缺少耕地，加上高海拔造成的气候和地形影响，现代农业发展困难，农业经济收益较低。地理条件差的农户看病也不方便，由于距离医疗机构较远，农户很难获得基本的医疗服务。医疗服务的可及性会影响家庭生计的改变，从而带来不同的生计结果，进一步影响其生计的可持续性。

四、假设路径

基于上述分析，本章构建了阐释不同因素影响农民生计可持续性的直接和间接路径（图 6-2），并假设农户面临的地理劣势、外部冲击和内部压力直接影响农户生计资本，而农户生计资本直接影响其生计的可持续性。因此，以农户生计资本为中介，地理劣势、外部冲击和内部压力将间接影响农户的生计可持续性。具体假设包括：

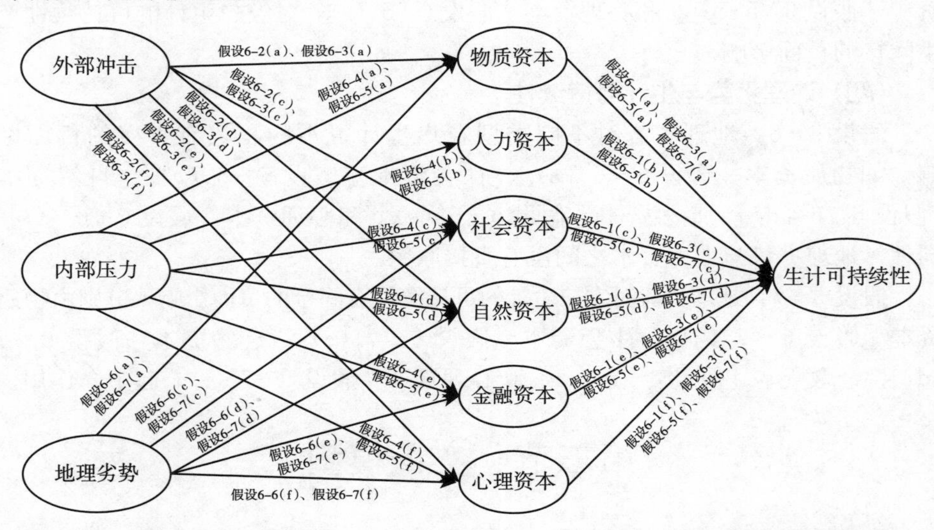

图 6-2　地理劣势、外部冲击、内部压力、农户生计资本和生计可持续性的假设路径

（一）农户生计资本与生计可持续性

假设6-1：不同类型的农户生计资本，如物质资本［假设6-1（a）］、人力资本［假设6-1（b）］、社会资本［假设6-1（c）］、自然资本［假设6-1（d）］、金融资本［假设6-1（e）］和心理资本［假设6-1（f）］对农户生计的可持续性有直接的积极影响。

（二）外部冲击与生计可持续性

假设6-2：外部冲击对不同类型农户生计资本的积累有直接的负面影响，如物质资本［假设6-2（a）］、社会资本［假设6-2（c）］、自然资本［假设6-2（d）］、金融资本［假设6-2（e）］和心理资本［假设6-2（f）］。值得注意的是，由于教育、健康和技能等人力资本指标不一定受到外部冲击的影响，因此外部冲击与人力资本之间不存在直接联系。

假设6-3：外部冲击对农户生计的可持续性有间接的负面影响，分别由物质资本［假设6-3（a）］、社会资本［假设6-3（c）］、自然资本［假设6-3（d）］、金融资本［假设6-3（e）］和心理资本［假设6-3（f）］作为中介。

（三）内部压力与生计可持续性

假设6-4：内部压力对不同类型农户生计资本的积累有直接的负面影响，如物质资本［假设6-4（a）］、人力资本［假设6-4（b）］、社会资本［假设6-4（c）］、自然资本［假设6-4（d）］、金融资本［假设6-4（e）］和心理资本［假设6-4（f）］。

假设6-5：内部压力分别通过物质资本［假设6-5（a）］、人力资本［假设6-5（b）］、社会资本［假设6-5（c）］、自然资本［假设6-5（d）］、金融资本［假设6-5（e）］和心理资本［假设6-5（f）］对农户生计的可持续性产生间接的负面影响。

（四）地理劣势与生计可持续性

假设6-6：地理劣势对不同类型农户生计资本的积累有直接的负面影响，如物质资本［假设6-6（a）］、社会资本［假设6-6（c）］、自然资本［假设6-6（d）］、金融资本［假设6-6（e）］和心理资本［假设6-6（f）］。同理，地理劣势与人力资本之间没有直接联系。

假设6-7：地理劣势对农户生计的可持续性有间接的负面影响，分别由物质资本［假设6-7（a）］、社会资本［假设6-7（c）］、自然资本［假设6-7（d）］、金融资本［假设6-7（e）］和心理资本［假设6-7（f）］起中介作用。

第三节　实证模型

本章采用PLS-SEM，包括两个步骤：第一步，建立测量模型与结构模型，构建路径并计算；第二步，检验建立的测量模型与结构模型。本书使用SmartPLS 3.2.9软件用于模型构建和模型检验。

（一）模型构建

模型构建包括建立测量模型以描述潜变量与其显性指标之间的关系，以及建立描述潜变量之间相互关系的结构模型。如表6-1所示，生计可持续性、外部冲击、内部压力、地理劣势和6类农户生计资本都是潜变量，无法被观测到，但可以通过相应的观测指标来测度。

根据潜变量与其显性指标之间的关系，在测量模型中可以将潜变量分为两类：反映型潜变量和形成型潜变量。根据指标内涵和测度指标特征，本章将外部冲击、地理劣势、物质资本、自然资本、金融资本、心理资本定义为反映型潜变量，将生计可持续性、内部压力、人力资本和社会资本定义为形成型潜变量。结构模型根据理论模型中确定的假设路径来设定。

（二）模型检验

1. 测量模型检验

反映型潜变量的测量模型和形成型潜变量的测量模型遵循不同的检验步骤。反映型潜变量的测量模型需要评估模型的内部一致性信度、收敛效度以及区别效度。因子载荷系数（*loadings*）越大，说明指标之间的共性越强，对其潜在变量的解释能力越强。一般来说，标准化因子载荷系数应大于0.7，因子载荷系数低于0.4的指标应予以剔除（Hair et al.，2006）。表6-2和表6-3为反映型潜变量的测量模型的检验结果，从表中可以看出，几乎所有指标的载荷系数都大于0.7，在5 000次抽样计算的Bootstrapping下，指标都通过了显著性检验，即$p<0.01$。部分指标的载荷系数大于0.4或小于0.7，但所有指标都通过了显著性检验。

表6-2　反映型潜变量测量模型的信度和效度评估

潜变量	测度指标	*loadings*	*VIF* 值	*p* 值	*CR* 值	*AVE* 值
外部冲击	农业病虫害	0.833	1.238	0.000	0.836	0.719
	自然灾害	0.862	1.238	0.000		
地理劣势	海拔	0.875	2.121	0.000	0.828	0.629
	到医疗点的时间	0.512	1.104	0.000		
	地形位指数	0.928	2.370	0.000		
物质资本	耐用品价值	0.848	1.297	0.000	0.850	0.739
	汽车所有权	0.871	1.297	0.000		
自然资本	土地类型	0.840	1.004	0.000	0.688	0.531
	土地资产	0.597	1.004	0.008		

（续）

潜变量	测度指标	*loadings*	*VIF* 值	*p* 值	*CR* 值	*AVE* 值
金融资本	存款	0.929	1.021	0.000	0.697	0.557
	金融产品	0.500	1.021	0.000		
心理资本	幸福感	0.877	1.178	0.000	0.817	0.692
	心理健康状况	0.784	1.178	0.000		

表 6-3　检验反映型潜变量测量模型区别效度的 Fornell-Larcker 标准分析

潜变量	金融资本	地理劣势	心理资本	自然资本	物质资本	外部冲击
金融资本	0.746					
地理劣势	−0.069	0.793				
心理资本	0.033	−0.073	0.832			
自然资本	−0.028	0.236	−0.018	0.729		
物质资本	0.201	−0.054	0.101	0.027	0.860	
外部冲击	−0.050	0.276	−0.075	0.181	−0.009	0.848

内部一致性信度用 *CR* 值来评估。*CR* 值高于 0.7 表示信度较高。除了自然资本和金融资本的 *CR* 值略低于 0.7 之外，其他变量的 *CR* 值均大于 0.7。作为一项探索性研究，*CR* 值在 0.6 和 0.7 之间是可以接受的（Diamantopoulos et al.，2012；Drolet and Morrison，2001）。

收敛有效性通常使用平均变异萃取量（AVE）进行评估。表 6-2 所示结构的 AVE 值均超过了 0.5 的临界值，这表明潜变量的收敛效度通过检验。

区别效度可通过 Fornell-Larcker 标准和交叉载荷系数进行评估（Chin，2010；Hair et al.，2021）。Fornell 和 Larcker（1981）建议将分界标准定为 0.5，*AVE* 值越高（高于 0.5），收敛效度就越高（Urbach et al.，2010）。表 6-3 显示，所有潜变量的 *AVE* 值都明显超过了 0.5，表明模型具有较高的收敛效度和区别效度。

形成型潜变量测量模型的评估包括多重共线性检验和权重的显著性检验。多重共线性通常通过方差膨胀因子（VIF）来评估，一般建议 *VIF* 值小于 5。表 6-4 显示，形成型潜变量的测量模型中所有形成性指标的 *VIF* 值均远小于 5，表明多重共线性程度很低。

采用 Bootstrapping 进一步检验权重的统计显著性。如表 6-4 所示，除医疗费用在内部压力中的权重略低于 0.2 外，其他变量的权重均高于 0.2。这表明本章选取的变量可以代表潜变量，所有变量均在1%的水平上显著。

表6-4　形成型潜变量测量模型的评估

潜变量	测度指标	权重	p 值	VIF 值
内部压力	慢性病比例	−0.497***	0.000	1.022
	医疗费用	0.170***	0.000	1.026
	非正规贷款	0.750***	0.000	1.049
	正规贷款	0.219***	0.000	1.053
人力资本	户主受教育程度	0.239***	0.000	1.630
	劳动力受教育程度	0.248***	0.000	1.587
	劳动力数量	0.871***	0.000	1.058
社会资本	交通和通信费用	0.833***	0.000	1.009
	经济支持	0.480***	0.000	1.009
生计可持续性	家庭净收入	0.893***	0.000	1.031
	生计多样性	0.244***	0.005	1.012
	教育支出	0.204***	0.000	1.032

注：*** 表示在1%的水平上显著。

2. 结构模型评估

首先，共线性检验结果范围为［1，1.256］，远低于5.0，因此可以得出结论：潜变量之间的共线性非常低。其次，R^2 可以衡量每个潜变量的解释力，量化模型中可由其预测因子解释的方差比例。生计可持续性的 R^2 值为0.353，表明可以解释生计可持续性中35.3%的变异。此外，本章还评估了影响程度（f^2），它表明去除一个预测潜变量是否会对目标潜变量产生足够的影响，它可以解释部分或完全中介的存在（Nitzl，2016）。物质资本、人力资本、社会资本、自然资本和金融资本的 f^2 值分别为0.032、0.055、0.106、0.037和0.056，表明这5类农户生计资本对生计可持续性的影响较大；心理资本的 f^2 值为0.02，影响较小。此外，内部压力对物质资本（0.047）、人力资本（0.071）和社会资本（0.047）有较大影响，而其他路径效应可以忽略不计。

第四节　研究结果

一、描述性统计

（一）生计可持续性

如表6-1所示，农户平均家庭净收入为60 215元，但离散程度较大。可见，即使消除了绝对贫困，贫富差距依然很大。农户的平均生活来源不足3种，这反映出农村地区以农业、外地务工经商和小规模经营为主。过去12个月的家庭教育支出平均为3 848元，但由于收入不同，差异很大。

（二）外部冲击和内部压力

表6-1显示，32%的农户遭受过农业病虫害，差距很明显。户均遭受1.74种自然灾害。家庭成员中患慢性病的平均比例为13%，户均医疗费用为5 618.8元。虽然农户的总体健康状况良好，但也有一些家庭患有严重疾病。约27%的农户从非正规渠道（如亲戚、朋友或其他人）借过钱，18%的家庭从银行或其他正规渠道借过钱。

（三）地理劣势

地理劣势指标，每户所在乡镇的海拔高度为709.7米。然而，由于中国农村地域辽阔，海拔差异仍然相对较大。每户到最近医疗点的平均时间将近14分钟。平均地形位指数为0.14，表明存在一定程度的地形起伏。

（四）农户生计资本

农户的平均耐用品价值为27 832元，23%的抽样家庭拥有汽车。劳动适龄人口平均不到2人，平均受教育年数不到8年。家庭成员平均花费4 556元用于交通和通信开支。过去一年收到来自亲戚、朋友和同事等的经济支持为1 970元。农户平均拥有1.14种土地类型，平均土地资产为30 400元。家庭平均现金和存款额为28 756元，大多数家庭未持有任何金融产品。家庭成员的幸福感平均得分为7.43分，心理健康状况平均得分为4.21分，表明心理资本总体水平较高。

二、生计可持续性的影响因素

（一）农户生计资本

关于6类农户生计资本对生计可持续性的影响，从图6-3和表6-5可以看出，社会资本的影响最大（$\beta=0.294$，$p<0.01$），其次是人力资本（$\beta=0.198$，$p<0.01$）、金融资本（$\beta=0.195$，$p<0.01$）、物质资本（$\beta=0.163$，$p<0.01$）和自然资本（$\beta=0.155$，$p<0.05$），而心理资本的影响最小（$\beta=0.034$，$p<0.01$）。因此，假设6-1（a）至假设6-1（f）都得到了支持。

（二）外部冲击

外部冲击对不同类型农户生计资本的直接影响存在明显差异。其中，对物质资本和社会资本的负向影响不显著；对金融资本和心理资本的负向影响显著，路径系数分别为－0.034和－0.061；但对自然资本有较大的正向影响（$\beta=0.122$，$p<0.01$）。因此，假设6-2（a）和假设6-2（c）得到部分支

持，假设6-2（e）和假设6-2（f）得到支持，而假设6-2（d）未得到支持。

通过自然资本（$\beta=0.019$，$p<0.05$）、金融资本（$\beta=-0.007$，$p<0.05$）、心理资本（$\beta=-0.002$，$p<0.01$），外部冲击对农村生计可持续性的间接影响是显著的。通过自然资本的间接影响大于其他两条路径，但影响方向为正向，与其他两条路径相反。外部冲击通过物质资本和社会资本对生计可持续性的间接影响不显著，路径系数分别为－0.000和－0.002。因此，假设6-3（e）和假设6-3（f）得到支持，假设6-3（a）和假设6-3（c）得到部分支持，而假设6-3（d）没有得到支持。

由于对不同类型农户生计资本的影响相反，外部冲击对农户生计可持续性的总影响并不显著。

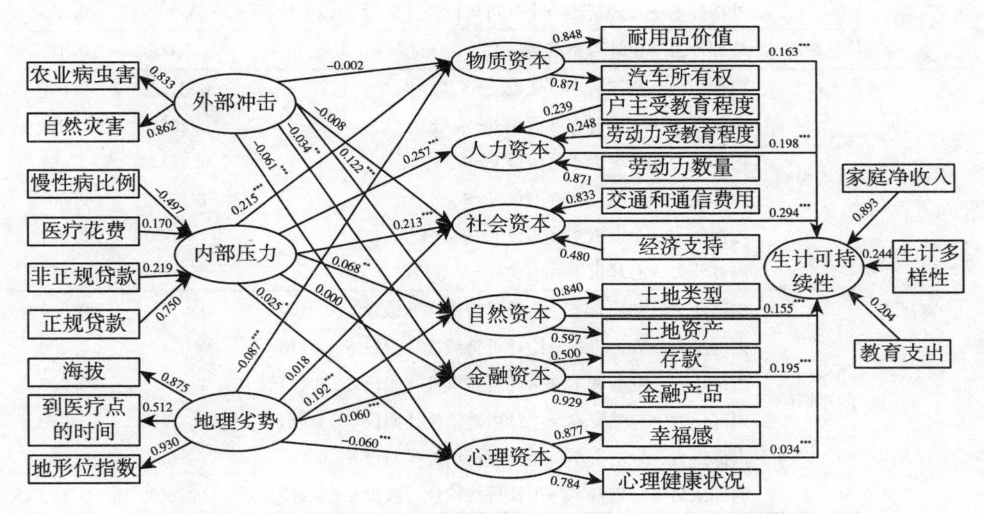

图6-3　外部冲击、内部压力、地理劣势、农户生计资本和生计可持续性之间的PLS路径分析

表6-5　假设路径结果

路径（假设）			β值	p值
农户生计资本	直接影响/总影响	物质资本→生计可持续性［假设6-1（a）］	0.163***	0.000
		人力资本→生计可持续性［假设6-1（b）］	0.198***	0.000
		社会资本→生计可持续性［假设6-1（c）］	0.294***	0.000
		自然资本→生计可持续性［假设6-1（d）］	0.155**	0.035
		金融资本→生计可持续性［假设6-1（e）］	0.195***	0.000
		心理资本→生计可持续性［假设6-1（f）］	0.034***	0.000

（续）

路径（假设）			β值	p值
外部冲击	直接影响	外部冲击→物质资本［假设6-2（a）］	−0.002	0.861
		外部冲击→社会资本［假设6-2（c）］	−0.008	0.499
		外部冲击→自然资本［假设6-2（d）］	0.122***	0.000
		外部冲击→金融资本［假设6-2（e）］	−0.034**	0.001
		外部冲击→心理资本［假设6-2（f）］	−0.061***	0.000
	间接影响	外部冲击→物质资本→生计可持续性［假设6-3（a）］	−0.000	0.867
		外部冲击→社会资本→生计可持续性［假设6-3（c）］	−0.002	0.513
		外部冲击→自然资本→生计可持续性［假设6-3（d）］	0.019**	0.021
		外部冲击→金融资本→生计可持续性［假设6-3（e）］	−0.007**	0.017
		外部冲击→心理资本→生计可持续性［假设6-3（f）］	−0.002***	0.003
	总影响	外部冲击→生计可持续性	0.008	0.498
内部压力	直接影响	内部压力→物质资本［假设6-4（a）］	0.215***	0.000
		内部压力→人力资本［假设6-4（b）］	0.257***	0.000
		内部压力→社会资本［假设6-4（c）］	0.213***	0.000
		内部压力→自然资本［假设6-4（d）］	0.068**	0.003
		内部压力→金融资本［假设6-4（e）］	0.000	0.981
		内部压力→心理资本［假设6-4（f）］	0.025*	0.094
	间接影响	内部压力→物质资本→生计可持续性［假设6-5（a）］	0.035***	0.000
		内部压力→人力资本→生计可持续性［假设6-5（b）］	0.051***	0.000
		内部压力→社会资本→生计可持续性［假设6-5（c）］	0.063***	0.000
		内部压力→自然资本→生计可持续性［假设6-5（d）］	0.010*	0.080
		内部压力→金融资本→生计可持续性［假设6-5（e）］	0.000	0.983
		内部压力→心理资本→生计可持续性［假设6-5（f）］	0.001	0.129
	总影响	内部压力→生计可持续性	0.160***	0.000
地理劣势	直接影响	地理劣势→物质资本［假设6-6（a）］	−0.087***	0.000
		地理劣势→社会资本［假设6-6（c）］	0.018	0.223
		地理劣势→自然资本［假设6-6（d）］	0.192***	0.000
		地理劣势→金融资本［假设6-6（e）］	−0.060***	0.000
		地理劣势→心理资本［假设6-6（f）］	−0.060***	0.000
	间接影响	地理劣势→物质资本→生计可持续性［假设6-7（a）］	−0.014***	0.000
		地理劣势→社会资本→生计可持续性［假设6-7（c）］	0.005	0.199
		地理劣势→自然资本→生计可持续性［假设6-7（d）］	0.030**	0.019
		地理劣势→金融资本→生计可持续性［假设6-7（e）］	−0.013**	0.001
		地理劣势→心理资本→生计可持续性［假设6-7（f）］	−0.002**	0.004
	总影响	地理劣势→生计可持续性	0.007	0.658

注：***、**、*分别表示在1%、5%和10%的水平上显著。

（三）内部压力

内部压力对物质资本、人力资本、社会资本、自然资本和心理资本的直接影响都是显著和积极的，路径系数分别为0.215、0.257、0.213、0.068和0.025。然而，它对金融资本的影响是可忽略和不显著的。因此，假设6-4（a）至假设6-4（f）不成立。

关于内部压力对生计可持续性的间接影响，通过物质资本、人力资本和社会资本的路径都是显著的正向影响。其中，通过社会资本的影响最大，其次是人力资本，最后是物质资本。通过金融资本和心理资本的间接影响不显著。因此，假设6-5（a）至假设6-5（f）未得到支持。

就总影响而言，内部压力对生计可持续性有很大的正向影响，且显著性水平很高（$\beta=0.160$，$p<0.01$）。

（四）地理劣势

地理劣势对物资资本、金融资本和心理资本的直接影响为负，且在统计上显著（$p<0.01$），因此假设6-6（a）、假设6-6（e）和假设6-6（f）得到支持；相反，它对自然资本的影响为正（$\beta=0.192$，$p<0.01$），对社会资本的影响为正向且不显著，因此假设6-6（c）和假设6-6（d）未得到支持。

正如预期的那样，地理劣势通过物质资本、金融资本和心理资本对家庭的生计可持续性产生间接的负面影响。然而，它通过自然资本对生计可持续性的间接影响更大，但却是正向的（$\beta=0.03$，$p<0.05$），它通过社会资本的间接影响为正且不显著。因此，假设6-7（a）、假设6-7（e）和假设6-7（f）得到支持，而假设6-7（c）和假设6-7（d）未得到支持。

地理劣势对生计可持续性的总影响很小，而且不明显。

三、外部冲击、内部压力和地理劣势对生计可持续性的影响

首先，研究发现，由自然灾害和农业病虫害表现出来的外部冲击对自然资本有显著的直接正面影响，这与预期相矛盾。一个可能的原因是，自然灾害会给土地带来新的养分，从而提高土地的肥力。土地是农业生产的基础，自然灾害发生后，土地可能会获得更好的水分和养分，从而提高作物生长的潜力，从长远来看，这可能会提高农户的家庭收入和生活保障。通过适当的管理和保护，可以确保自然资本的可持续性。Si 等（2021）也证实了这一假设，他们认为自然灾害对农业生产和农民的适应策略产生影响，使农民能够通过改变作物品种和种植技术来促进农业生产的适应性和多样化，并促进农民采取一定的风险规避措施来提高土地质量。同样，农业病虫害可促进作物多样性和适应性，从而增强生态系统的稳定性（Adger et al.，2013）。因此，通过自然资本这一中介因素，外部冲击促进了生计的可持续性。外部冲击对其余5类生计资

本的影响均为负，与预期一致，其中对金融资本和社会资本的影响更为显著。Karim（2018）对自然灾害对收入和支出的影响进行了研究，发现自然灾害对家庭的金融资本有负面影响，进而影响其生计的可持续性。Roudini 等（2017）也证实了灾害对任何年龄段人群心理健康影响的重要性，遭受自然灾害后，心理健康状况和幸福感会受到负面影响。

其次，慢性病、医疗费用和家庭贷款等内部压力对物质资本、社会资本、人力资本和自然资本都有积极影响，这与研究预期不符。原因可能是：面临健康或经济困难的家庭可能会采取更积极的健康行为和保护措施，如增加收入、借贷和出售资产。这些措施不会对家庭的生计资本产生负面影响，反而可能促使家庭更加关注健康和预防医学，从而提高生产率和生计资本。苏芳（2017）发现，随着家庭健康压力的增加，家庭会选择增加收入来源。Cooper 和 Wheeler（2017）也得出农户会选择医疗救助的结论，这些都印证了本章的假设。贷款可以帮助家庭获得更多资金用于投资和创业，从而促进家庭经济增长和资本积累。Karlan 和 Zinman（2010）研究发现，与未获得贷款的家庭相比，获得贷款的家庭拥有更多的农田和牲畜等生产性资源，并将贷款获得的资金用于购买生产性资源和扩大业务，从而增加了家庭生计资本。此外，内部压力还可以激励家庭成员更加团结和勤奋地工作，以应对经济压力和挑战，这也可以提高家庭生产力和生计资本。

此外，地理劣势（即海拔更高、坡度更大、位置更偏远）对除了社会资本以外的另外 5 类生计资本都有显著影响，其中对物质资本、金融资本和心理资本的负面影响在意料之中，而对自然资本的正面影响则在意料之外。一个可能的原因是，偏远山区的农户往往更容易获得丰富的自然资源，如森林、农田和水；而海拔较低、坡度较缓、靠近城市的自然资源在城市化过程中更容易被占用。因此，地理劣势与自然资本呈正相关。相反，地理劣势使人们难以积累物质资本、金融资本和心理资本。这与 Jezeer 等（2019）的研究结果一致，他们发现生活在贫困地区的农民进入市场的机会较少，必须走更远的路才能买到肥料。Ghosh 和 Ghosal（2021）的研究也表明，地理位置限制了物质资本和金融资本在外部和内部来源之间的快速流动和获取。此外，由于医疗资源不足和基础设施缺乏，农村地区的地理劣势也会导致健康和经济问题，从而影响个人的心理健康状况（Wainer and Chesters，2000），甚至可能导致孤独感和抑郁情绪的加剧。

本章小结

首先，本章基于 PSR 模型、可持续生计框架和空间贫困理论，构建了连接生计可持续性与农户生计资本、外部冲击、内部压力和地理劣势之间的理论框架。然后，采用偏最小二乘结构方程模型，基于CFPS数据，对理论框架中的假设路径进行实证检验。研究发现，外部冲击对自然资本有明显的正向影响，而自然资本又通过这一中介因素提高了农户生计的可持续性；内部压力对农户生计资本产生了积极影响，最终增强了农户的生计可持续性。这表明，风险规避促使家庭成员通过生计策略提高生产率和生计资本，以增强家庭生计可持续性。除自然资本外，地理劣势对大多数类型的农户生计资本产生了负面影响，这进一步降低了家庭的生计可持续性。该研究结论支持了空间贫困理论。探索中国农户的内部压力、外部冲击和地理劣势影响生计可持续性的途径，有助于巩固脱贫攻坚、促进乡村振兴。

为了最大限度地减少外部冲击对可持续生计的负面影响，政府应建立风险识别和防范机制，识别潜在的外部冲击，并实施风险防范措施。还应建立补偿制度，最大限度地减少农民的损失。针对内部压力的影响，政府应为患病家庭提供就业援助和多样化的就业信息，加强农村医疗保障体系建设，普及健康知识，防止因病致贫。

其次，地理劣势直接对大多数类型的农户生计资本产生负面影响，并间接影响生计可持续性。要解决农村地区的这些不利因素，可以采取措施改善农村地区的交通基础设施和公共服务，为农户提供更便利的出行条件。对于那些居住在地形复杂、环境敏感的高海拔地区的家庭来说，搬迁到中心村镇可以改善他们的生计可持续性。不过，应监测搬迁农民的生计状况并及时采取干预措施，以降低风险，确保农户生计可持续发展。

本章还揭示了农户生计资本对生计可持续性的直接积极影响。有必要通过优化农村地区的农业生产力和生活状况、确保农民的物质基础、改进农牧业技术、加强职业技能培训、提高劳动力素质和增强人力资本禀赋来增加他们的生计资本。此外，建立农村交流学习平台和农户社交网络平台也很重要。必须提高农业用地的规模利用率，优化土地利用，提高自然资源的经济收益。在农村地区实施普惠金融政策，以缓解农户面临的融资困难。

第七章 基于多智能体模型的农户生计转型模拟与政策实验

第一节　概念模型

农户作为农村土地利用和农村经济活动的基本决策单元，其劳动力配置决策和土地利用决策对农村的自然地理环境变化、土地资源利用和保护以及农业景观格局变化均有一定的影响；而这些变化又将反过来影响农户的生计决策。农户与农村自然地理环境之间存在着耦合互动与动态反馈关系。已有研究仅关注交互的某一个方向，例如测度自然、社会、经济与政策因素对农户生计策略的影响，或是评估农户生计决策的生态环境效应，对于人类系统与环境系统两者的交互反馈机制认识尚不清晰。因此，本章将基于多智能体仿真建模技术，构建农业环境政策影响下的农户生计动态转型模拟模型，探索农户生计决策与自然地理环境之间的动态交互过程及其反馈机理。

具体而言，本章研究劳动力配置决策和土地利用决策这两项农户最基本的生计决策。其中，在劳动力配置决策方面重点关注农户如何将家庭劳动力在农业劳动、本地务工经商和外地务工经商 3 种选择中进行动态配置；在土地利用决策方面主要研究农户耕地利用的选择，包括转入、转出、撂荒和维持耕种规模 4 种选项。根据可持续生计分析框架，影响农户生计决策的因素包括各种生计资本，例如人力资本、自然资本、物质资本、金融资本和社会资本等。其中，人力资本、自然资本、物质资本、金融资本为农户尺度的变量；而社会资本的度量指标中，除了社会连接度（农户在社交活动中的人情支出及收入之和与家庭年总收入的比值）是农户尺度的变量；其他指标，例如村民组的规模、富裕程度，村民组中在本地或外地务工经商的人数等，是居民组/社区尺度的变量。农户生计资本的具体度量指标及其选取依据在前几章有详细介绍。对于家庭个体的劳动力动态配置决策，影响因素还包括劳动力个体层面的因素，例如年龄、性别、受教育程度等。对于农户的土地利用决策而言，每个耕地地块的属性，包括地块面积、形状、类型（水田或旱地）、与住宅的距离、作物产量等，也是决定其利用方式的重要因素。此外，农户生计动态策略除了受到农户自身及其所在村民组的资源禀赋等内部因素影响，还受政策干预（例如农业环境政策）、地理环境（例如交通通达度、海拔、坡度）及社会经济环境（例如就业机会、工资水平、农产品价格）等外部因素的影响。农户劳动力配置决策和土地利用决策及其影响因素之间的关系如图7-1所示。

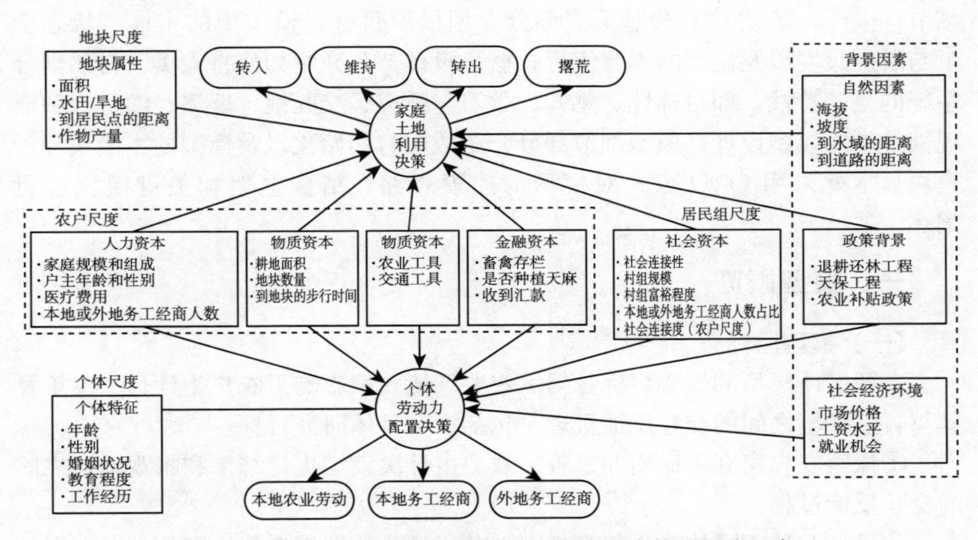

图7-1　农户劳动力配置决策和土地利用决策的影响因素

农户生计决策与其自身特征及其环境影响因素之间存在着动态交互与反馈。例如，农户可根据其劳动力配置和土地利用等经济活动获得的收入更新其生计资本；随着村民组中从事非农工作的劳动力数量增多，村民组的社会结构会发生变化；农户家庭青壮年劳动力进城务工会改变农户家庭规模和年龄组成；农户的土地利用决策会改变土地景观格局。发生在农户、村民组、自然地理环境的各种变化又会进一步影响农户的生计决策，形成反馈回路。

多智能体模型起源于复杂适应性系统理论，其采用“自底向上”的建模策略，将宏观现象与微观决策相结合，赋予系统中微观个体一定的行为规则，从微观个体与环境、微观个体与微观个体之间的相互作用关系来理解人类系统和环境系统的交互，是描述与模拟人—地系统的相互作用机理、耦合过程及其环境效应的最佳工具。因此，本章运用多智能体建模技术，构建一个农户生计动态转型模拟模型，模拟农户主体的劳动力配置决策和土地利用动态决策及其与土地系统的耦合互动。

第二节　模型设计

使用 NetLogo 软件，采用 Logo 语言编程，基于 Grimm 等（2006，2010）提出的 ODD 范式开发了模拟农户生计行为决策的多智能体模型。ODD 范式由 3 个部分组成，分别为模型概览（overview）、概念设计（concepts）以及模型细节（details）。其中，模型概览部分介绍模型目标，模型中的主体、状态变量与时空尺度以及模型的程序流程；概念设计部分介绍如何将人类—自然耦合系统的复杂特性，如目标性、感知、学习与适应、交互性、反馈、随机性和涌现性等纳入模型设计；模型细节部分介绍数据与初始化以及模型的主模块和子模块。本章采用 ODD 范式对模型的建模思路、结构框架和关键模块进行阐述。

一、模型概览

（一）模型目标

多智能体模型的核心目标是揭示农业环境政策影响下农户生计行为决策及其与自然环境之间的交互反馈机理，包括 3 个具体研究目标：

①探索农户家庭生命周期过程、农户生计决策、生计结果和景观动态之间的交互反馈过程。

②设计两种不同的农户行为规则（基于经验数据模型的规则和基于有限理性理论的规则），比较不同行为规则下农户与环境的互动。

③模拟不同农业环境政策如退耕还林工程、天保工程和农业补贴政策对农户生计决策的时空动态影响，为政策优化提供参考依据。

（二）主体、状态变量和时空尺度

在多智能体模型中考虑两类主体：社会主体和环境主体。其中，社会主体具有主观能动性、可移动性，是能够做出各种行为决策的智能主体；环境主体是被动实体，其属性与状态容易被社会主体改变，具有不可移动性。两类主体都具有空间属性，其在真实世界的地理位置通过实地调研、GPS 采集以及空间影像数据获取。两类主体的状态变量可以分为静态变量与动态变量。其中，静态变量只在仿真开始时初始化一次，在整个仿真过程中保持不变；而动态变量的值则根据其所属的模块在每次模型中进行更新。

1. 社会主体

社会主体可进一步划分为个体 Agent、农户 Agent 和村民组 Agent。

（1）个体 Agent。

个体 Agent 代表在农户家庭中生产生活的每一个家庭成员个体，每个个

体 Agent 都有一组状态变量，包括其独一无二的身份编码（PID）、其所属农户编码（HH－ID）、年龄、性别、生命周期阶段、婚姻状况、工作状况和年收入等（表 7－1）。模型设计中考虑了个人生命周期的主要过程，包括出生、教育、就业、婚姻、生育、迁移、年龄增加和死亡等。随着个体生命周期的推移，个体 Agent 的状态变量也会发生变化。

表 7－1　个体 Agent 的状态变量描述

变量名	描述与假设	属性
身份编码（PID）	个体唯一的身份编码	静态
农户编码（HH－ID）	所属家庭编码，连接个体 Agent 与农户 Agent 的变量	静态
年龄	年龄	动态
性别	0＝女性；1＝男性	动态
婚姻状况	0＝未婚（包括从未结婚、离异和丧偶）；1＝已婚	动态
生命周期阶段	L_1＝学龄前儿童（0～6 岁）；L_2＝学生（7～15 岁）；L_3＝家庭劳动力（16～64 岁）；L_4＝退休（65 岁及以上）	动态
受教育程度	接受教育的年数，假设最高受教育程度为大学本科	动态
计划求学年数	计划接受的最高教育年数	动态
迁移状况	因工作、求学、出嫁等原因离开农村。M_0＝非迁移人员；M_1＝外出就业并向农村家庭寄钱；M_2＝外出求学且经济上依赖农村家庭；M_3＝已出嫁外迁，仍向农村家庭寄钱	动态
本地务工经商概率	在当地从事非农业劳动的概率，包括务工和经商	动态
外地务工经商概率	在外地从事非农业劳动的概率，包括务工和经商	动态
工作类型	假设每个个体一年只从事一种类型的工作。W_1＝农业劳动；W_2＝本地务工经商；W_3＝外地务工经商	动态
非农业收入	当地非农务工经商的收入	动态
汇款	外地非农务工经商寄回农村家庭的汇款	动态

（2）农户 Agent。

农户 Agent 由具有相同农户编码（HH－ID）的成员个体组成，其状态变量包括农户编码（HH－ID）、村民组编码（RG－ID）、家庭规模和年龄结构、农户生计资本（如承包耕地面积、农业工具等级、交通工具等级等）、政策参与情况等（表 7－2）。农户 Agent 是大多数生计决策的基本决策单元，其主要决策包括耕地利用（转入、转出、撂荒和维持耕种规模）、农业生产投资（种子、化肥、农药、动物幼崽等）、参与其他农业活动（种植天麻、饲养禽畜）以及其他生产与消费决策等。在每个家庭成员经历其个体生命周期过程后，农户 Agent 的相应变量（例如家庭规模、劳动力数量等）也会随之更新。此外，农户还会根据其每年的收入与支出的剩余来决定是否改善其生计与生活资产，例如农业工具、交通工具等。

表 7－2　农户 Agent 的状态变量描述

变量名	描述与假设	属性
农户编码（HH_ID）	所属家庭编码，连接个体 Agent 与农户 Agent 的变量	静态
村民组编码（RG_ID）	所属村民组编码，连接农户 Agent 与村民组 Agent 的变量	静态
家庭规模	家庭成员的数量	动态
户主编码	户主的身份编码	动态
家庭成员列表	所有家庭成员的编码列表	动态
家庭外出人员编码	所有外出人员（包括因求学、就业、婚姻等原因离开农村家庭连续满 6 个月）的编码列表	动态
退养人员数量	64 岁以上家庭成员人数	动态
劳动力数量	16～64 岁的家庭成员人数	动态
农业劳动力数量	从事农业工作的家庭成员数量	动态
本地务工经商人员数量	从事本地非农业劳动的家庭成员数量	动态
外地务工经商人员数量	从事外本地非农业劳动且寄钱的家庭成员数量	动态
外出求学人员数量	外出求学且经济上依赖农村家庭的家庭成员数量	动态
已出嫁的女儿数量	已出嫁外迁，仍向农村家庭寄钱的女儿的数量	动态
海拔高度	通过 GPS 获取的农户家庭住址处海拔高度	静态
到硬化道路距离	从家到最近一条硬化道路的步行时间	静态
到镇中心距离	使用家庭常用交通工具到乡镇中心所需的时间	动态
到耕地地块距离	从家到承包耕地的平均步行时间	静态
承包耕地面积	农户承包耕地总面积	静态
耕地种植面积	农户种植耕地总面积，包括种植其他人的耕地	动态
转入耕地面积	农户从其他农户处通过土地流转获得的耕地总面积	动态
转出耕地面积	农户通过土地流转向其他农户转出的耕地总面积	动态
撂荒耕地面积	农户撂荒的耕地总面积	动态
扩张耕种规模概率	农户通过土地流转扩大耕种规模的概率大小	动态
维持规模概率	农户维持当前耕种规模的概率大小	动态
转出规模概率	农户通过土地流转缩减耕种规模的概率大小	动态
撂荒规模概率	农户通过撂荒缩减耕种规模的概率大小	动态
农户土地利用决策	农户的耕种面积决策	动态

（续）

变量名	描述与假设	属性
种地收入	来自种植粮食或经济作物的收入	动态
种植天麻收入	来自种植天麻的收入	动态
养殖收入	来自饲养禽畜获得的收入	动态
本地务工经商收入	所有在本地从事非农业工作的成员的总收入	动态
收到汇款金额	从在外务工经商人员、出嫁的女儿那获得的汇款	动态
社交活动收入	从亲戚朋友那里收到的人情礼金	动态
化肥支出	年化肥支出	动态
农药支出	每年在杀虫剂和除草剂方面的支出	动态
种子支出	每年用于农作物种子的支出	动态
雇用劳动力支出	每年农忙时的雇工支出	动态
天麻种子支出	每年用于购买天麻种子的支出	动态
禽畜养殖支出	每年用于动物幼崽和饲料的支出	动态
家庭食物支出	每年在谷物、蔬菜、肉类、鱼类、烟酒等方面的支出	动态
基础设施费用	每年在天然气、煤、电费、水费、手机话费和交通方面的支出	动态
生活用品支出	每年在服装、鞋子和其他生活用品上的支出	动态
社交活动支出	每年在人情方面的支出	动态
家庭教育支出	每年用于在校学生教育的支出	动态
家庭医疗支出	所有成员每年用于药品、保健和疾病治疗的支出	动态
农业工具等级	农户所拥有的农业工具的级别，见表 3 - 5	动态
交通工具等级	农户所拥有的交通工具的级别，见表 3 - 5	动态
家庭富裕指数	农户的富裕指数，度量方式见表 3 - 5	动态
年总收入	从农业、非农业、汇款、政府转移支付、土地流转收入等各种来源获取的家庭总收入	动态
年总支出	家庭在食物、生活用品、使用基础设施、成员教育、购买资产等方面的总支出	动态
是否参与退耕还林	是否参与退耕还林工程。1＝是；0＝否	静态
退耕还林面积	家庭退耕总面积	动态
退耕还林补贴	退耕还林补贴	动态
天然林面积	家庭分配的天然林总面积	动态
天保工程补贴	天保工程的补贴	动态
农业补贴	农业补贴	动态
养老金	政府为 65 岁以上老人发放的养老补贴	动态

（3）村民组 Agent。

村民组 Agent 由具有相同村民组编码（RG－ID）的农户 Agent 组成，其状态变量包括村民组编码（RG－ID）、村民组规模、村民组平均富裕程度、村民组天麻种植比例、村民组本地务工经商比例、村民组外地务工经商比例等（表 7－3）。当个体 Agent 和农户 Agent 完成劳动力、土地利用决策和其他生计决策并更新其家庭富裕等级后，村民组 Agent 的属性也随之发生变化。

表 7－3　村民组 Agent 状态变量描述

变量名	描述与假设	属性
村民组编码（RG_ID）	村民组编码，连接农户 Agent 与村民组 Agent 的变量	静态
村民组规模	村民组中所有农户的总户数	动态
村民组平均富裕程度	村民组所有农户的平均富裕指数，农户富裕指数的度量方式见表 3－5	动态
村民组天麻种植比例	村民组所有农户中种植天麻的比例	动态
村民组本地务工经商比例	村民组所有农户中有成员在本地务工经商的农户比例	动态
村民组外地务工经商比例	村民组所有农户中有成员在外地务工经商的农户比例	动态

2. 环境主体

本章将环境主体进一步划分为两类，即自然环境 Agent 和耕地地块 Agent。

（1）自然环境 Agent。

在多智能体模型中，自然环境 Agent 用栅格来表示，其状态变量包括影响农户生计决策（如劳动力配置决策和土地利用决策）的各类自然环境要素，包括地形、地貌（如海拔、坡度、坡向），以及每一个网格到硬化道路、乡镇中心、河流水系的距离等（表 7－4）。与人为因素相比，这些自然因素的变化更为缓慢，因此假设这些变量在模拟过程中保持不变。这些变量取值是通过 ArcGIS 中处理好的栅格图层导入 NetLogo 平台并赋值给每个环境栅格。

表 7－4　环境 Agent 状态变量描述

变量	描述	属性
栅格编码	每一个环境栅格的编码	静态
海拔	每一个环境栅格的海拔高度，分辨率 30 米	静态
坡度	每一个环境栅格的坡度，单位：度。分辨率 30 米	静态
到河流水系的距离	每一个环境栅格到最近的小溪、河流、湖泊的距离，单位：千米。数据来源：Worldview－2 影像，分辨率 0.5 米	静态
到硬化道路的距离	每一个环境栅格到最近硬化道路的距离。单位：千米。数据来源：Worldview－2 影像，分辨率 0.5 米	静态

（2）耕地地块 Agent。

耕地地块 Agent 通过将 ArcGIS 中处理好的矢量图层以 shp 格式导入 NetLogo 平台生成，其边界、范围、权属信息来自耕地权属确权调查的数据。通过地块承包者编码（Parcel_owner ID）将每个耕地地块 Agent 与承包该耕地的农户联系起来。考虑到农户可能将地块转出给其他农户种植，因此使用地块耕种者编码 Parcel_owner ID 连接耕地与其实际耕种者。耕地地块 Agent 的其他状态变量包括地块面积、地块类型（水田或旱地）、到农户住宅的距离、土地利用状态（即由农户自己种植、被农户转出或被撂荒）和地块产量等（表 7-5）。耕地地块 Agent 的状态变量会随着农户 Agent 的土地利用决策发生变化。

表 7-5　耕地地块 Agent 状态变量描述

变量名	描述	属性
地块承包者编码（Parcel_owner ID）	承包该地块的农户的家庭编码	静态
地块耕种者编码（Parcel_planter ID）	实际种植该地块的农户的家庭编码	动态
地块类型	1＝水田；2＝旱地	静态
地块面积	地块面积，单位：亩	静态
到农户住宅的距离	从该地块到承包该地块的农户住房的步行距离	静态
土地利用状态	1＝由农户自己种植；2＝由其他农户种植；3＝撂荒	动态
地块产量	地块上农作物的产量	动态

3. 社会网络

此外，多智能体模型还将两类社会网络纳入模型设计，包括亲缘关系网络和村民组内的社会网络。

（1）亲缘关系网络。

农户家庭中的所有成员组成了一个亲缘关系网络，即使有的成员因教育、婚姻、工作或其他原因离开了原来的家庭，亲缘关系网络仍然存在。亲缘关系网络对于农户生计决策有着重要的影响。例如，农户的亲缘关系网络中如果有成员在外地务工经商，则更多的家庭成员会选择到外地务工经商，因为较早去外地的成员可以为后来者提供就业机会、临时住所和生活帮助。

（2）村民组社会网络。

村民组内所有农户形成了一个社会网络，同一村民组社会网络的农户相互影响，其生计行为呈现一定的同质性。例如，如果一个村民组有很多农户种植天麻，随着时间推移，更多农户会加入到这项生计活动中来，因为后加入的农户可以估计种植天麻的潜在经济收益，获得技术帮助，并学习他人的经验，这在很大程度上降低了风险。同样的，如果一个村民组中到外地务工经商的农户很多，则也会吸引组内更多农户到外地务工经商，因为这些在外地就业的同村人是他们的重要社会资源。

4. 时空尺度设置

为了使多智能体模型能够空间显式地模拟农户 Agent 等主体的活动对自然环境和土地利用的影响，同时直观地呈现土地利用的动态变化，本章将多智能体建模与地理信息系统相结合，运用 NetLogo 的 GIS 扩展程序，将研究区域所有环境图层（海拔、坡度、到水系和道路的距离等）以栅格格式（.asc）导入 NetLogo 平台，将 24 个村民组、548 个农户以及 2 226 个耕地地块以矢量格式（.shp）导入 NetLogo 平台，生成相应的社会主体、环境主体与社会网络。所有主体带有地理坐标信息，能够直观表达真实世界，模型的空间范围即为天堂寨镇的实际范围。

NetLogo 中的时间单位为步（step），由于农户的生产、消费、劳动力配置决策和土地利用决策大都以年为周期，因此系统中的每一步代表真实世界的一年。模型仿真的起点定为 2013 年，因为虽然研究团队是 2014 年在研究区域开展农户调研的，但是问卷是对农户过去一年（即 2013 年）的回顾。模型总共运行 18 个步长，模拟 2013—2030 农户生计行为决策及其与自然环境之间的交互反馈过程。

（三）模型的执行流程

多智能体模型由六大模块组成，分别为初始化模块（initialization module）、个体生命周期模块（individual demographic module）、个体劳动力配置模块（individual labor allocation module）、农户土地利用模块（household land allocation module）、家庭资产模块（household assets module）和更新模块（update module）。模型所有模块及其执行流程如图 7-2 所示。

首先，模型进入初始化模块，导入 ArcGIS 中处理好的栅格与矢量图层，依次生成模型的环境主体（自然环境 Agent 和耕地地块 Agent）和社会主体（个体 Agent、农户 Agent 和村民组 Agent），并根据地理环境数据和实地调研获得的社会主体属性数据对所有类型主体的状态变量进行初始赋值，将农户主体与耕地地块空间关联、农户主体与个体关联、农户主体与村民组关联，建立亲缘关系网络和村民组内的社会网络。

其次，模型进入模拟阶段，模拟周期为 1 年。从 2013 年开始，在每个周期，模型按以下顺序运行：

①个体生命周期模块。该模块包括几个子模型，分别模拟每个个体 Agent 生命周期的主要过程，包括教育、婚姻、生育、迁移和死亡等，如果个体 Agent 在模拟周期内死亡，则将该 Agent 从模型中移除；反之，则个体 Agent 的年龄+1。

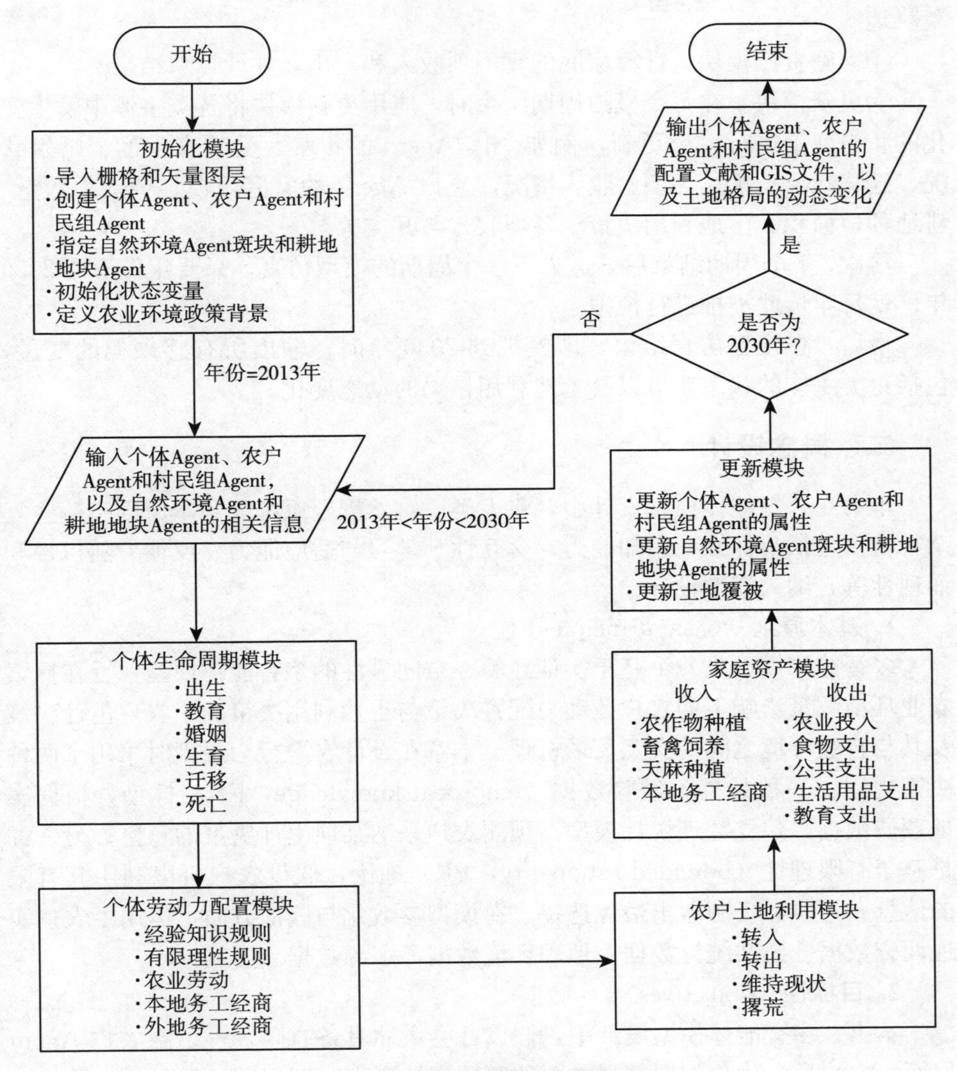

图 7-2　多智能体模型的执行流程

②个体劳动力配置模块。根据个体、农户、社区（村民组）层面的特征，以及区域社会经济环境、政策背景等因素，计算个体 Agent 选择从事农业劳动、本地务工经商和外地务工经商的概率，基于不同的行为规则，确定农户的劳动力选择意愿。

③农户土地利用模块。根据海拔、坡度、劳动力、交通条件、农户生计资本、政策背景等因素，运用统计模型预测农户改变耕地种植规模（farm size）的意愿，包括维持当前耕种规模、通过土地流转扩大或者缩减耕种规模，或撂

荒耕地。

④家庭资产模块。计算家庭的每一项收入和支出，并计算总结余。

⑤更新模块。在每个模拟周期结束时，应用更新模块将各类主体中发生变化的状态变量进行系统更新，例如个体 Agent 的年龄、受教育程度、婚姻状况、迁移状况、工作类型、收入情况，农户 Agent 的家庭规模、劳动力数量、耕地种植面积、土地利用决策、各项收入与开支等。

再次，1 个周期结束后，进入下一个周期的模型仿真，只要年份不到 2030 年，就每年依此类推进行模拟。

最后，在模型仿真结束，即模拟到 2030 年时，输出所有感兴趣的变量，包括每类主体的状态变量以及土地利用格局的动态变化。

二、概念设计

本书在多智能体模型设计中，将人类—自然耦合系统的基本原则和一些复杂特性（包括目标性、感知能力、交互性、学习与适应能力、反馈、随机性和涌现性等）纳入模型设计。

1. 基本原则（basic principles）

多智能体模型是一个基于实证经验、空间显性的多智能体模型，旨在探索农业环境政策影响下的农户劳动力配置决策与土地利用决策两个农户生计决策及其与自然环境之间的交互反馈机理。本章在设计农户行为规则时采用了两种决策规则：一种是基于经验数据（empirical knowledge，EK）模型，根据实地调研数据，建立数理统计模型，预测农户采纳某项生计决策的意愿；另一种是基于有限理性（bounded rationality，BR）理论，假设农户可以利用其有限的信息、经验和资源做出最优选择。在模型参数化与验证方面，运用了农户实地调查数据、公共统计数据、地理环境数据等多源数据。

2. 目标性（objectives）

本书在多智能体模型设计中，假设社会主体具备有限理性。在农户 Agent 层面，农户通过优化配置其最重要的两项生计资本（即劳动力和土地资源）以实现家庭收入最大化的生计目标；在个体 Agent 层面，每个劳动力在进行就业选择时，以预期收入最大化为目标，采用有序选择算法寻找收入最高的就业选择。

3. 感知能力（sensing）

农户 Agent 和个体 Agent 能够感知自己的属性，例如受教育程度、家庭劳动力数量、生计资源禀赋、村民组社会资源等，并对国家和地方政策、自然地理环境、社会经济环境有一定的感知能力，因此，农户 Agent 和个体 Agent 在做生计决策时会受到这些内外部因素的影响。

4. 交互性（interaction）

模型设计中既考虑了社会主体之间的互动，也包括社会主体与环境主体之间的互动。其中，社会主体之间的交互体现在：农户与农户之间会通过行为模拟和心理对比相互影响彼此的生计决策；同一村民组的农户之间可以进行土地流转；在农忙季节，农户可以雇用其他农户协助作物播种、灌溉和收获等。社会主体与环境主体之间的互动体现在：农户的土地利用决策会改变农村土地景观格局，也会对农村自然环境产生一定的影响。

5. 学习与适应能力（learning/adaptation）

个体 Agent 在进行劳动力配置决策时，可以借鉴自己以往工作经验以及从村民组其他农户处收集到的信息来调整自己的就业选择，寻求更高的经济收益。此外，农户的劳动力配置决策和土地利用决策会受到邻居和村民组其他农户的影响，例如，如果农户所在的村民组中有很多农户从事务工经商，他们也会增加非农业劳动投入。此外，农户能够针对当前的社会经济环境（如产品市场价格和工资水平）、地理环境条件、农业环境政策等对自己的生计策略进行调整，从而做出更明智的土地利用决策。

6. 反馈（feedbacks）

农户生计决策与其自身特征及环境影响因素之间存在着反馈：农户可根据其劳动力配置和土地利用等经济活动获得的收入更新其生计资本；随着村民组中从事非农工作的劳动力数量越多，村民组的社会结构会发生变化；农户家庭青壮年劳动力在本地务工或到外地务工经商，会改变农户家庭规模和年龄组成；农户的土地利用决策会改变土地景观格局。农户、村民组、自然地理环境的各种变化又会进一步影响农户的生计决策，形成反馈回路。

7. 随机性（stochasticity）

对于存在缺失值的变量，根据农户调查数据和公共统计数据得出的统计分布（例如正态分布、泊松分布等），随机生成农户 Agent 和个体 Agent 的状态变量缺失值。此外，在运用各种方法计算出农户 Agent 和个体 Agent 选择某项生计策略的概率（0～1）时，采用概率法（probabilistic approach）（Mena et al.，2011）随机生成一个小于 1 的数，并将其与计算得出的概率相比较，如果随机数小于计算得出的概率值，则农户 Agent 和个体 Agent 采纳该决策，否则不采纳。使用这两种方法能够使多智能体模型具有随机性。

8. 涌现性（emergence）

涌现性是复杂系统最基本也是最重要的特征，是由系统中的微观组分之间相互作用产生的宏观属性、特征、行为、结构、功能等，这些特性只有系统整体才具有，一旦把系统分解为它的组成部分，该特性就不存在了。多智能体模型的涌现性体现在：研究区域的农业环境特征（如农业污染情况）产生于每一个微观农户对其承包耕地的利用行为（如化肥、农药、塑料薄膜的使用）的非线性累加；研究区域的土地景观格局（如作物选择、撂荒情况）产生于微观农户生计策略之间的相互影响、农户与地块之间的交互作用；研究区域的社会经济结构（如就业结构、年龄结构、收入结构）产生于每一个微观个体的就业选择、生育决策，以及各微观个体之间的交互影响。

三、模型细节

（一）数据与初始化

本书中多智能体模型的行为规则识别和模型参数化的数据来自大别山区。模型用到的数据主要包括农户调查数据、GPS实地采集的农户住宅位置、遥感影像数据以及公开统计数据等多维数据。表7-6列出了各类主体的关键变量、描述性统计结果与数据来源。

1. 社会主体初始化

多智能体模型中的社会主体包括24个村民组Agent、548个农户Agent以及1 910名个体Agent。其中，1 910名个体Agent的基本信息来自当地村民委员会2012年的人口普查数据，该数据涵盖了本章所选取的样点村庄——安徽省金寨县天堂寨镇黄河村所有村民的基本人口信息，包括姓名、出生年月、性别以及与户主的关系。如表7-6所示，黄河村常住人口的平均年龄为40.5岁，平均受教育年数为5年，普遍只完成了小学教育，其中男性占56%，71.3%的常住人口已婚。

为了获取农户Agent的基本属性和行为规则数据，研究团队在2014—2022年多次前往研究区域开展农户问卷调查。问卷内容涉及：

①家庭人口统计信息。包括每一个成员的出生年月、性别、婚姻状况、受教育程度、与户主的关系，以及用于农业劳动、本地务工经商和外地务工经商的劳动时间。

②家庭生计资本禀赋。包括房屋类型、燃料类型、用水和卫生设施、主要电器、通信和娱乐设备、农业工具、交通工具等。

③地理区位信息。包括住宅地理坐标、海拔、到最近硬化道路的步行时间、采用常用交通工具到县城或乡镇的中心或中学的时间。

④土地利用情况。包括承包耕地面积与地块数量、耕地流转情况、撂荒情况。

⑤农作物种植种类与产量，饲养禽畜种类、数量与产出，天麻种植数量与产出，农业投入（包括种子、化肥、农药、雇用劳动力、动物幼崽、动物饲料、地膜等）。

表 7-6　多智能体主体关键变量的描述性统计与数据来源

主体类型	关键变量	单位	均值	标准差	数据来源
个体 Agent	年龄	年	40.5	20.0	人口普查数据、农户调查数据
	性别	%	56.0	49.6	
	受教育程度	年	5.4	3.7	
	婚姻状况	%	71.3	45.3	
农户 Agent	是否参与退耕还林	%	56.5	49.6	
	天保工程补贴	元	592.4	667.4	
	农业补贴	元	695.8	1 340.1	
	家庭规模	人	2.9	1.3	
	户主受教育程度	年	5.9	3	
	本地务工经商人员数量	人	0.5	0.7	
	家庭医疗支出	元	4 077.6	7 028.7	
	是否有在外地务工经商人员	%	66.2	47.4	
	承包耕地面积	亩	5.7	2.7	
	耕地地块数	块	3.5	1.8	
	到地块的平均步行时间	分钟	11.1	8.2	
	农业工具等级	指数	2.5	1.6	
	交通工具等级	指数	2.5	1.4	
	禽畜产品价值	元	4 519.2	8 774.8	
	是否种植天麻	%	57.6	49.5	
	收到汇款金额	元	9 998.1	20 287.6	
	社会连接度	%	47.0	79.4	
村民组 Agent	村民组规模	户	26.1	8.6	
	村民组平均富裕程度	指数	20.2	2.1	
自然环境 Agent	坡度	度	17.4	7.9	Landsat 遥感影像与 DEM 数据
	海拔	米	955	195	
	到河流水系的距离	米	732	622	
	到硬化道路的距离	米	577	493	
耕地地块 Agent	地块面积	亩	1.8	1.8	Worldview-2 高分辨率遥感影像、农村土地确权成果图件
	地块类型	%	85.0	35.7	
	到农户住宅距离	米	397.2	339.1	

⑥家庭各项收入与支出。

⑦农业环境政策。包括退耕还林工程、天保工程、农业补贴等政策的参与

和收到的补贴等信息，用于进行社会主体的初始化。

2. 环境主体初始化

在多智能体中，每个自然环境 Agent 代表 30 米×30 米的区域，其状态变量（如坡度，海拔，到河流水系、道路的距离等）的初始值通过遥感影像、DEM 数据在 ArcGIS 中计算好并以栅格形式（.asc）导入 NetLogo 得到。2015 年在黄河村调研时，该村已完成农村土地确权工作，研究团队对确权成果图件进行了矢量化，得到了 2 225 个耕地地块，并将其与黄河村的 548 户农户一一联系起来。

如表 7－6 所示，黄河村的平均坡度为 17.4 度，平均海拔为 955 米，各环境网格到最近的河流水系与道路的平均距离分别为 732 米和 577 米。所有地块中 85％的地块为水田，地块平均面积为 1.8 亩，与农户住宅的平均距离为 397 米。

3. 其他输入数据

（1）人口数据。

中国农村地区不同年龄、不同性别人群的死亡率数据来源于国家人口健康科学数据中心（表 7－7）。全国高中和大学入学率数据来源于教育部公开数据（表 7－8）。不同年龄和性别人群的结婚率和生育意愿数据来自天堂寨镇农户调查数据的统计分析（表 7－9、表 7－10）。

（2）市场价格。

农业生产成本（如化肥、农药、种子等）和农产品价格（如农作物、禽畜产品、天麻等）根据农户调查数据确定。在多智能体模型中考虑了农业技术进步对农产品产量的影响，假设农业技术进步使农产品产量每年增长 5％。此外，根据 2004—2013 年安徽省农产品价格波动情况，假设农产品价格涨幅为 5％。

（3）工资变化率。

由于农村到外地务工经商人员工作的城市不同，工资增长速率也有所差异，本章采取 2004—2014 年城镇职工年工资增长率 10％作为到外地务工经商人员的年工资增长率。由于山区的本地务工工资水平和增长速率也低于大城市，假定本地务工收入增长速度为城镇职工的一半，即每年增长 5％。

（4）政策背景。

天堂寨镇的退耕还林参与率为 17.2％。2007 年以前，天堂寨的退耕还林补偿标准为每年 230 元/亩；2007 年以后，降为每年 125 元/亩。天保工程补偿标准为每年 8.75 元/亩。2014 年研究团队开展调研时，农业补贴还是按照农资综合补贴、种粮直接补贴、农作物良种补贴、农机购置补贴等形式分开发放，且按照承包面积直接发放给承包户，受访农户获得的户均补贴达到 696

元。自2015年起，研究区域开展农业补贴“三合一”试点，将原先的农资综合补贴、种粮直接补贴、农作物良种补贴等三项补贴合并为农业支持保护补贴，用于支持保护耕地地力，补偿标准为每年81元/亩，补贴与耕地面积挂钩，对改变用途的耕地以及常年抛荒地不予补贴。

（二）主模块

1. 个体生命周期模块

个体Agent的生命周期模块由几个子模块组成，每个子模块模拟个体Agent生命周期的一个重要事件，包括出生、教育、婚姻、生育、迁移和死亡等。

首先，应用死亡判断子模块（mortality submodule）来确定一个人能否在当前模拟周期（年）中存活下来。随机生成一个位于［0，1］之间的数字，根据国家人口健康科学数据中心统计的中国农村地区分年龄和性别的死亡率表格（如表7-7所示），查询该个体Agent的年龄和性别对应的死亡率，并将其与随机数对比：如果随机数小于等于查表得到的死亡率，则该个体在模拟周期内死亡，将其从模型中移除；反之，则个体Agent的年龄+1。

表7-7　中国农村地区分年龄和性别的死亡率数据

单位：‰

年龄/岁	死亡率	
	男性	女性
≤5	1.13	0.95
[5，10)	0.50	0.11
[10，15)	0.74	0.17
[15，20)	1.11	0.70
[20，25)	1.01	0.41
[25，30)	1.67	0.23
[30，35)	1.81	1.34
[35，40)	2.74	0.91
[40，45)	3.76	1.57
[45，50)	5.03	1.98
[50，55)	6.51	3.52
[55，60)	9.90	6.27
[60，65)	14.02	8.62
[65，70)	25.48	15.48
[70，75)	43.41	25.13
[75，80)	78.46	48.79

（续）

年龄/岁	死亡率	
	男性	女性
[80，85)	116.83	79.74
[85，90)	171.78	126.55
≥90	220.74	181.68

资料来源：国家人口健康科学数据中心。

其次，应用生命周期分类子模块（life stage categorization submodule），将所有个体Agent按照年龄分为4个阶段，分别为婴幼儿和学龄前期（0～6岁）、义务教育阶段（7～15岁）、中高等教育和工作阶段（16～64岁）、退养阶段（65岁及以上），对处于不同生命阶段的个体采用不同的生命周期子模块，如图7-3所示。

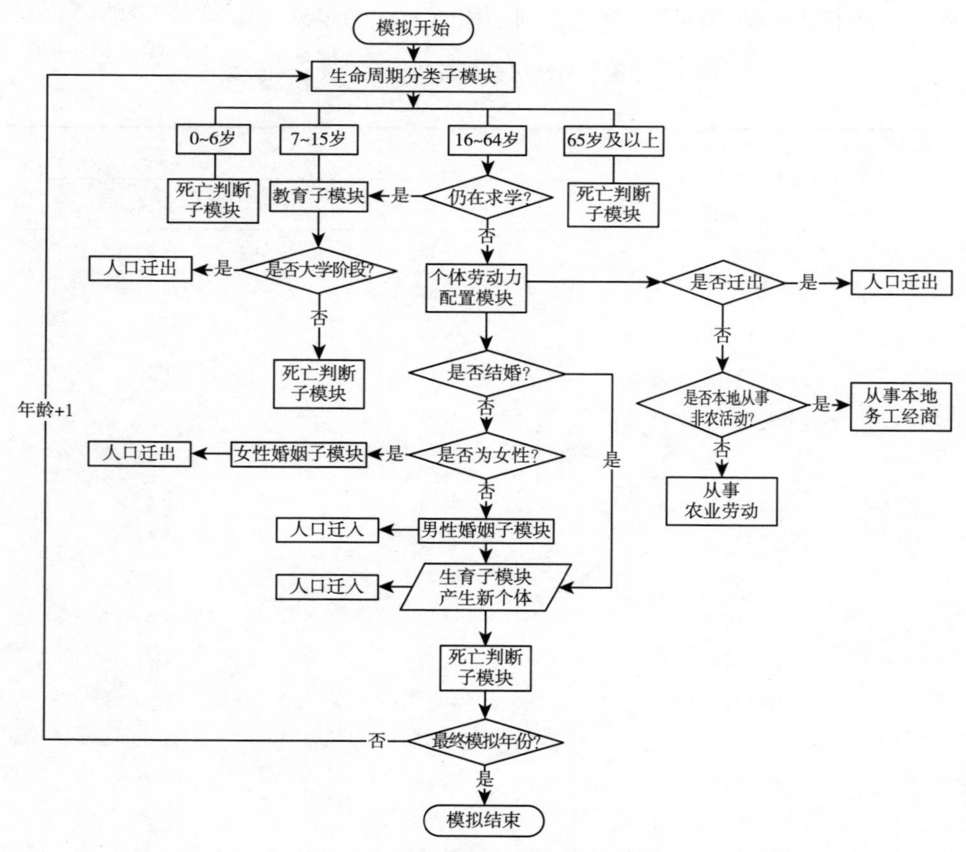

图7-3　个体Agent的生命周期过程和劳动力配置决策框架

其中，教育子模块（education submodule）应用于所有义务教育阶段的学生和16～21岁可能仍处于求学阶段的青少年。对于义务教育阶段的学生（7～15岁）的所有学生执行教育子模块。16～21岁的青少年，他们可以上高中（或中专、职高、技校）或大学。中国实行九年义务教育制度，所有适龄儿童和少年都享有接受义务教育的权利，因此，对于处于这个阶段的孩子，模型将逐年对其受教育年数+1，直至其初中毕业完成九年义务教育。

当一个学生完成义务教育后，需要预测其是否继续接受高中（或中专、职高、技校）和大学教育。根据教育部公开的1992—2013年全国高中和大学入学率数据（表7-8），运用时间序列模型，得到预测高中和大学升学率的公式如下所示：

$$P_{\text{high school enrollment}}=25.73\times e^{0.057}\times(t+23)\quad(R^2=0.96)\quad(7-1)$$

$$P_{\text{college enrollment}}=1.23+1.35\times(t+23)\quad(R^2=0.98)\quad(7-2)$$

式中：$P_{\text{high school enrollment}}$和$P_{\text{college enrollment}}$分别代表预测的高中和大学的入学概率；$t$是年份，$t=0$代表2014年，$t=1$代表2015年，依次类推。运用式（7-1）、式（7-2）预测的1992—2013年的高中和大学入学率如表7-8所示。

对于完成义务阶段教育的个体Agent，应用概率法在［0，1］区间内生成一个随机数，并与预测的高中入学率进行对比：如果随机数小于等于入学率，则该学生会继续接受高中教育；反之，该个体成为一名家庭劳动力。同理，对于完成高中教育且年龄位于16～21岁仍处于求学阶段的青少年，按照同样的方法判断其是否接受大学教育。

表7-8　全国高中和大学入学率

单位：%

年份	高中入学率		大学入学率	
	实际数据	预测数据	实际数据	预测数据
1992	26.0	27.2	3.9	2.6
1993	28.4	28.8	5.0	3.9
1994	30.7	30.5	6.0	5.3
1995	33.6	32.3	7.2	6.6
1996	38.0	34.2	8.3	8.0
1997	40.6	36.2	9.1	9.3
1998	40.7	38.4	9.8	10.7
1999	41.0	40.6	10.5	12.0
2000	42.8	43.0	12.5	13.4
2001	42.8	45.5	13.3	14.7

（续）

年份	高中入学率		大学入学率	
	实际数据	预测数据	实际数据	预测数据
2002	42.8	48.2	15.0	16.1
2003	43.8	51.0	17.0	17.4
2004	48.1	54.0	19.0	18.7
2005	52.7	57.2	21.0	20.1
2006	59.8	60.6	22.0	21.4
2007	66.0	64.1	23.0	22.8
2008	74.0	67.9	23.3	24.1
2009	79.2	71.9	24.2	25.5
2010	82.5	76.1	26.5	26.8
2011	84.0	80.6	26.9	28.2
2012	85.0	85.3	30.0	29.5
2013	86.0	90.4	34.5	30.9

资料来源：教育部官网，http：//www.moe.gov.cn。

再次，将婚姻子模块（marriage submodule）应用于达到法定结婚年龄（男性≥22岁，女性≥20岁）的单身成年人（表7-9）。采用概率法，随机生成一个位于［0，1］之间的数字，如果它小于等于表7-9所对应的结婚概率，则该个体婚姻状况改为已婚；反之，该个体仍为单身。

表7-9　大别山区分年龄和性别的结婚率数据

性别	年龄/岁	已婚概率/%
女性	<20	未到法定结婚年龄
	[20，25)	43.3
	[25，30)	80.0
	[30，100]	100.0
男性	<22	未到法定结婚年龄
	[22，30)	17.4
	[30，35)	37.0
	[35，40)	55.9
	[40，45)	85.3
	[45，100]	90.0

生育子模块（fertility submodule）应用于50岁以下的已婚女性。基于天堂寨镇的农户调研数据，采用普通最小二乘法回归模型，选取女性年龄、已有孩子数量以及是否有一个男孩等指标来预测已婚夫妇的生育意愿（表7-10），模型的预测准确率达到91.6%，其计算公式为

$$\ln\left(\frac{P_{Z_i}}{1-P_{Z_i}}\right)=\alpha+\sum \eta_k x_{ik}+\varepsilon_i \tag{7-3}$$

式中：P_{Z_i} 表示已婚夫妇 i 的预测生育意愿；α 是常数项，x_{ik} 为影响已婚夫妇 i 生育意愿的第 k 个解释变量；η_k 为第 k 个影响因素的估计系数，度量该因素对已婚夫妇生育意愿的影响大小；ε_i 为误差项。

然而，有生育意愿的夫妇最终是否会如愿生育孩子还受到女性生育率以及其他因素的影响，在多智能体模型中，对这些因素也纳入考虑（表7-10）。

表7-10　大别山区农户生育意愿的Logistic回归结果

变量	β值	标准误	*Wald*值	p值	exp(β)
女性年龄	−0.148***	0.038	15.447	0.000	0.863
已有孩子数量	−1.923***	0.583	10.872	0.001	0.146
是否有一个男孩	−2.617***	0.623	17.678	0.000	0.073
Constant	6.459***	1.263	26.167	0.000	638.263

注：***表示在1%的水平上显著。模型的预测准确率为91.6%。

最后，运用人口迁移子模块（migration submodule）模拟个体Agent的迁入（in-migration）与迁出（out-migration）行为。家庭成员迁入的原因有妇女的婚姻迁入，或者在外求学、务工经商的人返乡；迁出原因有上学、结婚（女性出嫁为主）、分家或进城务工经商。迁出成员在经济上仍然与原家庭保持联系。例如，在外读书的孩子需要父母提供学费和生活费，而分家的子女和到外地务工经商的成员通常会给原家庭汇款或提供物质支持，帮助他们维持生计。生命周期子模块运行一个模拟周期（一年）后往往会引起家庭规模与结构的变化。因此，需要更新家庭成员名单、家庭规模、户主年龄和受教育程度、劳动力数量、迁入迁出成员名单等。

2. 个体劳动力配置模块

个体劳动力配置模块模拟个体Agent如何将其劳动时间分配给不同的生计活动。将个体劳动力选择分为3种，即从事家庭农业劳动、本地务工经商或外地务工经商，相应的年龄要求见表7-11。为了简化模型设计，假设农户一年内只考虑一种就业选择。该模块适用于有家庭劳动力的农户。此外，研究区域还有一些因生病、年迈或是青壮年成员迁出等原因丧失家庭劳动力的农户，这些农户的生计主要依靠政府补贴、救助或是子女亲朋的汇款维持生计。

表 7-11　从事农业劳动、本地务工经商或外地务工经商的年龄要求

类别	男性	女性
农业劳动	16～65 岁	16～60 岁，没有 6 岁以下儿童需要照料
本地务工经商	16～60 岁	16～55 岁，没有 6 岁以下儿童需要照料
外地务工经商	16～55 岁	16～50 岁，没有 6 岁以下儿童需要照料

注：16～21 岁正在读高中或大学的不考虑在内。

多智能体模型采用了两种不同的行为规则来模拟个体 Agent 的劳动力配置决策：一种是基于经验数据模型（EK），另一种是基于有限理性理论（BR）。下面对这两种方法进行详细介绍。

（1）基于经验数据模型。

根据实地调研数据，建立数理统计模型，预测农户采纳某项生计决策的意愿。劳动力配置决策是个人 Agent 的决策，其不仅受到个体层面因素（如年龄、性别、受教育程度）的影响，还受到农户层面（如农户生计资本）、村民组层面（如社会关系）以及政策因素的影响。采用二元 Logistic 回归，基于一系列因素预测个体选择本地务工经商或外地务工经商的概率，如下所示：

$$\ln\left(\frac{P_{G_i}}{1-P_{G_i}}\right)=\alpha+\sum\beta_k x_{ik}+\varepsilon_i \qquad (7-4)$$

式中：P_{G_i} 表示个体 i 选择本地务工经商或外地务工经商的预测概率；α 为常数项；x_{ik} 代表个体 i 的第 k 个解释变量的取值；β_k 为第 k 个因素的估计系数，衡量该因素的影响大小；ε_i 为误差项。劳动力配置决策的 Logistic 回归结果见表 7-12。计算得到该个体从事本地务工经商的概率后，随机生成［0，1］之间的浮点数，并与预测的概率进行对比：如果随机数小于等于该概率则该个体从事本地务工经商；反之，重新生成一个随机数，将其与预测得到的外地务工经商概率对比，如果随机数小于等于该概率则该个体选择外地务工经商。如果两项非农业劳动都没有选择，则该个体从事农业劳动。

表 7-12　大别山区劳动力配置决策的 Logistic 回归结果（参照组：农业劳动）

变量		外地务工经商			本地务工经商		
		均值	标准差	p 值	均值	标准差	p 值
劳动力个体特征	性别	1.346***	1.151	0.000	3.817***	34.024	0.000
	婚姻状况	0.932*	1.327	0.075	0.698	1.540	0.363
	年龄	−2.306***	0.024	0.000	−2.275***	0.047	0.000
	受教育程度	0.025	0.143	0.857	0.607*	0.624	0.074

（续）

变量		外地务工经商			本地务工经商		
		均值	标准差	p值	均值	标准差	p值
农业环境政策	是否参与退耕还林	0.610***	0.386	0.004	0.214	0.474	0.576
	天保工程补贴	−0.094	0.133	0.522	0.439*	0.384	0.077
	农业补贴	0.196*	0.139	0.086	−0.195	0.148	0.278
人力资本	家庭规模	−0.640***	0.091	0.000	−1.897***	0.061	0.000
	本地务工经商人数	−0.396**	0.109	0.014	−0.024	0.297	0.938
	家庭医疗支出	0.026	0.156	0.863	3.969***	31.852	0.000
	是否在外地务工经商				0.149	0.633	0.785
自然资本	承包耕地面积	−0.038	0.142	0.795	0.325	0.376	0.232
	耕地地块数量	−0.125	0.129	0.393	−0.818***	0.101	0.000
	到地块平均时间	−0.131	0.109	0.292	−0.321	0.169	0.168
物质资本	农业工具等级	0.240*	0.165	0.065	−0.010	0.247	0.969
	交通工具等级	−0.168	0.127	0.263	−0.539*	0.179	0.079
金融资本	禽畜产品价值	−0.446	0.178	0.108	0.016	0.267	0.950
	是否种植天麻	−0.171	0.119	0.228	−0.721	0.273	0.199
	收到汇款金额	0.368**	0.216	0.014	0.222	0.287	0.336
社会资本	社会连接度	−0.111	0.124	0.424	0.308	0.299	0.163
	村民组规模	0.139	0.161	0.322	0.147	0.345	0.621
	村民组富裕程度	0.311**	0.175	0.016	0.072	0.338	0.819
常数项		−1.934***	0.077	0.000	−4.821***	0.008	0.000
	模型总结	*Wald* Chi^2=179.81，p<0.001 Log *pseudo-likelihood*=−4 897.85 *Pseudo*-R^2=0.428			*Wald* Chi^2=111.90，p<0.001 Log *pseudo-likelihood*=−1 347.79 *Pseudo*-R^2=0.701		

注：***、**、*分别表示在1%、5%、10%的水平上显著。

（2）基于有限理性理论。

基于有限理性理论的行为规则，假设个体在选择就业去向时，会结合自己以往的工作经历并向周围邻居咨询经验，最终选取能够使其收入最大化的决策。假设个体 Agent 是有限理性的，它能获取的信息、借鉴的经验和可利用的资源是有限的。在个人经验方面，农户仅考虑自己最近一年的收入；在邻里信息方面，假设农户可以获取与其住宅距离最近的三户农户家庭成员从事不同工作的收入。在每一个模拟周期，个体 Agent 选择是否改变工作选择？如果该个体前一年从事农业生产，则会咨询与其最近的 3 个邻居家庭成员在本地务工经商的收入以及在外地工作除去消费以后寄回家的汇款金额，计算这3个家庭的平均值，比较农业收入、本地务工经商收入和外地务工经商人员的汇款，最后选择其中收入最高的工作作为职业。同理，如果该个体前一年在外地工作，则会咨询在老家的最近的3个邻居从事农业生产和在本地务工经商的收入，如果在老家的收入高于在外地除了消费以外的剩余收入，则会返乡并选择收入最高的工作作为职业。虽然在外地务工经商的收入较高，但是消费也高，能够存下来的钱也有限。农村收入可能没有外地高，但是消费很低，通过兼业，家庭成员既有本地务工经商的收入，也有种植天麻和一般作物的农业劳动收入，其总收入可能略高于在外地务工经商的收入。因此，随着年龄增长、挣钱能力下降，很多在外的农民工会返回农村地区。此外，如果个体Agent在本地务工经商，相较于从事农业生产的收入和外地务工经商的汇款，他会选择收入最高的工作作为职业。以上情况是模拟上一年也是劳动力的个体是否改变就业选择的决策。如果一个个体是刚刚加入劳动力队伍的新劳动力，他（她）会根据从最近的3个邻居那里收集到的关于农业劳动、本地务工经商和外地务工经商的收入信息进行初次就业选择，选择三者中收入最高的工作。

3. 农户土地利用模块

多智能体模型土地利用模块模拟的重点为农户在每个模拟周期内是否会通过土地流转或撂荒等方式改变耕种规模（farm size）。具体而言，农户的土地利用决策分为两个层次：首先，模拟农户是选择扩张、维持还是缩减耕种面积；然后，进一步探究如果缩减耕种规模，是通过转出还是撂荒。第四章基于可持续生计框架、运用Logistic回归模型对影响农户这两个层次的土地利用决策的影响因素进行了详细的分析，在此直接应用第四章的模型结果来预测农户选择扩张、维持、缩减耕种规模的概率以及通过转出和撂荒缩减耕种面积的概率。为了便于分析各解释变量对土地利用决策的影响大小，表4-5是用OR值呈现结果，本章利用公式$\beta=\ln(OR)$将其转换为回归系数（β），用于预测农户土地利用决策概率，结果见表7-13。农户选择扩张（$p_{\text{Expansion}}$）、缩减（$p_{\text{Shrinkage}}$）和维持（$p_{\text{Stabilization}}$）的概率用以下公式进行预测：

$$\begin{aligned}\text{Logit}(Expansion)=\;&0.545CCFP-0.408\ln(EWFPSubsidy)-\\&0.301\ln(GrainSubsidy)-0.473HHSize-\\&0.282MeanAgeAdults+0.085education-\\&0.221\ln(MedExpense)-1.194Num\_offfarmlabor+\\&0.176if\_out\_migrants-0.54CroplandOwned+\\&0.23ParcelNum-0.217dis\_Farm+0.729FarmTool+\\&0\ 734Transportation+0.062\ln(AnimalStock)-\\&0.97IfGE-0.124\ln(Remittances)+\end{aligned}$$

$$0.215SocialConnect-0.607RG\_size-0.387RG\_wellness-0.734 \quad (7-5)$$

$$\begin{aligned}\text{Logit}(Shrinkage)=&0.005CCFP-0.39\ln(EWFPSubsidy)-\\&0.243\ln(GrainSubsidy)-0.546HHSize+\\&0.207MeanAgeAdults-0.422education-\\&0.311\ln(MedExpense)-0.117Num\_offfarmlabor+\\&0.995if\_out\_migrants+0.852CroplandOwned-\\&0.711ParcelNum+0.19dis\_Farm+0.109FarmTool+\\&0.503Transportation-0.25\ln(AnimalStock)-\\&1.005IfGE+0.06\ln(Remittances)+\\&0.054SocialConnect-0.423RG\_size+\\&0.118RG\_wellness+1.05\end{aligned} \quad (7-6)$$

$$p_{\text{Expansion}}=\frac{e^{\text{Logit}(Expansion)}}{1+e^{\text{Logit}(Expansion)}+e^{\text{Logit}(Shrinkage)}} \quad (7-7)$$

$$p_{\text{Shrinkage}}=\frac{e^{\text{Logit}(Shrinkage)}}{1+e^{\text{Logit}(Expansion)}+e^{\text{Logit}(Shrinkage)}} \quad (7-8)$$

$$p_{\text{Stabilization}}=1-p_{\text{Expansion}}-p_{\text{Shrinkage}} \quad (7-9)$$

式中各变量的含义见表7-13。

根据各解释变量计算得到农户的扩张、维持还是缩减耕地面积的概率后，随机生成［0，1］之间的浮点数 p，并将其与预测的概率对比，如果 $p\leqslant p_{\text{Expansion}}$，则农户选择扩张；如果 $p_{\text{Expansion}}<p\leqslant p_{\text{Expansion}}+p_{\text{Shrinkage}}$，则农户选择缩减；如果 $p>p_{\text{Expansion}}+p_{\text{Shrinkage}}$，则维持耕地利用规模。

如果农户选择缩减耕种规模，进一步根据如下公式进行预测农户转出（$p_{\text{renting\_out}}$）和撂荒（$p_{\text{abandonment}}$）耕地的概率：

$$\begin{aligned}\ln\left(\frac{p_{\text{abandonment}}}{1-p_{\text{abandonment}}}\right)=&-0.06CCFP-0.084\ln(EWFPSubsidy)-\\&0.243\ln(GrainSubsidy)+0.391HHSize-\\&0.12MeanAgeAdults-0.574education-\\&0.496\ln(MedExpense)-0.425Num\_offfarmlabor-\\&1.155if\_out\_migrants-0.454CroplandOwned+\\&2.556ParcelNum-0.305dis\_Farm-0.158FarmTool+\\&0.324Transportation-0.411\ln(AnimalStock)+\\&0.523ifGE+0.686\ln(Remittances)+0.146SocialConnect+\\&0.359RG\_size-0.516RG\_wellness+1.816\end{aligned} \quad (7-10)$$

$$p_{\text{renting\_out}}=1-p_{\text{abandonment}} \quad (7-11)$$

计算得到农户撂荒与转出耕地的概率后，随机生成［0，1］之间的浮点数

表 7-13 大别山区农户土地利用决策的 Logistic 回归结果

变量			模型 1（参照组：维持）						模型 2（参照组：转出）		
			扩大			缩减			撂荒		
			β值	标准误	p 值	β值	标准误	p 值	β值	标准误	p 值
农业环境政策	是否参加退耕还林	*CCFP*	0.545	0.793	0.236	−0.005	0.346	0.988	−0.060	0.443	0.899
	天保工程补贴#	ln (*EWFPSubsidy*)	−0.408*	0.163	0.095	−0.390**	0.126	0.037	−0.084	0.197	0.695
	农业补贴#	ln (*GrainSubsidy*)	−0.301	0.204	0.276	−0.243	0.163	0.242	−0.243	0.157	0.224
人力资本	家庭规模	*HHSize*	−0.473*	0.159	0.064	−0.546**	0.133	0.018	0.391	0.520	0.267
	家庭成年成员平均年龄	*MeanAgeAdults*	−0.282	0.232	0.359	0.207	0.299	0.395	−0.120	0.221	0.630
	户主受教育程度	*education*	0.085	0.314	0.768	−0.422**	0.138	0.045	−0.574**	0.132	0.014
	家庭医疗支出#	ln (*MedExpense*)	−0.221	0.173	0.305	−0.311	0.145	0.115	−0.496*	0.158	0.056
	本地务工经商人数	*Num_offarmlabor*	−1.194***	0.137	0.008	−0.117	0.206	0.615	−0.425	0.209	0.185
	是否在外地务工经商	*if_out_migrants*	0.176	0.649	0.745	0.995**	1.110	0.015	−1.155**	0.177	0.039
自然资本	承包耕地面积	*CroplandOwned*	−0.540	0.207	0.129	0.852***	0.567	0.000	−0.454*	0.165	0.080
	耕地地块数量	*ParcelNum*	0.230	0.327	0.376	−0.711***	0.120	0.004	2.556***	5.284	0.000
	到地块平均时间	*dis_Farm*	−0.217	0.277	0.528	0.190	0.245	0.349	−0.305	0.182	0.216
物质资本	农业工具等级	*FarmTool*	0.729**	0.726	0.037	0.109	0.247	0.622	−0.158	0.228	0.556
	交通工具等级	*Transportation*	0.734***	0.585	0.009	0.503**	0.378	0.028	0.324	0.390	0.251

（续）

变量			模型1（参照组：维持）						模型2（参照组：转出）		
			扩大			缩减			撂荒		
			β值	标准误	p值	β值	标准误	p值	β值	标准误	p值
金融资本	禽畜产品价值#	ln（*AnimalStock*）	0.062	0.343	0.846	−0.250	0.161	0.228	−0.411*	0.155	0.078
	是否种植天麻	*IfGE*	−0.970	0.258	0.154	−1.005*	0.192	0.055	0.523	0.855	0.302
	收到汇款金额#	ln（*Remittances*）	−0.124	0.235	0.639	0.054	0.230	0.804	0.686**	0.584	0.020
社会资本	社会连接度	*SocialConnect*	0.215	0.309	0.389	0.380*	0.299	0.063	0.146	0.307	0.582
	村民组规模	*RG_size*	−0.607*	0.181	0.067	−0.423**	0.129	0.032	0.359	0.354	0.147
	村民组富裕程度	*RG_wellness*	−0.387	0.212	0.214	0.118	0.211	0.531	−0.516*	0.157	0.050
常数项			−0.734	0.284	0.214	1.050**	1.409	0.033	1.816***	4.071	0.006
模型总结			$Wald-Chi^2=99.30$，$p<0.001$，$Pseudo-R^2=0.289$						$Wald-Chi^2=88.54$，$p<0.001$，$Pseudo-R^2=0.474$		

注：①＃表示该变量的值取自然对数。

②***、**、*分别表示在1%、5%和10%的水平上显著。

p，并将其与预测的概率对比，如果$p \leqslant p_{abandonment}$，则农户选择撂荒，否则转出耕地。如果农户选择转出耕地，需要进一步确定转出耕地的数量和位置。农户调查数据表明，46.45%的农户倾向于转出所有地块；只转出部分地块的农户转出耕地的比例接近正态分布（均值=50%，方差=20.8%），可采用 NetLogo 中的随机正态函数（random - normal）预测农户转出地块的数量。如果农户选择撂荒，32.46%的农户将所有地块撂荒，将部分地块撂荒的农户比例可采用随机正态分布函数预测（均值=40%，方差=20%）。为了简化模型设计，假设农户按照先远后近的规则流转或撂荒地块，直到达到其计划缩减的地块数量。将被农户转出的地块的土地利用状态设置为 2，代表由其他农户种植；将撂荒的地块状态设置为 3；将其他耕地设置为 1，代表由农户自己种植。

如果农户选择扩大耕种规模，则可以在同村组中土地利用状态为 2 的潜在地块中选取，农户租入耕地地块数量与农户劳动力数量相关，大多数农户选择租入 1～3 个地块，在位置方面，农户更倾向于选择面积较大、离住宅较近、坡度较低的地块。农户对同一村民组中所有潜在可流转的地块进行评分（Parcel Score），计算公式如下：

$$Parcel\ Score=\frac{1}{3}(distance\ house)^{-1}+\frac{1}{3}parcel\ area+\frac{1}{3}(slope)^{-1} \tag{7-12}$$

计算前将坡度（*slope*）、地块面积（*parcel area*）、到住宅的距离（*distance house*）变量进行标准化处理。农户将优先转入得分高的地块，直到达到计划转入的面积。

最后，所有农户更新其发生变化的变量，包括耕地种植面积、转入耕地面积、转出耕地面积、撂荒耕地面积和农户土地利用决策，并更新其承包的耕地地块的土地利用状态属性。

4. 农户资产模块

农户资产模块由一系列收入支出子模块构成。其中，农户收入来源主要包括农业收入、本地务工经商收入、外地务工经商人员的汇款、政府转移支付、社交活动收入等；农户家庭的主要支出包括农业生产投入、购买食物支出、使用基础设施支付的水电费煤气费、生活用品支出、社交活动支出、家庭教育支出和家庭医疗支出等。据此估算出总收入、总支出和总盈余。如果农户有盈余，则可将其储蓄起来，用于改善住房条件、电器设备、农业工具、交通工具和通信工具等资产。下面对农户主要的收入与支出计算模型与方法展开详细介绍。

（1）农业生产投入产出。

多智能体模型中农户的农业生产分为一般作物种植、天麻种植和禽畜养殖业这三类。其中一般作物种植和天麻种植的生产应用 Cobb - Douglas 生产函数进行估计，禽畜养殖业生产根据养殖品种、数量、成本等方面进行综合考量。

Cobb－Douglas生产函数由美国数学家Cobb和经济学家Douglas于1928年提出，反映在既定的生产技术条件下投入和产出之间的数量关系，是农业领域中应用最为广泛的经济模型。Cobb－Douglas生产函数的一般形式为

$$Y=AK^{\lambda}L^{\mu} \tag{7-13}$$

式中：Y为产量，A为移动参数（技术效率），K为投入的资本，L为投入的劳动力，λ为资本产出弹性，μ为劳动力产出弹性。

根据研究区域农业生产实际投入特点，将K代表的资本投入和L代表的劳动力投入细分为农户家庭的农业劳动力、土地、化肥、农药、种子、雇用劳动力这6个投入因素；将移动参数A写成指数形式，表征方程拟合的常数项，反映技术进步和影响产出的相关因素，这里选取劳动力的年龄（age）和受教育程度（$education$）两个因素。则式（7－13）可以写成如下形式：

$$Y_{\mathrm{crop}}=e^{\delta_0+\delta_1 age+\delta_2 education}\cdot agrilabor^{\theta_1}\cdot land^{\theta_2}\cdot fertilizer^{\theta_3}\cdot pesticide^{\theta_4}\cdot seed^{\theta_5}\cdot hiredlabor^{\theta_6} \tag{7-14}$$

式中：$agrilabor$、$land$、$fertilizer$、$pesticide$、$seed$、$hiredlabor$分别为农户家庭的农业劳动力数量、种植耕地面积、化肥投入、农药投入、种子投入和雇用劳动力的投入；Y_{crop}代表种植一般作物的产量；δ_0为常数项；δ_1、δ_2被称为效率变量；θ_1、θ_2、θ_3、θ_4、θ_5、θ_6是6个投入要素对应的产出弹性。

对式（7－14）左右两边取自然对数，可以转化为以下线性方程：

$$\ln Y_{\mathrm{crop}}=\delta_0+\delta_1 age+\delta_2 education+\theta_1\ln(agrilabor)+\theta_2\ln(land)+\theta_3\ln(fertilizer)+\theta_4\ln(pesticide)+\theta_5\ln(seed)+\theta_6\ln(hiredlabor) \tag{7-15}$$

基于天堂寨调研收集的农户农业投入产出数据对生产函数进行拟合，得到多智能体模型中估算一般作物产量的效率参数（δ_1，δ_2）和投入要素的产出弹性（θ_1，θ_2，…，θ_6）数值，如表7－14所示。其计算公式如下

$$Y_{\mathrm{crop}}=e^{3.512+0.003age-0.007education}\cdot agrilabor^{-0.263}\cdot land^{1.104}\cdot fertilizer^{0.1}\cdot pesticide^{-0.001}\cdot seed^{0.257}\cdot hiredlabor^{0.015} \tag{7-16}$$

根据农户调查，天堂寨镇农户种植的一般作物类别主要为水稻、玉米和红薯，3种作物的单价分别为2.3元/千克、2.36元/千克和1.8元/千克。这3种作物的价格相近，可使用3种作物的平均价格作为一般作物的平均价格。假设由于农业技术改进，农作物产量每年增加5%，根据农作物产量和价格，以及农业生产投入支出，可以估算出一般作物生产净收入。

天麻的收入（Y_{GE}）也可以根据Cobb－Douglas生产函数来估算。基于天堂寨镇农户天麻种植的投入产出数据对生产函数进行拟合（表7－15），得到以下算式：

$$\ln(Y_{GE}) = 8.164 - 0.024age + 0.026education + 0.390\ln(agrilabor) + 0.151\ln(GEseed) \quad (7-17)$$

式中：*agrilabor*，*GEseed* 分别代表农业劳动力数量的投入和天麻种子的投入。

假设由于农户种植经验积累，天麻产量每年增加5%。

表7-14 大别山区一般作物Cobb-Douglas生产函数的估计系数

变量		系数	标准误	*p* 值	*VIF* 值
户主年龄	*age*	0.003	0.007	0.657	1.152
受教育程度	*education*	−0.007	0.025	0.787	1.131
农业劳动力数量#	ln (*agrilabor*)	−0.263	0.192	0.170	1.196
种植耕地面积#	ln (*land*)	1.104***	0.078	0.000	1.016
化肥投入#	ln (*fertilizer*)	0.100	0.076	0.188	1.738
农药投入#	ln (*pesticide*)	−0.001	0.055	0.988	1.307
种子投入#	ln (*seed*)	0.257***	0.079	0.001	1.725
雇用劳动力投入#	ln (*hiredlabor*)	0.015	0.021	0.472	1.120
常数项	δ_0	3.512***	0.599	0.000	

注：①#表示该变量的值取自然对数。

②***表示在1%的水平上显著。

③*VIF* 表示方差膨胀因子，用来检查模型的多重共线性问题。

表7-15 大别山区天麻Cobb-Douglas生产函数的估计系数

变量		系数	标准误	*p* 值	*VIF* 值
天麻种子投入#	ln (*GEseeds*)	0.151***	0.033	0.000	1.013
农业劳动力数量#	ln (*agrilabor*)	0.390*	0.214	0.070	1.024
户主年龄	*age*	−0.024***	0.008	0.005	1.111
受教育程度	*education*	0.026	0.027	0.342	1.074
常数项	δ_0	8.164***	0.572	0.000	

注：①#表示该变量的值取自然对数。

②***、*分别表示在1%、10%的水平上显著。

目前关于禽畜生产投入产出的定量研究较少，且研究区域禽畜生产规模不大，以家庭散养为主，本书依据天堂寨镇的实地调研数据，根据农户养殖品种、数量和售卖价格大致估算农户的禽畜生产的收入与支出。天堂寨镇农户养殖的禽畜品种主要为猪、牛、羊和禽类（鸡鸭为主，少数也养鹅）。计算禽畜养殖收入，需要弄清楚以下几个问题：该户是否为养殖户？如果是，饲养了几种禽畜？不同类型禽畜的饲养的数量分别是多少？饲养每种禽畜的净利润是多少？

基于实地调查数据的统计分析可知，天堂寨镇所有受访的农户中，只有

24.2%的家庭没有饲养任何禽畜。就种类而言，大多数农户倾向于饲养 2 种禽畜（46.8%），其次是 1 种（15.3%）和 3 种（12.5%），只有 1.2%的农户同时饲养 4 种禽畜。所有禽畜品种中，农户饲养最多的是生猪，占比 48.04%；其次是禽类（鸡、鸭、鹅），占比 39.10%；还有 8.14%和 4.72%的农户会分别选择饲养肉牛和肉羊。

此外，肉牛饲养户大概率（80%）仅会饲养 1 头，仅有 20%的养殖户饲养了 2 头；生猪养殖户饲养 1 头猪和 2 头猪的概率分别为 60%和 40%。农户饲养的禽类数量的自然对数遵循正态分布，均值和方差分别为 1.87 和 0.73；饲养的肉羊数量遵循正态分布，均值和方差分别为 2.01 和 0.75。因此可采用 NetLogo 中的随机正态函数（random - normal）来预测禽类和山羊的饲养数量，如表 7 - 16 所示。

表 7 - 16　NetLogo 中估算不同种类禽畜饲养数量的函数

种类	饲养数量	最小值	最大值
生猪	Q_{pig}：ifelse random - float 100>60 [set pig - quantity 2] [set pig - quantity 1]	1	2
肉牛	Q_{cattle}：ifelse random - float 100>80 [set cattle - quantity 2] [set pig - quantity 1]	1	2
禽类	$Q_{chicken}$：exp（random - normal 1.87 0.73）	1	100
肉羊	Q_{goat}：exp（random - normal 2.01 0.75）	1	100

对禽畜饲养种类和数量进行预测后，根据禽畜饲养成本和主副产品出售价格估算养殖禽畜的净利润。表 7 - 17 是根据天堂寨市场调查和农户问卷调查获取的各类禽畜饲养成本收益情况。

表 7 - 17　主要禽畜的成本收益估计

单位：元/头（或只）

项目	生猪	肉牛	肉羊	禽类
单位禽畜产品饲养总成本	1 000	3 000	550	45
幼崽	600	2 000	120	10
饲料	300	700	300	25
其他	100	300	30	10
单位禽畜产品总收入	2 000	5 000	750	75
主产品收入	2 000	5 000	750	60
副产品收入（蛋）	0	0	0	15
单位禽畜产品净利润	1 000	2 000	350	30

（2）家庭收到的汇款。

农户收到来自在外地务工经商的家庭成员和分家子女的汇款及物质支持（如生活用品等）。将农户收到的物质支持按照市场价格转换为现金，和家庭成员寄来的汇款等一起合计为农户家庭收到的汇款。如图 7-4 所示，汇款的自然对数呈正态分布。模型运用 NetLogo 中的随机正态函数（random-normal）对农户收到的汇款金额进行预测，汇款自然对数的均值为 7.98，得出农户收到的汇款平均值为 2 921.93 元。

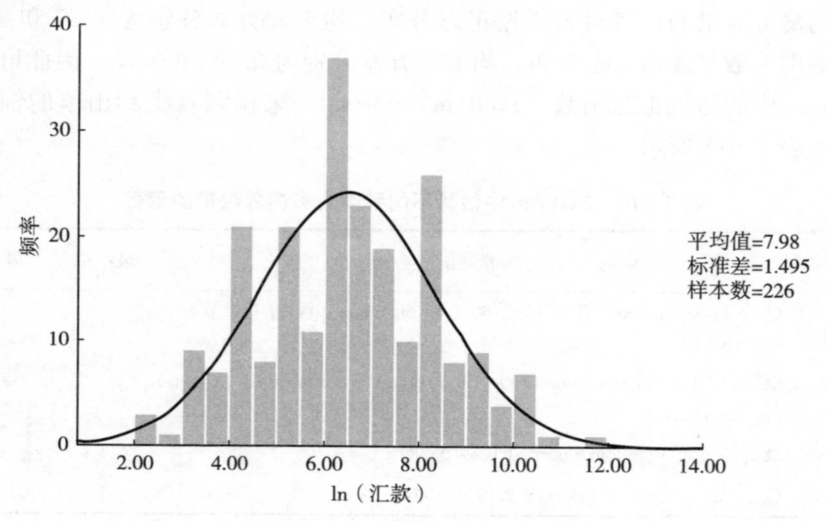

图 7-4　大别山区农户收到的汇款的自然对数分布

（3）政府补贴。

多智能体模型将 4 种政府补贴纳入考虑，分别为退耕还林工程补贴、天保工程补贴、农业补贴和养老补贴。不同补贴的资格、补偿标准和计算公式见表 7-18。

表 7-18　大别山区农户收到的政府补贴及其计算公式

补贴项目	资格	补偿标准	计算公式
退耕还林工程补贴	是否参与退耕还林工程	每年 125 元/亩	125×退耕还林耕地面积
天保工程补贴	是否有天然林	每年 8.75 元/亩	8.75×天然林面积
农业补贴	承包耕地、未常年抛荒	每年 81 元/亩	81×耕地种植面积
养老补贴与高龄补助	年龄 60 岁及以上	60 岁及以上 660 元/人，80 岁以上额外加 200 元/人	660×年龄在 60 岁及以上的成员数量+200×年龄在 80 岁及以上的成员数量

（4）社交活动收支。

中国的农村社交活动往来频繁，发生婚丧嫁娶、孩子读书毕业等大事时都会邀请亲朋好友和全村的邻居到家里吃酒席。农村生活成本低，农民的人情支出普遍在家庭支出中占较高的比例。农民收礼金的机会不多，只有在有上述提及的家庭大事发生的情况下才会有一笔很高的人情收入，不过在办酒席的过程中也会花掉一部分。农村频繁的社交活动是维系社会关系的重要渠道，但是人情压力也让一些农户难以积累储蓄。有一些贫困的家庭因为无力承担人情开支而退出人情活动，逐渐被边缘化、丧失在村庄中的话语权。

在多智能体模型中，对农户的社交活动收入和支出分开估算。其中，和个体 Agent 的生命周期模块连接，判断农户是否有社交活动收入，如果农户家庭成员在模拟周期内有经历婚丧嫁娶、读书毕业等大事件，则进一步估算收入金额。根据安徽省天堂寨镇农户的调研数据，当地农户的社交活动收入的分布情况如图 7－5 所示，均值为 25 999.06 元。

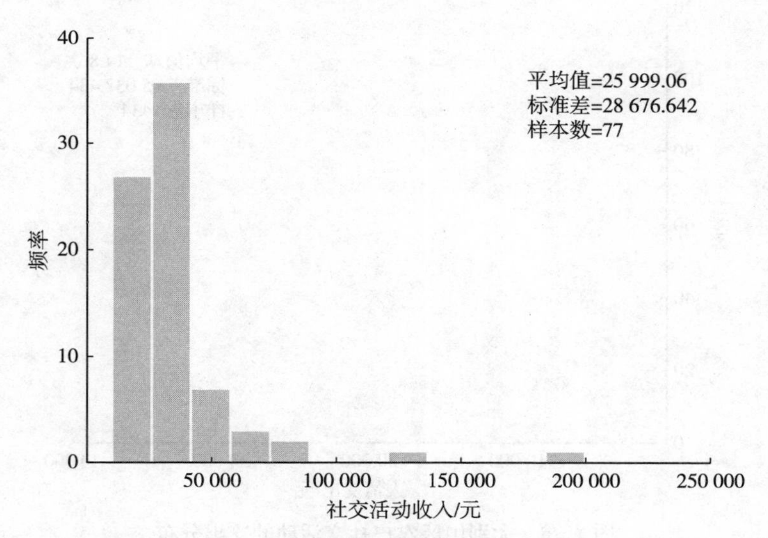

图 7－5　大别山区农户社交活动的收入分布

农户收到的具体金额可根据村民组大小和农户的家庭总收入来估计，计算公式如下：

$$\ln(Social\ income) = \alpha_0 + \alpha_1 \ln(income) + \alpha_2 (RG\ size) \quad (7-18)$$

基于天堂寨镇的调研数据，对模型的拟合结果如表 7－19 所示。因此，农户的社交活动收入的计算公式为

$$Social\ income = income^{0.401} e^{5.938 - 0.018 RGsize} \quad (7-19)$$

表 7-19　大别山区农户社交活动收入模型估计系数

变量		系数	标准误	p 值	*VIF* 值
家庭收入#	ln（*income*）	0.401***	0.143	0.006	1.000
村民组规模	*RG size*	−0.018	0.016	0.278	1.000
常数项		5.938***	1.526	0.000	

注：①#表示该变量的值取自然对数。

②***表示在1%的水平上显著。

与只有在少数年份能够有人情收入相比，人情支出则更加普遍，几乎每家每年都会要送出几份红包，有的甚至十几份、几十份。图 7-6 为天堂寨镇农户社交支出的分布图，只有 8.3%的农户没有人情支出，平均支出金额为 7 114.86 元。农户的人情支出也可以根据家庭收入和村民组规模来估算，拟合结果如表 7-20 所示，计算公式如下：

$$Social\ income = income^{0.956} e^{-2.062+0.008RGsize} \qquad (7-20)$$

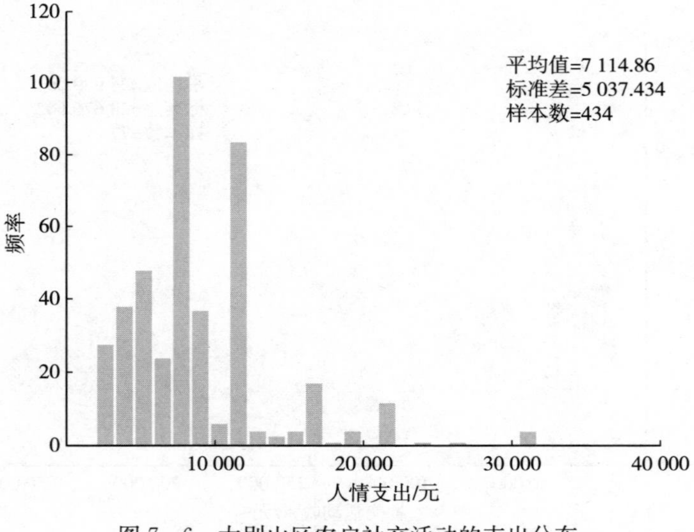

图 7-6　大别山区农户社交活动的支出分布

表 7-20　大别山区农户社交活动支出模型估计系数

变量		系数	标准误	p 值	*VIF* 值
家庭收入#	ln（*income*）	0.956***	0.121	0.000	1.002
村民组规模	*RG size*	0.008	0.013	0.544	1.002
常数项		−2.062	1.284	0.109	

注：①#表示该变量的值取自然对数。

②***表示在1%的水平上显著。

（5）教育支出。

根据农户调研数据，可以计算出不同教育阶段学生的教育支出的均值和标准差，如表 7－21 所示。在模型中估算农户家庭教育支出时，首先统计处于不同教育阶段学生的人数，然后利用 NetLogo 中的随机正态函数估算不同阶段学生的人均教育支出，最后加总，即可得到农户家庭总教育支出。

表 7－21　大别山区农户子女教育人均支出

单位：元/人

级别	估算函数			均值	方差	最小值	最大值
小学	Random－normal	2 507.70	1 785.54	2 507.70	1 785.54	150	6 000
初中	Random－normal	4 566.94	2 854.35	4 566.94	2 854.35	2 000	20 000
高中	Random－normal	14 215.47	5 284.18	14 215.47	5 284.18	3 000	30 000
大学	Random－normal	18 743.60	6 124.47	18 743.60	6 124.47	10 000	50 000

（6）其他主要支出。

考虑到不同财富的家庭在消费水平和偏好上的差异，首先将农户按家庭人均年总收入排序分为 4 组，分别是收入最低组（在家庭人均年总收入排序中占最低的 25％位次）、收入较低组（在家庭人均年总收入排序中占仅高于收入最低组的 25％位次）、收入较高组（在家庭人均年总收入排序中占仅次于收入最高组的 25％位次）、收入最高组（在家庭人均年总收入排序中占最高的 25％位次），各组的家庭人均年总收入均值分别为 15 755 元、25 393 元、40 893 元和 86 199 元。图 7－7 为按家庭收入组别分列的在食物、水电费和煤气费、家庭医疗和生活用品 4 个方面的人均消费支出。多智能体模型在估算农户这 4 项支出时，首先，计算出不同收入家庭在 4 项支出上的均值和方差；其次，运用 NetLogo 中的随机正态函数（Random－normal）估算不同组别农户在不同消费项目上的人均支出，如表 7－22 所示；最后，根据农户家庭规模即可计算出不同收入家庭在食物、水电费和煤气费、家庭医疗、生活用品上的总支出。

表 7－22　大别山区不同收入组别家庭的人均消费支出

单位：元/人

消费支出	分组	估算函数			均值	最小值	最大值
食物支出	收入最低组	Random－normal	1 906.47	1 675.5	1 906	100	8 000
	收入较低组	Random－normal	2 016.15	1 782.74	2 016	100	12 000
	收入较高组	Random－normal	2 409.75	2 239.45	2 410	100	15 000
	收入最高组	Random－normal	2 742.06	3 666.25	2 742	100	25 000

（续）

消费支出	分组	估算函数			均值	最小值	最大值
水电费和煤气费支出	收入最低组	Random－normal	1 166.46	1 275.79	1 166	50	8 000
	收入较低组	Random－normal	1 282.99	1 311.24	1 283	50	9 000
	收入较高组	Random－normal	1 566.35	3 611.57	1 566	50	15 000
	收入最高组	Random－normal	1 883.07	2 368.94	1 883	50	20 000
家庭医疗支出	收入最低组	Random－normal	112.07	158.28	112	0	1 000
	收入较低组	Random－normal	158.28	431.13	158	0	1 500
	收入较高组	Random－normal	349.34	1 830.34	349	0	2 000
	收入最高组	Random－normal	80.03	165.52	80	0	2 500
生活用品支出	收入最低组	Random－normal	883.53	1 599.85	884	0	13 500
	收入较低组	Random－normal	1 400.23	2 370.53	1 400	0	15 000
	收入较高组	Random－normal	1 160.98	1 679.18	1 161	0	18 000
	收入最高组	Random－normal	1 734.66	2 420.14	1 735	0	20 000

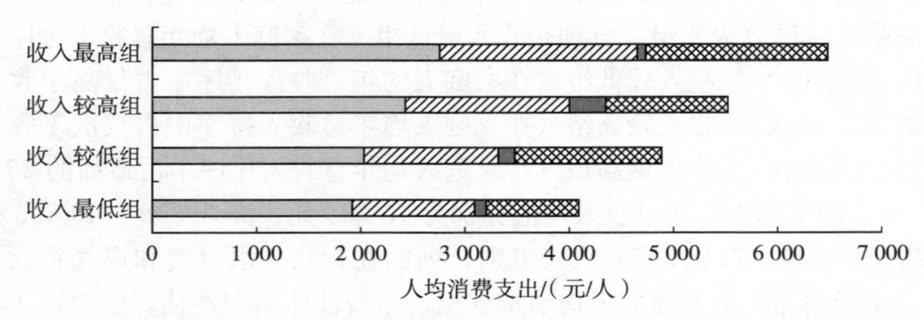

图 7－7　按家庭收入组别分列的人均消费支出

第三节　模型正确性、有效性检验

本书采用了 An 等（2005）提出的多智能体模型验证方法对多智能体模型进行检验，检验环节包括模型正确性检验、有效性检验以及参数敏感性分析。在检验过程中，首先，反复对模型进行调试，并结合不确定性测算，检验代码是否报错或返回不合理的结果。其次，将多智能体模型初始化模块生成的社会主体与环境主体的状态变量初始值与根据农户调研获取的数据的描述性统计结果进行比较，通过验证模型与实证研究结果的一致性来检验模型的有效性。结果表明，这些分布总体上拟合得很好，与实际情况以及预期结果一致（图 7－8）。

例如，在基于有限理性理论的规则下，农户倾向于缩减耕种规模、到外地务工经商，表明模型的初始化与模拟模块能够较好地反映社会主体和环境主体的真实情况。最后，对模型参数进行敏感性分析，以检验模型对输入参数变化的鲁棒性。敏感性分析主要通过让主要参数变化进而分析模型输出结果的变化程度来评估，敏感性分析结果可参见第七章的政策仿真实验结果。由于随机性是多智能体模型的主要特征之一，从一次模拟实验得到的结论往往不够可靠。因此，开展了50次独立的模拟仿真，将50次模拟的得到的结果平均值用于后续的分析，这是降低模型输出结果不确定性的有效方法。

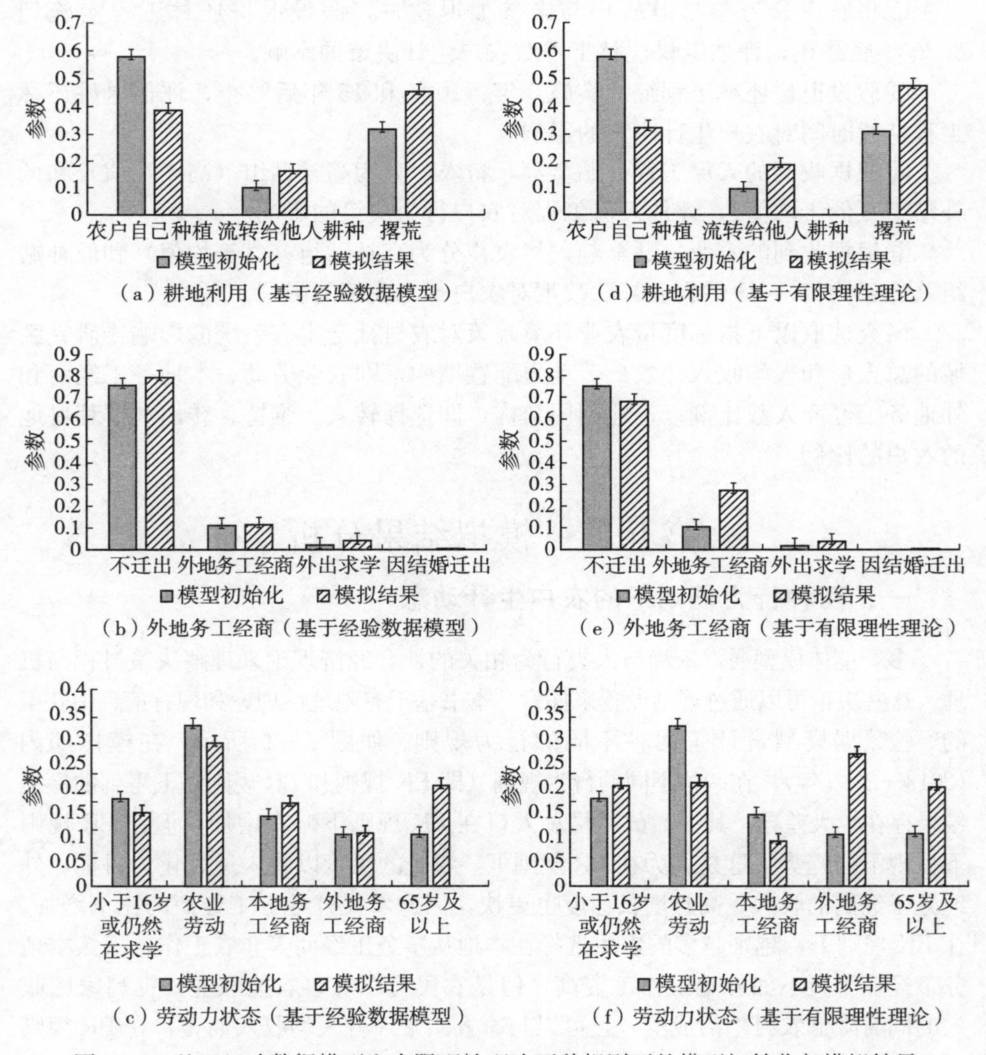

图7-8 基于经验数据模型和有限理性理论两种规则下的模型初始化与模拟结果

第四节　政策实验设计

本章将在第七章构建的农户生计决策模拟的多智能体模型基础上，设计以下5种情景模式开展政策实验：

①设置两种行为规则，分别为基于经验数据（EK）模型的规则（以下简称EK规则）和基于有限理性（BR）理论的规则（以下简称BR规则），评估不同行为模式下，农户生计行为决策及其对自然环境和土地利用的影响。

②将农户分为参与退耕户与未参加退耕户，假设退耕还林工程实施到2020年底终止，评估退耕还林工程对农户生计决策的影响。

③假设退耕还林工程继续实施5年、10年和15年后终止，评估退耕还林工程持续时间对农户生计决策的影响。

④根据收到的天保工程补贴金额，将农户分为高补贴组（高于均值）和低补贴组（低于均值），评估天保工程对农户行为决策的影响。

⑤根据收到的农业补贴金额，将农户分为高补贴组（高于均值）和低补贴组（低于均值），评估农业补贴政策对农户行为决策的影响。

研究选取以下指标度量农业环境政策对农村社会生态系统的影响：研究区域的总人口和人均收入；农户劳动力配置结构，即农业劳动、本地务工经商和外地务工经商人数比例；土地利用结构，即选择转入、维持、转出和撂荒耕地的农户的比例。

第五节　模拟结果分析

一、两种行为规则下的农户生计动态

多智能体模型通常依赖与人类行为相关的社会经济理论来理解决策过程与机理，这些决策可以通过规则设置来探索。本书基于有限理性理论和现有信息中获得的经验数据模型设计了两种不同的行为规则。如图7－9所示，在模拟期内（2013—2030年），在两种不同的行为规则（即EK规则和BR规则）下得到的模拟结果存在较大差异。其中，黄河村总人口在EK规则下略有增加，但在BR规则下呈现下降趋势。这是因为在BR规则下，农民的决策以收入最大化为目标，外地务工经商的收入更高且增长速度也更快，因此农民外地务工经商的比例增加。在EK规则下，越来越多的农民选择在本地从事务工经商等非农工作，虽然本地务工经商工资不如外地工作工资高，但是农民可以从事农业兼业，提高家庭收入的同时降低农村生活成本，且可以与家人团聚。就人均收入而言，在BR规则下农户的人均收入高于EK规则，并且差距随着时间的推移而增大。在两种规则

设置下，农业劳动的时间配置比例都在降低，表明农户退出农业生产的趋势仍在继续，这与预期一致，因为农业生产的经济回报有限，而且青壮年中愿意从事农业劳动且掌握农业技能的人数所占比例不断下降。这将威胁国家粮食安全。

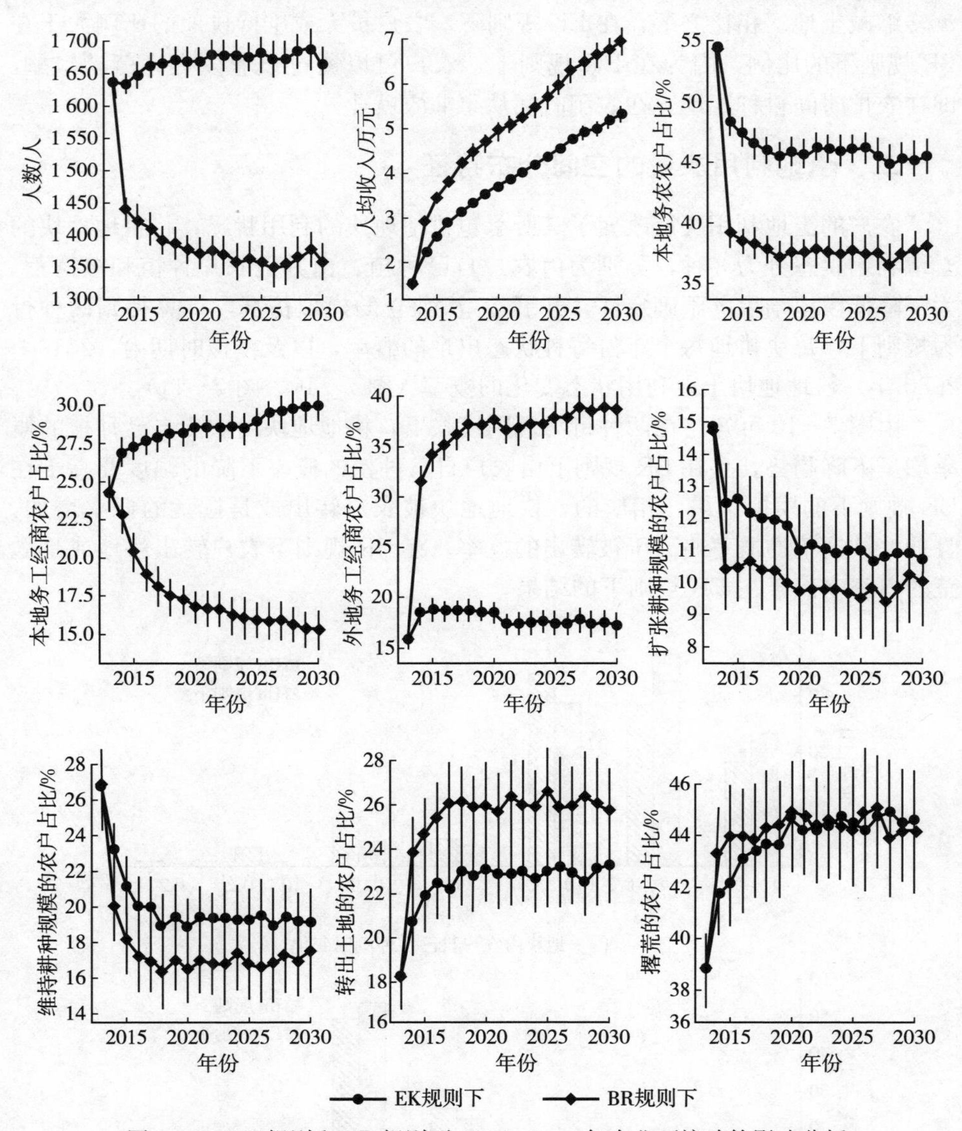

图 7-9　EK 规则和 BR 规则下 2015—2030 年农业环境政策影响分析

土地利用决策方面，两种规则下农户通过转出土地或撂荒的方式缩减耕地经营规模的意愿均有所增加，由于在 BR 规则下越来越多的农村劳动力流向城市，因此在 BR 规则下农户缩减耕种规模的概率增长幅度比在 EK 规则下更大，而且通过转出土地方式缩减耕地的概率远高于EK规则下的模拟结果。在BR规则下的撂荒概率在模拟的前几年里略高，2020年以后与EK规则下的模拟结果基本一致，表明在BR规则下农户追求收入最大化，因此更倾向于通过流转缩减土地。相比之下，在EK规则下，农户扩大或维持耕地的比例大于在BR规则下的比例，因为在EK规则下，农户可以通过兼业以提高劳动报酬，即在农忙时间耕种土地、在农闲时间从事非农就业。

二、土地利用决策的空间分布特征

农户的土地利用决策改变了其所承包耕地地块的利用状况，将耕地地块的土地利用状态分为3种，分别为由农户自己种植、由其他农户种植和被撂荒。为了降低模拟结果的不确定性，开展50次独立的模拟仿真，计算得到两种行为规则下，每块耕地每个年份每种状态出现的概率，以及模拟时期内（2013—2030年）耕地地块土地利用状态变化的概率（图7-10、图7-11）。

由图7-10可知，在两种行为规则模式下，耕地地块由农户自己种植的概率均呈下降趋势，且在BR规则下由农户自己种植的概率下降的幅度要高于在EK规则下的模拟结果。相应的，耕地地块被农户转出或是撂荒的概率增加，且地块被撂荒的概率略高于被转出的概率。在BR规则下农户转出耕地或是抛荒的概率略高于在EK规则下的结果。

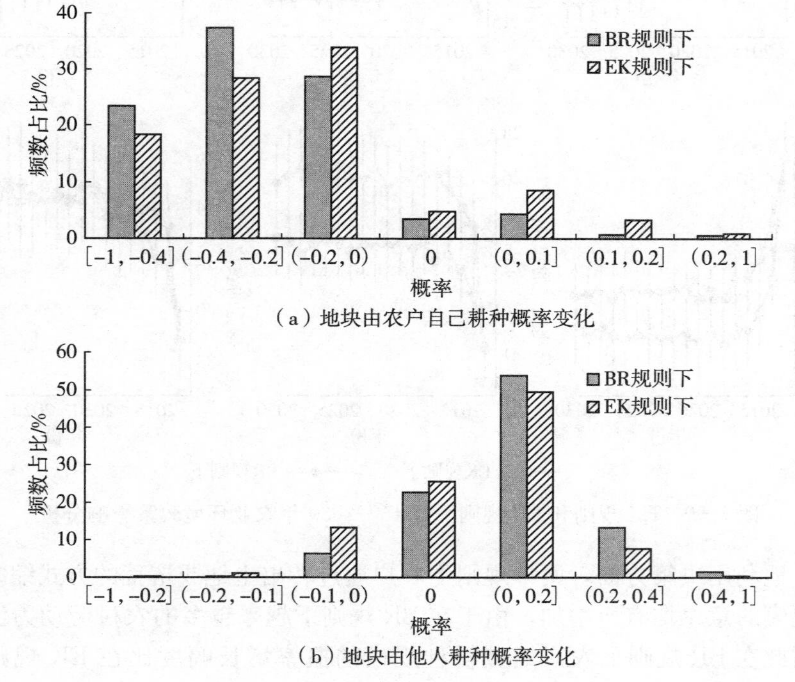

（a）地块由农户自己耕种概率变化

（b）地块由他人耕种概率变化

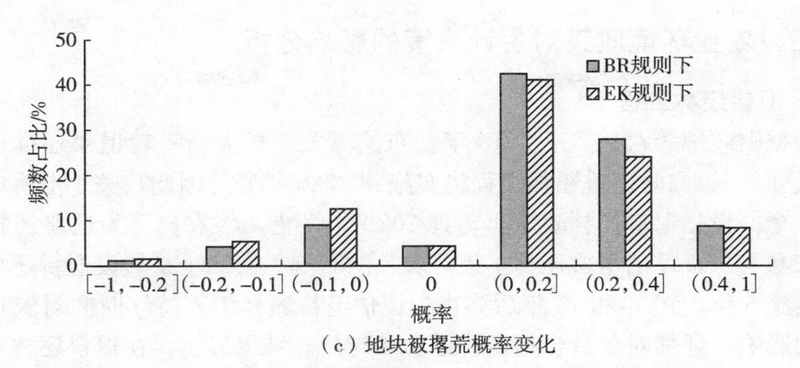

（c）地块被撂荒概率变化

图 7-10　EK 规则和 BR 规则下 2013—2030 年耕地地块的土地利用概率变化情况

如图 7-11 所示，在研究区域西部农村居民点聚集处有一片撂荒的热点区域，因为该处海拔更高、耕地地块面积更细碎，耕种相对困难。而研究区域东北部的主干道沿线则有一片土地流转的热点区域，这里的地块面积相对较大，地形平坦，交通方便，耕种条件更好。因此，农户更容易将其流转出去以增加收入。

总的来说，这些结果反映了在研究期间，在交通不便的偏远地区，大多数农户种植自己的耕地地块的意愿较低，因为种地难以维持生计，很多农户选择从事非农业劳动，这些土地也很难被流转出去，只能被撂荒。

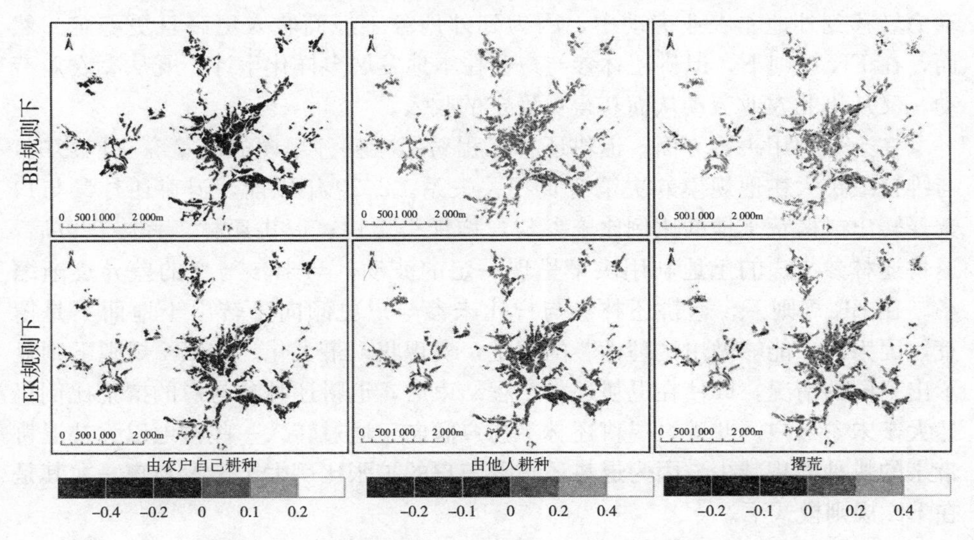

图 7-11　在 EK 规则和 BR 规则下经验规则（EK）和有限理性规则（BR）下 2013—2030 年耕地地块利用方式的概率变化

三、农业环境政策对生计决策的影响分析

1. 退耕还林工程

根据财政部等八部门于2015年发布的《关于扩大新一轮退耕还林还草规模的通知》，第二轮退耕还林工程将实施到2020年底。因此，关于退耕还林工程第一个假设是退耕还林政策实施到2020年终止，将农户分为退耕还林参与户和未参与户，评估退耕还林工程对农户的影响；第二个是假设退耕还林工程继续实施5年、10年和15年后终止，评估退耕还林工程持续时间对农户生计决策的影响，评估对象只包括退耕还林参与户。结果显示，在退耕还林参与户和未参与户之间（图7-12），以及退耕还林工程终止前后（图7-13）农户劳动力配置决策与土地利用决策均存在着明显差异，表明退耕还林工程对农户生计有显著的影响。

首先，退耕还林工程对农户到外地务工经商的决策有积极的影响，但是影响程度随着时间推移逐渐减小。退耕还林工程对农业劳动有抑制作用，在EK规则和BR规则下，退耕还林工程参与户从事农业劳动的比例都呈下降趋势，这与政策预期以及其他学者的研究结论一致（Démurger and Wan，2012；Uchida et al.，2009；Zhang et al.，2018）。两种行为规则最大的差异在于是否从事本地非农业劳动（即本地务工经商）。在BR规则下，所有农户从事本地非农业劳动的概率都会下降，但是在2020年之前，退耕还林参与户从事本地非农业劳动的比例比未参与户下降得更快，这些农户更倾向于将家庭富余劳动力转移到外地非农业劳动中，因为到外地务工经商收入更高且更稳定。然而，在EK规则下，退耕还林参与户会在本地发展多样化生计，既从事农业劳动，又从事非农业劳动从而获得更稳定的收入。

在土地利用决策方面，退耕还林工程对缩减耕种规模的决策有正向影响，与维持或扩大耕地规模的决策有负相关关系。2020年以前，退耕还林参与户选择转出或撂荒土地的比例比未参与户增加得更快；退耕还林工程终止以后，退耕还林参与户的土地利用决策呈现一定的波动，与未参与户的差异逐渐缩小。在BR规则下，退耕还林参与户比未参与户更倾向于转出土地而不是撂荒，因为农户能够做出“理性”的决定，实现收入最大化。在EK规则下则显示出不同的情况，即使在退耕还林工程结束后，退耕还林参与户的撂荒比例仍然大于未参与户。此外，退耕还林参与户倾向于通过转入一些耕地以弥补退耕带来的耕种面积减少，因为退耕还林参与户的扩张比例大于未参与户，尤其是在EK规则模式下。

针对退耕还林工程持续时间的政策实验结果表明（图7-13）：在EK规则下，当退耕还林工程预计持续10年后结束时，农户更倾向于选择农业劳动，但

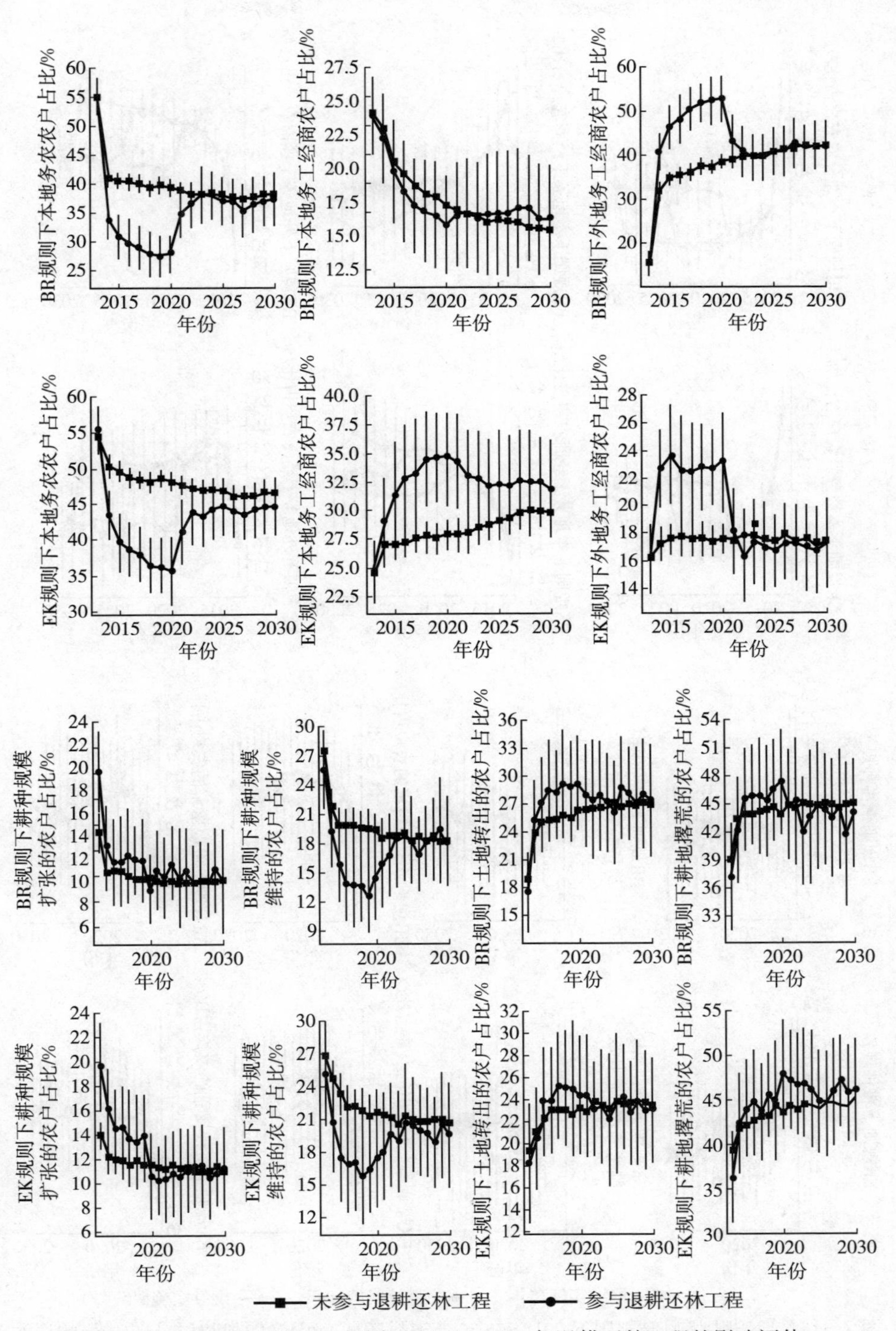

图 7-12　EK 规则和 BR 规则下 2013—2030 年退耕还林工程的影响评估

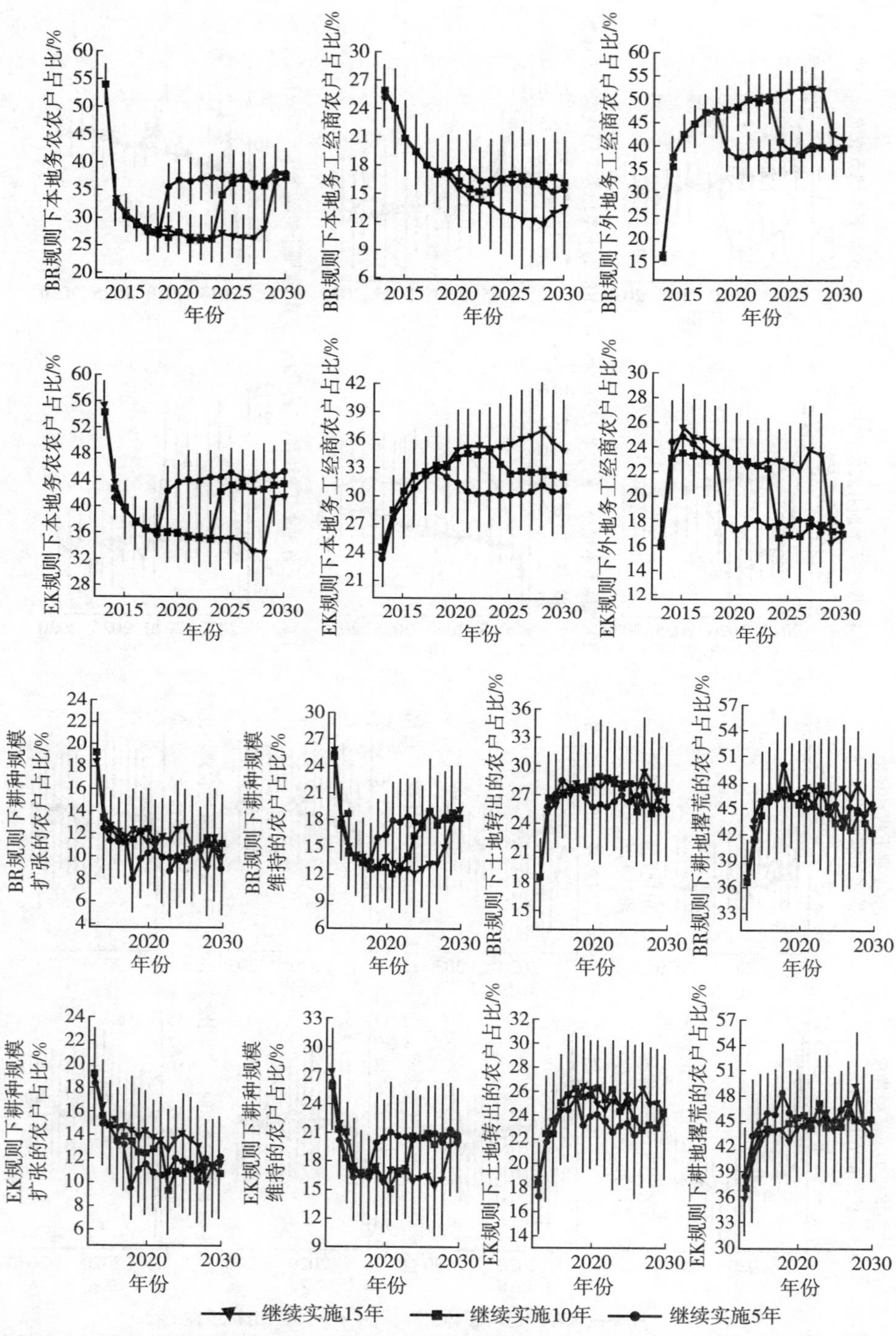

图 7-13　EK 规则和 BR 规则下 2013—2030 年退耕还林工程持续时间对参与户的影响评估

是当退耕还林工程在5年后结束时，农户会选择当地的非农业劳动。在BR规则下，当退耕还林工程在5年或10年后结束时农户选择在本地务工经商的比例比15年结束时的概率更大。总的来说，退耕还林工程持续时间对农户土地利用决策的影响是复杂的、非线性的。

2. 天保工程

由于几乎所有的农户都获得了天保工程的补贴，将研究区域的所有农户按获得的天保工程补贴分为两组，分别为高于平均补贴水平的高补贴组和低于平均水平的低补贴组。两组农户在劳动力配置决策和土地利用决策方面存在较大的差异（图7-14）。

在劳动力配置决策方面，天保工程高补贴组的农户将更多的劳动力时间分配给本地非农业劳动，而获得低补贴的农户有更高的概率去外地务工经商，有稍高的可能性在本地从事农业劳动。获得高天保工程补贴的农户往往居住在海拔较高、交通不便、相对闭塞的区域，天然林面积更大，距离森林较近，可以更方便地获取新鲜的木棒和树枝来种植天麻；相反，获得较少天保工程补贴的农户通常居住在低海拔地区，拥有更多的社会、人力和金融资本，更容易获得在外地务工经商的机会。在BR规则下，随着时间的推移，劳动力逐渐从农业劳动和在本地务工经商向到外地务工经商转移，低补贴组的农户劳动力转移速度更快。然而，在EK规则下呈现不同的变化趋势，高补贴组的农户在本地从事非农劳动的概率将逐渐增加，而低补贴组的农户则更倾向于从事农业生产或是到外地务工经商。

在两种行为规则下，农户土地利用决策的变化趋势相似。天保工程补贴倾向于对维持耕种规模或转出耕地的决策产生积极影响，因为高补贴组比低补贴组的农户有更高的概率采纳这两种决策。此外，低补贴组比高补贴组有更多的农户选择扩大耕种规模，但两组的比例都呈下降趋势。随着时间推移，两组的抛荒概率呈现上升趋势，这与Zhang等（2018）在天堂寨镇的一项实证研究结果一致。

3. 农业补贴政策

将研究区域的所有农户按获得的农业补贴分为高补贴组和低补贴组，两组农户在劳动力配置决策和土地利用决策方面表现出较大的差异（图7-15）。

在劳动力配置决策方面，高补贴组比低补贴组有更多的农户选择在农业劳动，表明农业补贴能激励农户继续从事农业生产，这与农业补贴政策的目标一致。但是，随着时间的推移，这种激励效应会逐渐消失，因为家庭劳动力的时间会逐渐向外地务工经商（BR规则下）或本地务工经商（EK规则下）转移。在BR规则下，低补贴组的农户从事本地务工经商的比例在前5年内迅速下降，之后维持不变；而高补贴组的农户的本地务工经商时间在整个模拟期内

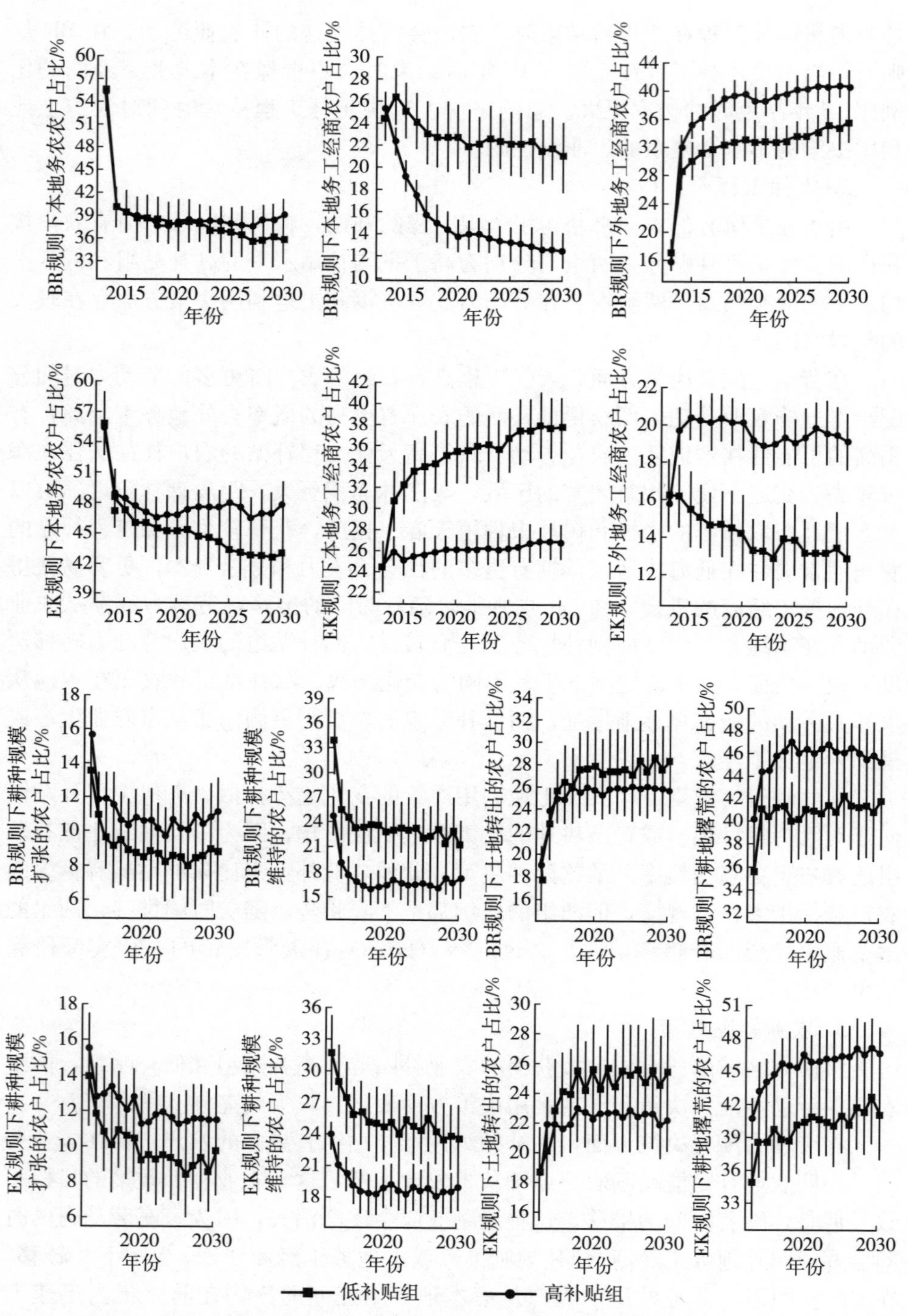

图 7－14　EK 规则和 BR 规则下 2013—2030 年天保工程补贴对农户生计决策的影响评估

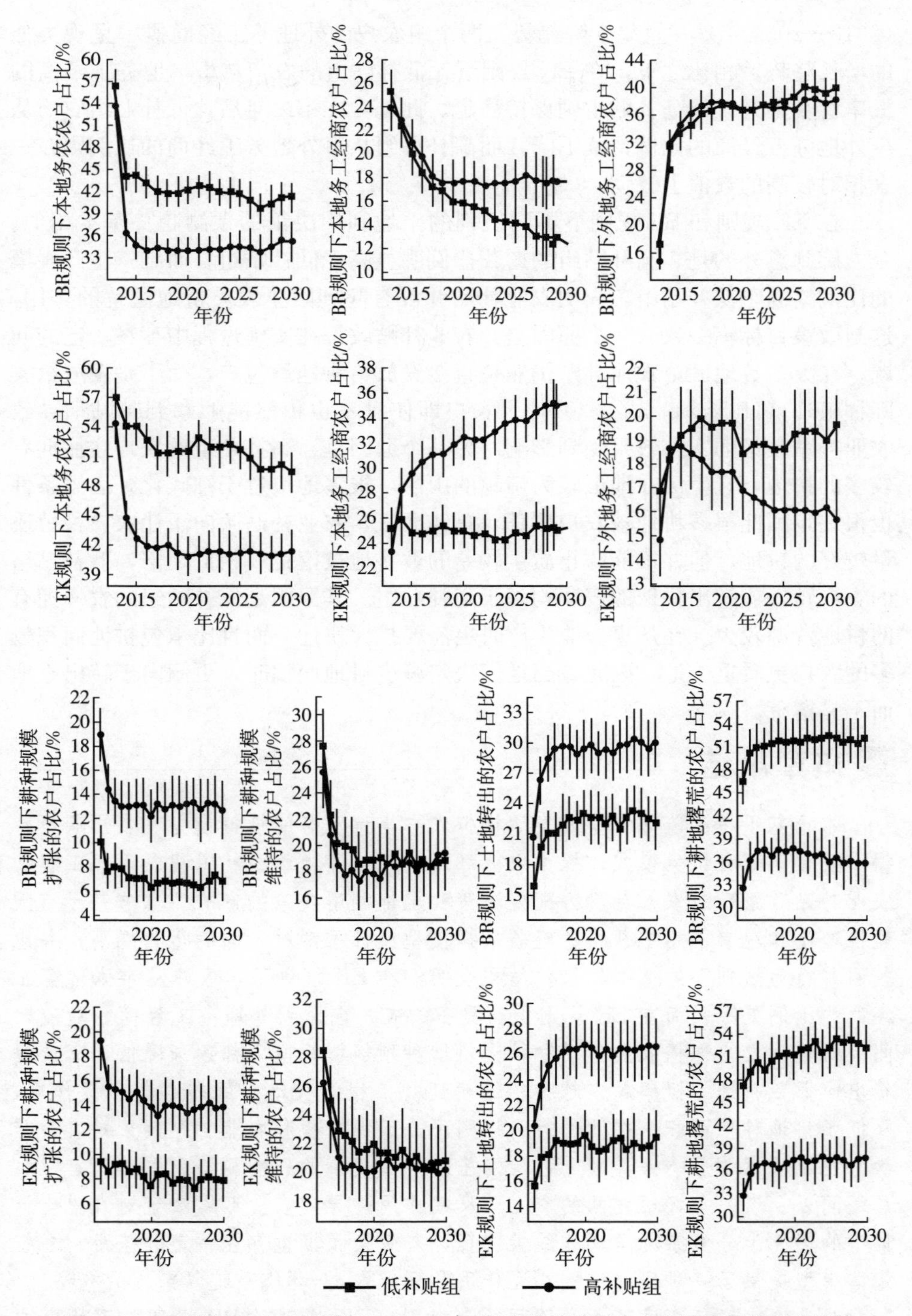

图 7－15　EK 规则和 BR 规则下 2013—2030 年农业补贴对农户生计决策的影响评估

(2013—2030年)一直呈下降趋势。两个组农户的外地务工经商概率呈现类似的增长趋势。相比之下，在EK规则下，低补贴组的农户从事本地务工经商的概率稳步上升，但高补贴组则保持稳定。此外，在第二年后，低补贴组农户从事外地务工经商的比例持续下降，而高补贴组从事外地务工经商的比例则在一个相对较高的数值上波动。

在EK规则和BR规则下不同组别的土地利用决策的预测趋势基本相似。令人感到意外的是，高补贴组的撂荒比例明显高于低补贴组，而维持生产规模的比例略高于低补贴组，表明农业补贴并没有起到阻止农户耕地抛荒的作用，这与政策目标不一致。一个原因是：农业补贴政策在实施过程中存在一定的问题，在大多数地区，农业补贴仍然是直接发放给耕地承包户，而不是发放给实际种植户（Huang et al.，2011）。农户即使抛荒也依然能够拿到补贴，导致农业补贴政策的实施效果受到影响。另一个原因是：高补贴组的农户往往拥有较多的耕地，且生活在地形较为崎岖的山区，很多地块过于细碎化，灌溉条件也很差，因此很多耕地被农户撂荒。总体而言，农业补贴倾向于让农户种植质量较好的耕地，但并不能防止质量较差的坡耕地被撂荒。相比之下，低补贴组的农户转入或转出耕地的概率均高于高补贴组。其原因是低补贴组的农户拥有的耕地资源较少，在从事农业生产时更需要扩大耕地，而且比承包耕地面积较多的农户更看重土地，因此，当他们决定减少耕地面积时，更倾向于转出土地而不是撂荒。

本章小结

本章基于多智能体模型开发了模拟农户生计动态的模拟模型和农户调研数据，设计了5种情景模式，探索农业环境政策（即退耕还林工程、天保工程和农业补贴政策）对农户劳动力配置决策和土地利用决策的影响。本书基于有限理性理论和现有信息中获得的经验数据模型设计了两种不同的行为规则，并比较两种行为规则下的模拟结果。结果表明：在EK规则下，农户从事本地务工经商的比例更高；而在BR规则下，更多的农户选择到外地务工经商。随着时间的推移，农户选择农业劳动和扩大耕地种植规模的概率都逐渐降低，而选择转出或撂荒耕地的概率越来越大。退耕还林工程对劳动力的转移有积极作用，降低了耕地种植面积。在两种行为规则下，天保工程和农业补贴政策对农户劳动力配置决策的影响差异较大，但对土地利用决策的影响相似。总体而言，农户之间以及农户与环境之间的交互与反馈作用，导致农业环境政策对农户生计策略的影响十分复杂，呈现非线性特征，与政策预期也存在一定的差距。多智能体模型提供了一种研究这些相互作用和理解人类-环境系统复杂性的方法。

此外，本章还探索了两种不同行为规则（EK规则和BR规则）下的农户生计决策机理，得到了不同的模拟结果。两种规则最主要的差异是：在BR规则下农户主要根据邻里社会网络获得的信息进行生计决策，而在EK规则下农户主要是根据个人属性和农户生计资本选择生计策略。这说明社会网络可能会影响农业环境政策对农户生计的作用途径和实施效果。例如，参与退耕还林工程的农户将富余劳动力转移到本地务工经商或外地务工经商，获得了比农业生产更高的经济回报，由于劳动力的转移带来的收入增加可能会提高其他农户参与退耕还林工程的积极性，进而影响村民组其他农户的劳动力配置决策。因此，可以充分发挥社会网络关系在政策推广实施中的正向效应，增强政策对农户行为的积极引导。与此同时，还应避免社会化影响下可能存在的负面效应。

第八章
研究结论与政策启示

第一节 主要结论

一、生态补偿政策应立足农户生计资本差异

尽管政府在退耕还林工程和天保工程这两项生态补偿政策上投入巨大，但是由于政策覆盖面积广，每个农户所获得的实际补贴金额相对有限。在农林产品市场价格不断攀升的背景下，这些补贴往往难以有效弥补因退耕或放弃砍伐所带来的农业收入减少。实证研究进一步表明，生态补偿政策对农户生计的直接经济影响并不显著，但它通过影响农户的生计资本，间接地对其劳动力配置决策和土地利用决策产生重要作用。因此，生态补偿政策的设计和实施需要更加深入地考虑农户的异质性，特别是他们在地理资本、人力资本、社会资本等方面的禀赋差异。这种异质性导致不同农户在面临生态补偿政策时，其响应机制和策略选择存在显著差异。为了提升政策激励效果，必须针对不同农户的生计资本禀赋，制定更为精细化和差异化的干预措施。

二、农业环境政策之间存在显著的权衡效应

本书基于天堂寨镇农户调研数据，检验了 3 项并行实施的农业环境政策对农户土地利用决策的交互影响，探究是否存在协同效应或权衡效应。首先，检验了退耕还林工程和天保工程这两项政策目标相近的生态补偿项目之间的交互效应。研究表明，只参与退耕还林工程的农户倾向于通过土地流转将土地租出去以获得租金；如果农户同时参加天保工程，随着天保工程补贴的增加，农户撂荒概率增加。虽然退耕还林工程和天保工程对耕地撂荒或流转的决策产生了一定的权衡效应，但是在森林保护与生态恢复方面有很重要的协同效应。其次，研究发现，天保工程与农业补贴对农户的耕种规模决策有显著的交互影响。当不考虑交互效应时，农业补贴对耕种规模影响不显著，天保工程补贴促进农户维持当前耕种规模；当模型引入两者的交互项后，农户维持耕种规模的概率显著降低，同时天保工程对农户扩张耕种规模的影响方向被改变了。因此，天保工程和农业补贴这两项政策之间存在明显的权衡效应。

三、农户生计动态转型受地理条件和生计资本制约

本书基于 CFPS2010 和 CFPS2018 两个年份数据库中的大别山区农户样本数据，建立平衡面板数据集，在划分农户生计策略类别的基础上，探究农户生计转型轨迹及其影响因素。研究表明，农户生计策略呈现不同特点。首先，虽然 8 年期间农户生计发生较大调整，生计策略中从事非农业劳动的比例在增加，但大别山区农户的主要生计策略仍以农业为主。其次，农户生计动态转型过程受到不利地理条件和生计资本的制约。海拔越高，越不利于农户通过追求更高报酬的生计策略进行向上转型；生计资本有利于农户选择更高收入的生计策略，促进家庭生计的向上转型。因此，为了优化农户的生计转型、促进农户收入稳步提升，应将乡村振兴工作重点放在农户生计资本的巩固与山区基础设施的改善上。

四、农户生计可持续面临外部冲击与内部压力双重挑战

本书从家庭净收入、生计多样性和教育支出 3 个维度衡量农户生计可持续性，并运用偏最小二乘结构方程模型探究外部冲击、内部压力与地理劣势条件对农户生计可持续的影响机理。实证结果显示，外部冲击对大部分农户生计资本产生显著的负面影响，进而削弱了农户生计的可持续性；内部压力则提升了生计资本，表明风险规避促使家庭成员通过生计策略提高生产力和生计资本，从而增强了农户生计的可持续性；地理劣势对除自然资本外的多数生计资本产生负面影响。政策制定者应当充分考虑外部冲击、内部压力以及地理条件对农户生计可持续性的影响，优化农户的生计资本结构，提升农户应对风险的能力，从而推动农村生计的可持续发展。

五、丘陵山区耕地撂荒现象将日益加剧

改革开放 40 多年，我国经历了快速城市化与工业化发展，大量农村人口涌入城市，寻求更好的生活与发展机会。然而，在转型过程中，农村土地利用问题逐渐凸显。由于城市生活成本的攀升、乡村邻里效应的影响，以及农用地所承载的乡愁、基本生活物质保障等多重功能，农户往往难以割舍与土地的联系，即使到外地务工经商，也不愿将土地轻易流转出去，形成了“离家不离土”的独特现象。特别是在大别山区等丘陵地带，耕地生产条件相对较差，土壤肥力低下，灌溉设施不足，机械化生产难度大。这些不利因素进一步加大了农户土地流转的难度，导致土地闲置撂荒现象在这些地区尤为普遍。本书开发的农户生计动态转型模拟模型预测结果表明，这一趋势将随着农户生计重心向非农业劳动的转移而愈发显著。如何优化当前农业环境政策体系，

通过完善土地流转机制、改善农业生产条件、推动农业规模经营以及引导农户生计可持续转型等措施的综合实施，是解决农村土地低效利用问题的关键所在。

第二节　政策建议

一、农业环境政策优化建议

（一）农业政策优化对策

1. 精准帮扶脱贫农户，强化新型农民培育

针对脱贫农户，尤其是低收入群体、无劳动能力群体，实施动态化监测、常态化帮扶。培育一批有文化、懂技术、会经营的高素质农民，可以选择从事农业生产、有一定经济基础、文化素质较高的中青年种养大户、科技示范户、农业专业合作组织主要成员作为培育对象，为他们提供农业技术、经营管理、产品加工、市场营销、品牌营造、农村电子商务等内容的培训。设立创业扶持基金，为脱贫农户提供创业贷款和补贴，支持他们开展小微企业经营、个体经营等，促进农户经济多元化发展。建立农村金融服务体系，如小额信贷、保险和金融培训，帮助农户解决资金周转和风险防范问题，增强经济抗风险能力。设立创业指导中心，提供就业信息、创业指导和市场培训，提高农户就业竞争力以迎合市场需求。

2. 遵循分权分类补贴原则，严惩撂荒低效种植

农业补贴对农业生产的成效显著性受到补贴实际受益方的影响。调查发现，补贴未发放到实际耕种者手中，使得农业补贴对农业生产的成效大打折扣。因此，相对于之前对土地承包权的维护，即按承包面积进行补贴，应增强对经营权的保障，进一步提高农业补贴政策的精准性、指向性和实效性。各地区在发放补贴过程中应认真核实是否满足发放条件，将补贴发放至实际经营者手中，可以避免为获得大额补贴而承包大面积耕地但“包而不种”的撂荒行为，以及非产值导向的低效种植行为。与此同时，对于撂荒等行为应实施罚款等惩戒措施，利益驱动土地流转的常态化、合规化。

3. 农业补贴精准施策，数据监测防滥防虚

农业补贴标准应根据不同地区、不同作物或养殖品种的特点制定，以确保补贴能够真正覆盖农民的成本和劳动投入。补贴期限可根据农业生产周期和政策目标进行调整，避免农户因长期依赖补贴而缺乏自主发展动力。探索多样化的补贴方式，建立电子化农业补贴平台，提高补贴发放效率和透明度，减少信息不对称风险。结合大数据和人工智能技术，建立农户信息数据库，对农户的生产经营状况进行定期监测和评估，确保补贴对象的精准识别和定位，避免补贴资源的浪费和滥用。

4. 强化农业防灾减灾，构建应急救灾体系

针对历史发生率较高的病虫害、动物疫病等，制定强针对性工作预案，健全联防联控保障体系。实施动植物保护能力提升工程，对于植物病虫害、非洲猪瘟、高致病性禽流感等实行常态化防控、防治。加强农业农村、应急等部门以及专家学者之间的协同配合，合力构建责任共同体，协助指导建立基层防灾减灾救灾队伍，推动区域性农业应急救灾中心建设，最终实现深入到户的网格化防控防治。健全农业保险机制，尽最大可能减少农户损失。

5. 农村环境综合治理，生态法治双效强化

推动农村生活污水处理设施建设，进行厕所改革，鼓励农户使用环保型厕所和生活污水处理设备，对于达到一定规模的养殖场及污染性工业企业，应设置各自独立的污水处理线，减少生活污水及工业废水对乡村环境的污染。健全垃圾处理体系，推动垃圾的资源化再利用，减少焚烧及填埋。推广清洁能源使用，通过相关政策和补贴措施，引导农户增强对太阳能、风能的使用，减少薪柴的砍伐与利用，减少碳排放。增强法治威慑力和惩处力度，持续加大对农业农村生态环境利益的保护力度，开展污染危害定级，制定刑事处罚标准。

6. 发展高效农业，提升农业现代化水平

发展精准农业、智能农业，加强无人机在农业生产领域的投入与应用。支持乡村农业生产绿色发展，创新发展生态循环农业，种养结合，推动农业绿色发展的良性循环。推广有机农业、生态农业模式。依托良好的地理条件，发挥药材、茶叶等种植优势，打造地标性产品及“名特优新”优质农产品、文化旅游休闲产品。促进产能稳定，完善农户与市场的对接、农产品从供应到销售的流通链建设，健全农产品市场经济体系。建立健全农业保险制度，降低农业生产风险。推动农村信息化建设，建立农业信息平台，帮助农户科学决策。

7. 发展山区特色农业，解决撂荒难题

对于大别山区这类丘陵山区而言，农户撂荒的主要原因是耕地生产条件不好，土壤肥力不高，灌溉不足，基本靠天吃饭，只靠耕种完全无法维持生计。为了提高对撂荒耕地的利用，政府可以根据当地气候条件和土壤特点，利用山区生态资源优势，发展高山茶叶、精品水果和蔬菜的种植，或是开展第二轮退耕还林，在农户自愿的情况下将山区抛荒的坡耕地恢复为林地，并优先种植适合当地自然条件的经济林品种，使农户能够依靠森林资源获得一定的收入。

（二）生态补偿政策优化对策

1. 分类施策优补贴，因人施策促转型

退耕还林政策的实施成效存在主体异质性，政策优化应充分尊重农户的人力资本异质性。退耕还林的直接后果是家庭富余劳动力的增加，人力资本差异导致再就业选择分化。年富力强的劳动力会趋向于从事非农业劳动，从而使农户性质转为兼业或非农；而无技能加持的年长者则更趋向于转入土地，以扩大农业再生产规模。这就需要利用分类补贴的导向作用，增设退耕农户非农就业补贴，鼓励破碎化的计划外耕地的流转集中。此外，还要做好退耕还林政策与土地流转政策的接洽，除常规按面积补贴外，还可以考虑设置额外分级补贴标准，对转入土地达到一定规模的农户在面积补贴的基础上进一步上调规模化作业补贴额度，以鼓励和稳定耕地的集约利用规模经营。生态补偿政策对中等富裕程度的农户影响最为显著。据此，可将政策目标农户划分为利益驱动型和环境保护型两大类，按选择偏好分类施策。政策的制定应体现出目标差异化。对于低收入人群，应首先突出政策的防返贫效益，切实维护低收入群体的生计可持续性。例如，护林工作岗位等可以向此类人群倾斜，以增强低收入群体的政策参与积极性。中等收入群体会通过增加农业劳动力配置扩大生产规模，可以在农业生产、经营、销售各环节提供组织、人员、渠道帮扶，形成固定产业链，提供各类支持性补贴，促进中等收入群体的农业资本积累，继而促成农业生产和再生产的良性循环。对于高收入群体而言，补偿政策对他们的利益驱动性不强，可引导此类群体以环境保护为目标导向，激励他们投身于生态环境保护政策实施后期的维持与保护工作。

2. 综合评估定补偿，绿色发展新机制

用生态保护成本、发展机会成本和生态服务价值综合评估农户的损失。适当提高补偿标准，并以项目补偿资金引导、支持农户发展绿色产业，形成生态保护意识和可持续生计转型发展的长效机制。积极拓展生态补偿投融资渠道，除国家层面的纵向补偿资金外，根据“谁受益、谁补偿”的生态补偿原则，积极探索市场化补偿途径。积极鼓励拓宽市场、企业单位和社会捐赠等社会领域渠道，有效利用市场机制，鼓励资本进入生态保护领域。

3. 完善生态产业链，共治共享增效益

充分发挥天然林的功能属性，配套完善公益林区生态产业结构，发展林下经济、生态种养、生态旅游等。突出生态公益林的公益性服务功能，吸引公益组织、环保组织等带头开展拓展活动，一方面起到环境保护科普教育作用，另一方面吸引社会资本注入天然林资源保护工作，真正达到共治共享社会性效果。对于野生林产品等，可以有组织地向附近农户开放拾取，在保护生态效益的同时，创造生态附加值，促进农户增收。

4. 整合补偿政策项，规范补偿护权益

针对各区域补偿政策项目多而散的问题，可以尝试从国家层面进行整合，规定生态补偿的基本框架和内容，并建立完善相关的生态保护补偿法律。各地在遵循国家层面的生态保护补偿法律的同时，应根据自身特点和需求建立健全地方层面的法律法规和实施条例。

5. 强化培训促就业，壮大集体助发展

对因为保护环境而利益受损的农户来说，其得到的一次性现金补偿仅能维持一段时间的生计。因此，应有针对性地加强对农户的各类技能培训和创业规划工作。另外，鼓励村集体发展壮大集体经济，带动农户在家就业。对于创业农户，从资金、技能和场所等方面给予帮扶，解决内生动力不足的问题。

（三）农业环境一体化发展对策

本书所选取的三项目标相近或相悖的农业环境政策对土地利用决策的影响都表现出一定的权衡效应。因此，当政府在同一区域实施多项农业环境政策时，需要更加谨慎。即使是同一项政策，在不同的实施阶段也会产生不同的影响，多项政策并行实施更会加大结果的不确定性。国家和地方政府在出台新政策之前，必须对现有政策进行综合分析，评估政策目标之间是否存在协同与权衡，充分利用各项政策之间的协同，避免政策之间的权衡，提高政策实施的效率与效益。

建立跨部门协调机制，统筹制定综合规划，将各项政策有机整合，避免政策之间的冲突和重复，实现协同效应的最大化。将生态保护放在首要位置，统筹考虑农业生产、生态环境和资源可持续利用，确保政策实施过程中不损害生态系统的稳定性和功能完整性。在农业生产中注重生态耕作、绿色种植，推动绿色发展，提高资源利用效率，降低对环境的负面影响。建立科学的评估体系，定期对各项政策的实施效果进行评估和监测，及时发现问题并加以调整，确保政策实施效果符合预期目标。加强对政策执行情况的监督和督导，提高政策的执行力和透明度，防止政策落实过程中出现失实、失误等问题。在政策实施中优化资源配置，合理利用各项政策的资源和资金，避免资源浪费和重复投入，提高政策效益。建立信息共享平台，促进政策间信息的共享和交流，提高各政策的协同效应和整体效益。

二、引导农户生计转型的对策建议

（一）提升生计资本，强化内生动力

生计资本会影响农户生计转型及其可持续性，因此有必要通过强化农户内生动力提高农户应对各种风险冲击的韧性，从而引导和调控连片脱贫地区农户生计向生态资源保护和环境友好方向转型。

1. 促进自然资本转化，激发土地活力

相关部门应对土地进行统一规划，引导农户参与土地整合与合作社建设，发展特色农业，提高土地附加值，保护和恢复生态资源，为农户创造更稳定的生计来源。鼓励和支持农户参加土地流转，发展适度规模经营，加强农业科技

创新与推广，发展多样化的农业经营方式，包括农业种植、畜牧业养殖、渔业养殖、特色林产品采集等，降低农业经营风险，增加农民收入。

2. 增强物质资本积累，筑牢发展基础

加大对农户住房的补贴力度以保证农户住房的稳定性，增加农机补贴以提高农户购买农机的积极性。改善农户的生产生活条件，进而增加其物质资本的积累。

3. 提升人力资本水平，增强发展动力

在教育方面，加大农村学校基础设施建设投入，加强农村师资队伍建设，提供优质的教育资源，提升农村子女的受教育程度。在医疗方面，加强农村基层医疗服务体系建设，加强农村医疗人才培养和引进，提升基层医疗队伍的整体素质；建立健全农村医疗保障制度，减轻农户医疗负担，确保他们能够及时获得必要的医疗服务。

4. 拓宽金融资本渠道，助力农户增收

提供更多就业培训指导，让农户有获取更多技能的机会，从而拓宽就业渠道。政府应加快构建农村现代化金融服务体系，优化农村金融环境，提高农民的金融市场参与度，鼓励农民进行合理的投资理财并实现其资产的保值增值，增加金融资本积累。为农民提供金融方面的支持，拓宽农民投融资渠道，促进其收入的多样化和收入结构的升级。

5. 拓展社会资本网络，促进互帮互助

政府应举办不同形式的吸引社会各方面参加的农业农村活动，扩大农户的交际范围，加强农户与各地不同主体之间的往来，建立融洽和谐、相互帮扶的人际关系，使农户在面对风险时能得到不同的渠道的帮助。

6. 培育心理资本，激发农户内生动力

心理资本是农户应对多重风险冲击和内部压力困境的重要保障。政府和社会应关注农户的心理健康，提供心理咨询和辅导服务，帮助他们建立积极的心态和应对压力的能力。同时，通过宣传成功案例和采取各种激励措施，激发农户的自信心和内生动力。

（二）完善公共基础设施，补齐发展短板

完善乡村基础设施建设和公共服务供给，弥补“三农”发展短板。继续推进乡村建设，优化连片脱贫地区乡村路网和区域交通网络建设，改善农户的出行环境，增强农村地区的内部连通性和外部衔接性，促进城乡互联互通；部分村落人口流失，空心化严重，基础设施建设落后，这些村落可以与周边村落合并，增加居住密度，提高村庄公共服务设施的利用效率。到外地务工经商已成为不少家庭重要的生计策略，可通过完善教育体系，加强专业技能培训和指导，提高从事非农业劳动（如务工经商）人员的劳动素质及知识技能，促进农

村劳动力的非农化转移，提高家庭务工经商的收入及就业稳定性。促进医疗卫生、社会保障、金融支持等公共服务向乡村地区倾斜，以减轻重大自然灾害、意外事故、经济困难等扰动对农户家庭的冲击，提高其缓冲能力。

（三）提升基层治理效能，深化村民自治

完善乡村治理，是推进乡村全面振兴、构建社会主义现代化国家的必然要求。在乡村治理体系建设中，必须始终坚持党管农村的工作原则，确保党组织在各类组织中的领导核心地位。通过加强基层党组织建设，发挥党员、干部的先锋模范作用，不断提升基层干部的治理能力和水平。同时，要激发人民群众的主体作用，拓宽群众参与乡村治理的渠道，让农民成为乡村治理的真正主体和受益者。在实践中，要深化村民自治实践，推动治理重心下移，实现政府治理、社会调节和村民自治的良性互动。坚持自治、法治、德治“三治”融合，注重发挥农户家教家风在乡村治理中的重要作用，推进扫黑除恶，建设平安乡村。此外，科技在乡村治理中也发挥着越来越重要的作用。通过加强信息化建设，运用新技术促进村民参与公共事务，提高乡村治理的效率和水平。在推进乡村治理体系和治理能力现代化的过程中，既要注重顶层设计和制度建设，也要关注基层实践和群众需求。通过党建引领和多元参与，不断完善乡村治理体系，为乡村振兴和农业农村现代化提供有力保障。

综上所述，为了进一步引导农户生计向社会生态可持续发展方向转型，需要综合施策，从基础设施、产业发展、政策支持等多个方面入手，形成政府、市场、社会和农户共同参与的良性互动机制，推动农户生计的可持续发展。在地理条件方面，对于地理劣势区域应加强基础设施建设，例如修建道路、桥梁和排水系统，以改善农村地区的交通和排水状况，从而提升生产和生活条件。此外，还应积极推动农村产业多元化发展，降低农户对单一产业的依赖，增加其收入来源，提高生计的可持续性。政府在制定和实施政策支持方面也需加大力度，例如实施农业补贴政策、建立健全农业保险制度等，以降低农户面临的风险，鼓励他们积极转型升级。此外，还应加强农村基层服务组织的建设，提高公共服务的有效性和覆盖面，更好地满足农户的生计需求，促进农村经济的健康发展。

第三节　研究创新点与局限

一、研究创新点

（一）学术观点创新

本书通过理论剖析、实证检验以及政策模拟等多重研究手段，深入探究了农业补贴与生态补偿政策对农户生计策略选择及生计转型的复杂影响机制。首

先，本研究以可持续生计框架及相关理论模型为基础，构建了农户生计转型的分析框架，探究了内部压力、外部冲击、生计资本禀赋、地理空间维度和农业环境政策等因素对农户生计策略选择及生计转型的影响机理，识别制约农户生计可持续发展的关键因素，模拟不同政策情景下农户生计动态转型方向。通过系统评估多项政策的协同效应与权衡关系，凸显了全面探讨多项农业环境政策综合影响的必要性，为政策优化提供了重要思路。本书不仅在理论上丰富了农户生计转型规律的研究内涵，而且在实践层面为优化农业环境政策、推动农户生计策略转型提供了有力的决策参考。

（二）研究方法创新

本书依托大别山区收集的详细农户调查数据，基于多智能体建模技术，开发了农户生计动态转型模拟模型。该模型以微观行为主体——农户为核心，模拟并分析每个个体在不同生命阶段（如出生、教育、婚姻、繁衍、劳动力配置及生命终结）的行为决策机制。结合实地调研数据和耕地确权资料，模型精准地建立了农户与耕地地块之间的空间对应关系。在这一框架下，农户的土地利用决策（如化肥、农药、种子的使用，作物选择，土地流转，耕地撂荒等）能够直接反映到具体地块的状态变化上。同时，地块产出的变化也会迅速反馈至农户，进而影响其后续的土地利用和农业投入决策。这一互动机制展现了农户行为与自然环境之间的动态联系。该模型采用“自底向上”的建模策略，通过精细刻画微观个体的行为决策和人口动态变化，将土地景观格局的变化与农户微观决策紧密相连。这不仅有助于我们理解社会主体（如农户）之间以及社会主体与环境主体（如土地）之间的相互作用，还能理解这些相互作用如何共同影响宏观格局的演化过程，从而深入理解人类系统和自然系统之间的复杂交互。此外，本书还设计了一系列政策情景，并进行了政策模拟实验。这些实验模拟了不同政策情景下农户的生计决策及其转型过程，为农户生计的可持续发展和农业环境政策的优化提供了宝贵的决策参考。

二、研究局限

（一）政策影响的动态性分析不足

由于缺乏多时点、长时间序列的农业环境政策数据的支撑，本书对农业环境政策影响评估的相关章节涉及的数据多是截面数据，无法反映政策实施不同阶段对农户行为的动态干预效果。此外，政策的实施效果可能具有时滞性，本书的实证章节未能充分揭示这一规律。虽然基于多智能体模型开展政策实验的章节能够在一定程度上反映政策实施效果的变化特征，但缺乏多时点数据的支撑，模型的有效性仍有待进一步检验。

（二）样本的代表性和时效性不足

中国地域广阔，不同地区、不同地理条件、不同民族的农户所面临的风险、政策制度、资源禀赋、自然环境、社会文化等背景因素差异很大，导致不同农户的生计转型模式及其影响因素有很大差异。本书第三、第四、第七章使用的是研究团队 2014—2015 年在安徽省金寨县天堂寨镇农户调研采集的样本数据，样本覆盖区域较小；第五章采用了 CFPS2010、CFPS2018 两个年份数据库中在大别山区采集的多时点面板数据分析生计动态转型，但样本量较少。因此，基于这一研究区域得到的研究结论对大别山区和类似条件的山区有一定的参考价值，但可能难以直接推广至其他区域。这些章节更多是提供研究问题的思路和方法。为了弥补研究区域较小、样本量较少带来的代表性不足的问题，第六章选取了 CFPS2018 数据库中的 6 752 个农户样本，进一步分析了农户生计可持续性的影响因素，得出的研究结论更具有普适性。

（三）多智能体模型有待进一步完善

本书开发的模拟农户生计转型的多智能体模型更多强调对人类主体的刻画，对环境主体的表征相对简化。由于缺乏相关数据，模型中未充分考虑土壤质量、灌溉条件等生物物理因素的影响。此外，由于本书仅基于一个时间节点的数据进行建模，模型的模拟结果可能缺乏足够的验证。为了提升模型的准确性和可信度，未来研究需要收集多个时点的数据对模型进行验证和优化。

第四节　研究拓展

针对以上这些不足，后续研究重点包括以下几个方面：

1. 政策影响的长期追踪和跨区域比较

鉴于政策影响的动态性和地域异质性，未来的研究应致力于长期追踪不同地区的政策实施效果，利用面板数据或多年度时间序列数据，深入剖析政策对农户生计的动态影响机制。同时，进行跨区综合研究，比较不同地区政策执行效果的异同，揭示地域间的异质性和共性特征，为制定更加精准有效的区域发展政策提供坚实依据。

2. 大样本研究与多维数据分析

为了更全面、深入地理解农村发展的复杂性和多样性，未来的研究应加大样本量，采用多维数据分析方法，结合不同数据源并扩大研究范围，以获取更丰富、更全面的数据。通过长时间序列数据和更大地域范围的样本，更精确地探索生计转型的未来趋势以及不同地区生计动态转型的空间差异，为稳定脱贫效果、优化区域发展策略提供有力支持。

3. 政策交互效应的综合评估

针对现有研究中政策交互效应评估考量不足的问题，未来的研究应更加系统地分析不同政策之间的协同效应和权衡效应。通过构建政策评估框架和指标体系，量化评估政策组合对农户行为、农村发展和生态保护的综合影响，为政策制定者提供科学的决策依据和政策优化建议。

4. 模型的深度开发与精准模拟

为了更准确地描述农户行为和政策影响，未来的研究应进一步完善模型设计，考虑更多影响因素和非线性关系。在多智能体模型的研究中，应加强模型验证工作，探索更多有效的验证方法。同时，收集高分辨率数据、社会经济、自然地理与气候等多维度信息，完善模型在生物物理条件、气候条件和市场环境等方面的刻画，提高模型的决策支持能力和精准模拟水平。

5. 聚焦环境效益和耦合系统可持续发展

未来的研究应更加关注政策的环境效益和耦合系统可持续发展潜力。在评估政策对农户生计影响的同时，深入探讨政策如何促进农村社区的整体发展、生态保护与资源可持续利用。通过构建环境效益评估体系，量化分析政策对农村生态环境的改善作用，为制定环境友好型、可持续的农村发展政策提供科学依据。

参 考 文 献

毕国华，杨庆媛，张晶渝，等，2018. 改革开放40年：中国农村土地制度改革变迁与未来重点方向思考［J］. 中国土地科学，32（10）：1-7.

曹文，2008. 我国天然林资源保护工程的财政政策研究［D］. 北京：北京林业大学.

陈宝芬，张耀民，江东，2017. 基于Ca-Abm模型的福州城市用地扩张研究［J］. 地理科学进展，36（5）：626-634.

陈弘志，王文烂，2023. 可持续生计资本对乡村旅游中农户参与行为的影响研究［J］. 云南农业大学学报，17（4）：88-95.

陈津志，戴靖怡，周伟，2023. 异质性人力资本对农户经济林经营行为的影响：基于退耕还林政策调节效应的分析［J］. 林业经济，45（2）：20-41.

陈秧分，刘彦随，杨忍，2012. 基于生计转型的中国农村居民点用地整治适宜区域［J］. 地理学报，67（3）：420-427.

范春梅，武晓潇，袁韵，2020. 基于多智能体建模的旅游危机管理策略研究：以宰客事件后市场恢复为例［J］. 旅游学刊，35（8）：48-60.

费孝通，2009. 乡土中国［M］. 北京：北京出版社.

高清，朱凯宁，靳乐山，2023. 新一轮退耕还林规模的收入效应研究：基于还经济林、生态林农户调查的实证分析［J］. 农业技术经济（4）：121-135.

郭惠容，2001. 激励理论综述［J］. 企业经济（6）：32-34.

郝建业，邵坤，李凯，等，2023. 博弈智能的研究与应用［J］. 中国科学（信息科学），53（10）：1892-1923.

何仁伟，李光勤，刘邵权，等，2017. 可持续生计视角下中国农村贫困治理研究综述［J］. 中国人口·资源与环境，27（11）：69-85.

贺爱琳，杨新军，陈佳，等，2014. 乡村旅游发展对农户生计的影响：以秦岭北麓乡村旅游地为例［J］. 经济地理，34（12）：174-181.

贺雪峰，2013. 新乡土中国［M］. 北京：北京大学出版社.

贺雪峰，2018. 城乡二元结构视野下的乡村振兴［J］. 北京工业大学学报（社会科学版），18（5）：1-7.

后雪峰，陶伟，2024. 可持续性VS政治经济学：西方农村生计方法研究进展与启示［J］. 经济地理，44（2）：145-155.

侯晶，侯博，2018. 农户订单农业参与行为及其影响因素分析：基于计划行为理论视角［J］. 湖南农业大学学报（社会科学版），19（1）：17-24.

黄河，范一大，杨思全，等，2015. 基于多智能体的洪涝风险动态评估理论模型［J］. 地理研究，34（10）：1875-1886.

黄麟，祝萍，曹巍，2021. 中国退耕还林还草对生态系统服务权衡与协同的影响［J］. 生态学报，41（3）：1178－1188.
黄宗智，1985. 华北的小农经济与社会变迁［M］. 北京：中华书局.
贾娟琪，2017. 我国主粮价格支持政策效应研究［D］. 北京：中国农业科学院.
贾玉婷，赵雪雁，介永庆，2023. 脱贫山区农户生计转型的低碳效应研究：以陇南山区为例［J］. 地球环境学报，14（6）：740－752.
蒋思琦，何建华，2016. 基于多智能体的城市生态保护红线多情景模拟［J］. 国土与自然资源研究（1）：16－20.
焦娜，郭其友，2020. 农户生计策略识别及其动态转型［J］. 华南农业大学学报（社会科学版），19（2）：37－50.
金钊，2022. 黄土高原小流域退耕还林还草的生态水文效应与可持续性［J］. 地球环境学报，13（2）：121－131.
晋铭铭，罗迅，2019. 马斯洛需求层次理论浅析［J］. 管理观察（16）：77－79.
孔祥斌，刘灵伟，秦静，等，2007. 基于农户行为的耕地质量评价指标体系构建的理论与方法［J］. 地理科学进展，26（4）：75－85.
况立群，李思远，冯利，等，2021. 深度强化学习算法在智能军事决策中的应用［J］. 计算机工程与应用，57（20）：271－278.
黎毅，王燕，罗剑朝，2020. 农地流转、生计策略与农户收入：基于西部6省市调研分析［J］. 农村经济（9）：51－58.
李芬，张林波，陈利军，2014. 三江源区生态移民生计转型与路径探索：以黄南藏族自治州泽库县为例［J］. 农村经济（11）：53－57.
李锋，魏莹，2023. 平台电商的用户细分策略及行为定价［J］. 系统管理学报，32（2）：260－275.
李姣姣，何利力，郑军红，2023. 基于多智能体的生鲜农产品多级库存成本控制模型［J］. 计算机时代（9）：81－86.
李靖，廖和平，樊昊，2018. 重庆市贫困农户生计资本的空间格局及影响因素分析［J］. 山地学报，36（6）：942－952.
李少英，黎夏，刘小平，等，2013. 基于多智能体的就业与居住空间演化多情景模拟：快速工业化区域研究［J］. 地理学报，68（10）：1389－1400.
李玉山，陆远权，2020. 产业扶贫政策能降低脱贫农户生计脆弱性吗?：政策效应评估与作用机制分析［J］. 财政研究（5）：63－77.
厉以宁，1991. 贫困地区经济与环境的协调发展［J］. 中国社会科学（4）：199－210.
廖灿，郭海湘，唐健，等，2020. 突发事件对隧道行人疏散时间的影响［J］. 系统管理学报，29（4）：711－720.
林春焕，2018. 藻类生长机制分析及其多智能体模型构建［D］. 南宁：广西大学.
刘晨芳，赵微，2018. 农地整治对农户生计策略的影响分析：基于PSM－DID方法的实证研究［J］. 自然资源学报，33（9）：1613－1626.
刘丹，焦钰，张兵，2017. 农村二元金融结构存在的合理性：基于农户视角的理论与实证分析［J］. 江苏社会科学（6）：24-31.

刘孟浩，席建超，2019. 基于多智能体的旅游乡村聚落用地格局演变模拟：以野三坡旅游区苟各庄村为例［J］. 旅游学刊，34（11）：107-115.

刘润姣，蒋涤非，石磊，2017. 基于多智能体建模技术的城市用地时空演化研究［J］. 地理科学，37（4）：537-545.

刘胜林，王雨林，卢冲，等，2015. 感知价值理论视角下农户政策性生猪保险支付意愿研究：以四川省三县调查数据的结构方程模型分析为例［J］. 华中农业大学学报（社会科学版）（3）：21-27.

刘同山，孔祥智，2014. 家庭资源、个人禀赋与农民的城镇迁移偏好［J］. 中国人口·资源与环境，24（8）：73-80.

刘小平，黎夏，叶嘉安，2006. 基于多智能体系统的空间决策行为及土地利用格局演变的模拟［J］. 中国科学D辑：地球科学，36（11）：1027-1036.

刘亦文，邓楠，颜建军，等，2024. 中国原集中连片特困区退耕还林还草的生态效应评估［J］. 生态学报（11）：1-14.

刘自强，李静，董国皇，等，2017. 农户生计策略选择与转型动力机制研究：基于宁夏回族聚居区451户农户的调查数据［J］. 世界地理研究，26（6）：61-72.

龙瀛，毛其智，杨东峰，等，2011. 城市形态、交通能耗和环境影响集成的多智能体模型［J］. 地理学报，66（8）：1033-1044.

罗庆，李小建，2014. 国外农村贫困地理研究进展［J］. 经济地理，34（6）：1-8.

马成，杨琰瑛，师荣光，等，2023. 不同乡村地域类型农户生计资本和生计策略特征及影响因素：以于桥水库流域为例［J］. 农业资源与环境学报，41（3）：717-727.

马妍，吴若晖，王喆妤，等，2019. 基于人工智能方法的社区老年活动中心需求模拟与规划布局研究：以福州市中心城区为例［J］. 城市发展研究，26（1）：18-25.

潘丹，陆雨，孔凡斌，2022. 退耕程度高低和时间早晚对农户收入的影响：基于多项内生转换模型的实证分析［J］. 农业技术经济（6）：19-32.

裴小节，张晓丽，刘红伟，等，2010. 基于多智能体的森林病虫害蔓延模拟研究［J］. 安徽农业科学，38（7）：3531-3532.

秦炳涛，陶玉，2017. 粮食最低收购价政策效果评价与合理定价［J］. 农业经济与管理（3）：27-36.

任立，甘臣林，吴萌，等，2018 城市近郊区农户农地感知价值对其投入行为影响研究：以武汉、鄂州两地典型样本调查为例［J］. 中国土地科学，32（1）：42-50.

石鼎，燕雪峰，宫丽娜，等，2023. 强化学习驱动的海战场多智能体协同作战仿真算法［J］. 系统仿真学报，35（4）：786-796.

石晓腾，吴晋峰，2022. 基于多智能体建模的旅游交通方式跃迁现象仿真研究［J］. 经济地理，42（5）：193-203.

石云，朱晓雯，李建华，等，2023. 基于多智能体的黄土高原沟壑区农村居民点优化布局［J］. 经济地理，43（7）：170-178.

石志恒，张衡，2020. 基于扩展价值-信念-规范理论的农户绿色生产行为研究［J］. 干旱区资源与环境，34（8）：96－102.
时鹏，余劲，2019. 易地扶贫搬迁农户意愿及影响因素研究：一个基于计划行为理论的解释架构［J］. 干旱区资源与环境，33（1）：38－43.
史恒通，王铮钰，阎亮，2019. 生态认知对农户退耕还林行为的影响：基于计划行为理论与多群组结构方程模型［J］. 中国土地科学，33（3）：42－49.
史俊宏，2015. 生态移民生计转型风险管理：一个整合的概念框架与牧区实证检验［J］. 干旱区资源与环境，29（11）：37－42.
宋世雄，梁小英，陈海，等，2018. 基于多智能体和土地转换模型的耕地撂荒模拟研究：以陕西省米脂县为例［J］. 自然资源学报，33（3）：515－525.
宋同清，彭晚霞，曾馥平，等，2011. 喀斯特峰丛洼地退耕还林还草的土壤生态效应［J］. 土壤学报，48（6）：1219－1226.
宋嫣然，倪少权，陈钉均，等，2023. 基于多智能体博弈的路网旅客列车运行图协调优化研究［J］. 铁道经济研究（6）：16－26.
苏芳，2017. 农户生计风险对其生计资本的影响分析：以石羊河流域为例［J］. 农业技术经济（12）：87－97.
苏芳，2023. 乡村振兴背景下农户旅游生计转型对生计能力的影响研究［J］. 贵州社会科学，398（2）：144－153.
苏芳，徐中民，尚海洋，2009. 可持续生计分析研究综述［J］. 地球科学进展，24（1）：61－69.
孙博文，2020. 我国农业补贴政策的多维效应剖析与机制检验［J］. 改革（8）：102－116.
孙瑞，2021. 基于生计资本和生计策略的中国农村家庭贫困研究［D］. 哈尔滨：哈尔滨工业大学.
谭伟梅，闫吉美，2020. 生态保护视角下赤水河流域农户生计转型研究［J］. 遵义师范学院学报，22（4）：39－43.
汤青，徐勇，李扬，2013. 黄土高原农户可持续生计评估及未来生计策略：基于陕西延安市和宁夏固原市 1076 户农户调查［J］. 地理科学进展，32（2）：161－169.
唐超，罗明忠，张苇锟，2020. 农地确权方式何以影响农业人口迁移?：源自广东省 2056 份农户问卷调查的实证分析［J］. 干旱区资源与环境，34（2）：15－21.
唐红林，陈佳，刘倩，等，2023. 生态治理下石羊河流域农户生计转型路径、效应及机理［J］. 地理研究，42（3）：822－841.
陶海燕，潘茂林，黎夏，等，2007. 基于多智能体的杜能模型仿真研究［J］. 计算机仿真，24（11）：270－273.
万亚胜，程久苗，吴九兴，等，2017. 基于计划行为理论的农户宅基地退出意愿与退出行为差异研究［J］. 资源科学，39（7）：1281－1290.
王成超，杨玉盛，2011. 基于农户生计演化的山地生态恢复研究综述［J］. 自然资源学报，26（2）：344－352.
王凤春，郑华，张薇，等，2021. 农户生计与生态系统服务关系的区域差异及驱动机制：以密云水库上游流域为例［J］. 应用生态学报，32（11）：3872－3882.

王晗，房艳刚，2021. 山区农户生计转型及其可持续性研究：河北围场县腰站镇的案例[J]. 经济地理，41（3）：152－160.
王杰云，罗志军，俞林中，等，2022. 基于适宜性评价与 Agent－CA 模型的城镇开发边界划定：以江西省安义县为例 [J]. 地域研究与开发，41（5）：70－76.
王娟，吴海涛，丁士军，2014. 山区农户生计转型及其影响因素研究：以滇西南为例 [J]. 中南财经政法大学学报（5）：133－140.
王君涵，李文，冷淦潇，等，2020. 易地扶贫搬迁对贫困户生计资本和生计策略的影响：基于 8 省 16 县的 3 期微观数据分析 [J]. 中国人口・资源与环境，30（10）：143－153.
王蓉，欧阳红，代美玲，等，2022. 旅游地可持续生计：国际研究进展评述及其对中国的启示 [J]. 人文地理，37（4）：10－21.
王新歌，席建超，2015. 大连金石滩旅游度假区当地居民生计转型研究 [J]. 资源科学，37（12）：2404－2413.
王越，宋戈，吕冰，2019. 基于多智能体粒子群算法的松嫩平原土地利用格局优化 [J]. 资源科学，41（4）：729－739.
翁贞林，2008. 农户理论与应用研究进展与述评 [J]. 农业经济问题（8）：93－100.
吴海涛，王娟，丁士军，2015. 贫困山区少数民族农户生计模式动态演变：以滇西南为例 [J]. 中南民族大学学报（人文社会科学版），35（1）：120－124.
吴吉林，刘水良，周春山，2017. 乡村旅游发展背景下传统村落农户适应性研究：以张家界 4 个村为例 [J]. 经济地理，37（12）：232－240.
吴吉林，肖玉春，刘水良，等，2024. 民族旅游乡村农户生计恢复力评价及障碍因子分析：以湘鄂武陵山片区 10 个村为例 [J]. 经济地理，44（1）：174－184.
吴银毫，苗长虹，2017. 我国农业支持政策的环境效应研究：理论与实证 [J]. 现代经济探讨（9）：101－107.
吴云，1996. 西方激励理论的历史演进及其启示 [J]. 学习与探索（6）：88－93.
伍薇，刘锐金，何长辉，等，2024. 基于生计资本的农户可持续生计研究：以滇琼天然橡胶主产区为例 [J]. 热带地理，44（4）：746－760.
武田艳，严韦，占建军，2015. 基于 MAS 的社区公共服务设施配置时空决策模型 [J]. 系统工程，33（6）：146－151.
向栩，温涛，2024. 乡村人力资本促进了农民共同富裕吗？[J]. 西南大学学报（社会科学版），50（1）：102－116.
项锦雯，邱家乐，朱永超，等，2023. 后退耕时代农户参与退耕还林成果维持的意愿与行为转化路径研究 [J]. 农业与技术，43（14）：144－149.
谢晨，张坤，王佳男，等，2021. 退耕还林动态减贫：收入贫困和多维贫困的共同分析 [J]. 中国农村经济（5）：18－37.
谢金华，杨钢桥，许玉光，等，2020. 农地整治对农户收入和福祉的影响机理与实证分析 [J]. 农业技术经济（12）：38－54.
解垩，2023. 农村家庭动态收入与相对贫困收敛 [J]. 经济科学（4）：203－222.
徐炳哲，胡筱敏，马云峰，2012. 初探多智能体仿真技术对流域水环境限值研究 [J]. 科协论坛（下半月）(3)：107－108.

徐省超，赵雪雁，宋晓谕，2021. 退耕还林（草）工程对渭河流域生态系统服务的影响［J］. 应用生态学报，32（11）：3893－3904.

徐水太，陈美玲，袁北飞，等，2024. 社会资本、感知价值对农户参与农村人居环境整治意愿影响分析：基于 SOR 理论模型视角［J］. 长江流域资源与环境，33（2）：448－460.

徐勇，2006. "再识农户"与社会化小农的建构［J］. 华中师范大学学报（人文社会科学版），45（3）：2－8.

许庆，杨青，章元，2021. 农业补贴改革对粮食适度规模经营的影响［J］. 经济研究，56（8）：192－208.

闫猛，杜二虎，王宗志，等，2018. 行为经济与自然过程耦合视角下的水资源复杂系统建模研究［J］. 水资源与水工程学报，29（6）：53－60.

阎建忠，吴莹莹，张镱锂，等，2009. 青藏高原东部样带农牧民生计的多样化［J］. 地理学报，64（2）：221－233.

杨均华，刘璨，李桦，2019. 退耕还林工程精准扶贫效果的测度与分析［J］. 数量经济技术经济研究，36（12）：64－86.

杨伦，刘某承，闵庆文，等，2019. 农户生计策略转型及对环境的影响研究综述［J］. 生态学报，39（21）：8172－8182.

杨肃昌，范国华，2018. 农户兼业化对农村生态环境影响的效应分析［J］. 华南农业大学学报（社会科学版），17（6）：52－63.

杨永伟，陆汉文，2020. 公益型小额信贷促进农户生计发展的嵌入式机制研究：以山西省左权县 S 村为例［J］. 南京农业大学学报（社会科学版），20（6）：34－42.

杨芷晴，孔东民，2020. 我国农业补贴政策变迁、效应评估与制度优化［J］. 改革（10）：114－127.

于伟咏，漆雁斌，余华，2017. 农资补贴对化肥面源污染效应的实证研究：基于省级面板数据［J］. 农村经济（2）：89－94.

俞振宁，谭永忠，练款，等，2018. 基于计划行为理论分析农户参与重金属污染耕地休耕治理行为［J］. 农业工程学报，34（24）：266－273.

袁满，刘耀林，2014. 基于多智能体遗传算法的土地利用优化配置［J］. 农业工程学报（1）：191－199.

乐芳军，罗永忠，郭艳俊，等，2023. 沙封区农户生计资本对生计策略选择敏感性影响：以临泽县为例［J］. 干旱区研究，40（7）：1194－1202.

翟彬，王宇阁，朱芳芳，等，2024. 生计策略下黄河流域农户生计韧性差异及其影响因素：以河南省为例［J］. 经济地理，44（2）：156－165.

翟子洋，郝茹茹，董世浩，2024. 大规模智慧交通信号控制中的强化学习和深度强化学习方法综述［J］. 计算机应用研究，41（6）：1618－1627.

张丙乾，靳乐山，汪力斌，等，2008. 少数民族现代化与赫哲族农户生计转型：一个分析框架［J］. 山东农业大学学报（社会科学版），10（4）：79－84.

张博胜，姜锦云，杨子生，2010. 中国退耕还林工程驱动下的滇东南喀斯特山区近 8 年土地利用变化研究：以文山县为例 [J]. 中国农学通报，26 (22)：338 - 343.

张帆，武东昊，陈玉萍，等，2022. 多智能体深度强化学习的分布式园区综合能源系统经济调度策略 [J]. 电力系统及其自动化学报，34 (12)：18 - 26.

张芳芳，赵雪雁，2015. 我国农户生计转型的生态效应研究综述 [J]. 生态学报，35 (10)：3157 - 3164.

张华新，2017. 契约内在机制剖析和最优设计：2016 年诺贝尔经济学奖述评 [J]. 财经问题研究 (7)：13 - 19.

张慧雯，赵燕，陈怡平，2023. 近 40 年来黄土高原植被变化趋势及其生态效应 [J]. 地球科学与环境学报，45 (4)：881 - 894.

张戬，吴孔森，杨新军，2023. 黄土高原苹果优生区农户生计分化机制研究：基于不同地形分区的对比分析 [J]. 中国农业资源与区划，44 (11)：214 - 226.

张天佐，郭永田，杨洁梅，2018. 我国农业支持保护政策改革 40 年回顾与展望 [J]. 农村工作通讯 (20)：16 - 23.

张兴平，王腾，张馨月，等，2024. 基于多智能体深度确定策略梯度算法的火力发电商竞价策略 [J]. 中国电力 .（网络首发，暂无卷期页码，后面补）

张旭锐，高建中，2021. 农户新一轮退耕还林的福利效应研究：基于陕南退耕还林区的实证分析 [J]. 干旱区资源与环境，35 (2)：14 - 20.

张亚洲，陈卓，杨俊孝，等，2023. 农业补贴改革对粮食生产效率的影响：基于土地转入户的视角 [J]. 经济经纬，40 (5)：36 - 47.

张延伟，裴颖，葛全胜，2016. 基于 Bdi 决策的居住空间宜居性分析：以大连沙河口区为例 [J]. 地理研究，35 (12)：2227 - 2237.

张银银，马志雄，丁士军，2017. 失地农户生计转型的影响因素及其效应分析 [J]. 农业技术经济 (6)：42 - 51.

张占录，张雅婷，张远索，等，2021. 基于计划行为理论的农户主观认知对土地流转行为影响机制研究 [J]. 中国土地科学，35 (4)：53 - 62.

章德宾，南杨子涵，罗瑶，2019. 基于无标度网络的农户 Adm 决策羊群效应仿真研究 [J]. 华中农业大学学报（社会科学版）(2)：71 - 80.

赵春彦，司建华，冯起，等，2020. 巴丹吉林沙漠牧户生计策略转型及其对生态环境的影响 [J]. 中国沙漠，40 (4)：34 - 42.

赵庆建，温作民，2009. 森林生态系统适应性管理的理论概念框架与模型 [J]. 林业资源管理 (5)：34 - 38.

赵雪雁，刘江华，王伟军，等，2020. 贫困山区脱贫农户的生计可持续性及生计干预：以陇南山区为例 [J]. 地理科学进展，39 (6)：982 - 995.

赵雪雁，2017. 地理学视角的可持续生计研究：现状、问题与领域 [J]. 地理研究，36 (10)：1859 - 1872.

甄静，郭斌，朱文清，等，2011. 退耕还林项目增收效果评估：基于六省区 3 329 个农户的调查 [J]. 财贸研究，22 (4)：22 - 29.

周大鸣，秦红增，2009. 文化人类学概论［M］. 广州：中山大学出版社：126.

周建新，于玉慧，2013. 橡胶种植与哈尼族生计转型探析：以西双版纳老坝荷为例［J］. 广西民族大学学报（哲学社会科学版），35（2）：50-55.

周娟，2014. 可持续农业和农村发展：环境政策和农业政策一体化视角［J］. 长春市委党校学报（5）：67-71.

周升强，孙鹏飞，张仁慧，等，2022. 草原生态补奖背景下农牧民生计转型及其效应研究：以北方农牧交错区为例［J］. 干旱区资源与环境，36（5）：62-69.

周升强，赵凯，2023. 农牧民生计转型路径选择及其影响因素分析：以黄河流域农牧交错区为例［J］. 干旱区资源与环境，37（6）：88-96.

周扬，李寻欢，2021. 贫困地理学的基础理论与学科前沿［J］. 地理学报，76（10）：2407-2424.

朱侯，胡斌，2016. 信息与情绪驱动的舆论演化的 QSIM-ABS 模拟［J］. 情报学报，35（3）：310-316.

朱勇，梁栋栋，徐玉婷，2020. 基于 MAS 模型的农户农地流转行为决策过程、机理与模拟研究：以安徽省为例［J］. 地域研究与开发，39（5）：126-132.

朱月季，高贵现，周德翼，2014. 基于主体建模的农户技术采纳行为的演化分析［J］. 中国农村经济（4）：58-73.

祝锦霞，鲍海君，2016. 基于多主体行为偏好的城市新区征收拆迁空间布局模拟［J］. 中国土地科学，30（7）：64-71.

邹艳，张绍良，闵扬海，2020. 城市人口规模及空间分布模拟与预测［J］. 城市问题（6）：64-72.

ABOLHASANI S，TALEAI M，LAKES T，2023. Developing a game-theoretic interactive decision-making framework for urban land-use planning［J］. Habitat international，141：102930.

ACEVEDO M F，BAIRD CALLICOTT J，MONTICINO M，et al，2008. Models of natural and human dynamics in forest landscapes：cross-site and cross-cultural synthesis［J］. Geoforum，39（2）：846-866.

ADGER W N，QUINN T，LORENZONI I，et al，2013. Changing social contracts in climate-change adaptation［J］. Nature climate change，3（4）：330-333.

AIBINU A A，AL-LAWATI A M，2010. Using PLS-SEM technique to model construction organizations' willingness to participate in e-bidding［J］. Automation in construction，19（6）：714-724.

AMADOU M L，VILLAMOR G B，KYEI-BAFFOUR N，2018. Simulating agricultural land-use adaptation decisions to climate change：an empirical agent-based modeling in NORTHERN Ghana［J］. Agricultural systems，166：196-209.

AMIRA K，NADJIA E S，2024. The impact of aquatic habitats on the malaria parasite transmission：a view from an agent-based model［J］. Ecological modelling，487.

AN L，LINDERMAN M，QI J，et al，2005. Exploring complexity in a human-environment system：an agent－based spatial model for multidisciplinary and multiscale integration [J]. Annals of the association of American geographers，95 (1)：54－79.

ARNSTEIN S R，1969. A ladder of citizen participation [J]. Journal of the American institute of planners，35 (4)：216－224.

ASFAW S，SCOGNAMILLO A，CAPRERA G D，et al，2019. Heterogeneous impact of livelihood diversification on household welfare：cross－country evidence from Sub－Saharan Africa [J]. World development，117：278－295.

AYUTTACORN A，2019. Social networks and the resilient livelihood strategies of Dara－ang women in Chiang Mai，Thailand [J]. Geoforum，101：28－37.

BAKKER M M，ALAM S J，VAN DIJK J，et al，2015. Land－use change arising from rural land exchange：an agent－based simulation model [J]. Landscape ecology，30 (2)：273－286.

BEBBINGTON A，1999. Capitals and capabilities：a framework for analyzing peasant viability，rural livelihoods and poverty [J]. World development，27 (12)：2021－2044.

BHANDARI P B，2013. Rural livelihood change? Household capital，community resources and livelihood transition [J]. Journal of rural studies，32：126－136.

BLACKMORE I，IANNOTTI L，RIVERA C，et al，2023. A formative assessment of vulnerability and implications for enhancing livelihood sustainability in Indigenous communities in the Andes of Ecuador [J]. Journal of rural studies，97：416－427.

BRADY M，SAHRBACHER C，KELLERMANN K，et al，2012. An agent－based approach to modeling impacts of agricultural policy on land use，biodiversity and ecosystem services [J]. Landscape ecology，27 (9)：1363－1381.

BRYAN B A，GAO L，YE Y，et al，2018. China's response to a national land－system sustainability emergency [J]. Nature，559 (7713)：193－204.

CARLONI A S，2005. Rapid guide for missions：analysing local institutions and livelihoods：guidelines [R]. Rome：Food and Agriculture Organization of the United Nations.

CARTER N，LEVIN S，BARLOW A，et al，2015. Modeling tiger population and territory dynamics using an agent－based approach [J]. Ecological modelling，312：347－362.

CHAMBERS R，CONWAY G，1992. Sustainable rural livelihoods：practical concepts for the 21st century：Ids Discussion Paper No. 296 [R]. Brighton：Institute of Development Studies.

CHANG X，CHEN J，YE L，2024. Trend prediction of farmers'spontaneous land transfer behavior：evidence from China [J]. Applied economics，92 (2)：1－15.

CHAO W，LIN Z，BINGZHEN D，2017. Assessment of the impact of China's Sloping Land Conservation Program on regional development in a typical hilly region of the loess plateau：a case study in Guyuan [J]. Environmental development，21：66－76.

CHAYANOV A V，1966. The theory of peasant economy [M]. Homewood，Illinois：The American Economic Association.

CHAYANOV A，1925. Peasant farm organization [M]. Moscow：The Co - operative Publishing House.

CHEN C，PARK T，WANG X，et al，2019. China and India lead in greening of the world through land - use management [J]. Nature sustainability，2 (2)：122.

CHEN K，WANG Y，LI N，et al，2023. The impact of farmland use transition on rural livelihood transformation in China [J]. Habitat international，135：102784.

CHEN X，VIÑA A，SHORTRIDGE A，et al，2014. Assessing the effectiveness of payments for ecosystem services：an agent - based modeling approach [J]. Ecology and society，19 (1)：7.

CHIN W W，2010. How to write up and report PLS analyses [M] //ESPOSITO VINZI V，CHIN W W，HENSELER J，et al. Handbook of partial least squares：concepts，methods and applications. Berlin，Heidelberg：Springer Berlin Heidelberg：655 - 690.

CHUONG H N，LOC T T，TUYEN T L T，et al，2024. Livelihood transitions in rural Vietnam under climate change effects in the period of 2008 - 2018 [J]. Discover sustainability，5 (1)：5 - 15.

COASE R H，1937. The Nature of the firm [J]. Economica，4 (16)：386 - 405.

COBB C W，DOUGLAS P H，1928. A theory of production [J]. American economic review，18：139 - 165.

COOPER S J，WHEELER T，2017. Rural household vulnerability to climate risk in Uganda [J]. Regional environmental change，17：649 - 663.

DANG X，GAO S，TAO R，et al，2020. Do environmental conservation programs contribute to sustainable livelihoods? Evidence from China's grain - for - green program in northern Shaanxi province [J]. Science of the total environment，719：137436.

DANIEL D，SUTHERLAND M，IFEJIKA SPERANZA C，2019. The role of tenure documents for livelihood resilience in Trinidad and Tobago [J]. Land use policy，87：104008.

D'AQUINO P，LE PAGE C，BOUSQUET F，et al，2003. Using self - designed role - playing games and a multi - agent system to empower a local decision - making process for land use management：the selfcormas experiment in Senegal [J]. Journal of artificial societies and social simulation，6 (3)：5.

DEININGER K，JIN S，2005. The potential of land rental markets in the process of economic development：evidence from China [J]. Journal of development economics，78 (1)：241 - 270.

DÉMURGER S，WAN H，2012. Payments for ecological restoration and internal migration in China：the sloping land conversion program in Ningxia [J]. IZA journal of migration，1 (1)：10.

DFID，1999. DFID - sustainable livelihoods guidance sheets [R]. London：DFID.

DIAMANTOPOULOS A，SARSTEDT M，FUCHS C，et al，2012. Guidelines for choosing between multi - item and single - item scales for construct measurement：a predictive validity perspective [J]. Journal of the academy of marketing science, 40 (3): 434-449.

DROLET A L, MORRISON D G J J, 2001. Do we really need multiple-item measures in service research? [J]. Journal of service research, 3 (3): 196-204.

ELLIS F, 1998. Household strategies and rural livelihood diversification [J]. Journal of development studies, 35 (1): 1-38.

EMAMI S, DEHGHANISANIJ H, HAJIMIRZAJAN A, 2024. Agent-based simulation model to evaluate government policies for farmers' adoption and synergy in improving irrigation systems: a case study of Lake Urmia basin [J]. Agricultural water management, 294: 108730.

ESCARCHA J F, LASSA J A, PALACPAC E P, et al, 2020. Livelihoods transformation and climate change adaptation: the case of smallholder water buffalo farmers in the Philippines [J]. Environmental development, 33: 100468.

FORAMITTI J, SAVIN I, VAN DEN BERGH J C J M, 2024. How carbon pricing affects multiple human needs: an agent-based model analysis [J]. Ecological economics, 217: 108070.

FRANKENBERGER T R, DRINKWATER M, MAXWELL D, 2000. Operationalizing household livelihood security: a holistic approach for addressing poverty and vulnerability [R]. Atlanta, Georgia: CARE USA.

GARSON G D, 2016. Partial least squares: Regression and structural equation models [M]. Asheboro, NC: Statistical Associates Publishers.

GEAVES L, HALL J, PENNING-ROWSELL OBE E, 2024. Integrating irrational behavior into flood risk models to test the outcomes of policy interventions [J]. Risk analysis, 44 (5): 1067-1083.

GHOSH M, GHOSAL S, 2021. Climate change vulnerability of rural households in flood-prone areas of Himalayan foothills, West Bengal, India [J]. Environment, development sustainability, 23: 2570-2595.

GIDDENS A, 1979. Central problems in social theory: action, structure and contradiction in social analysis [M]. Berkeley: University of California Press.

GRIMM V, BERGER U, BASTIANSEN F, et al, 2006. A standard protocol for describing individual-based and agent-based models [J]. Ecological modelling, 198 (1-2): 115-126.

GRIMM V, BERGER U, DEANGELIS D L, et al, 2010. The ODD protocol: a review and first update [J]. Ecological modelling, 221 (23): 2760-2768.

GUYOT P, HONIDEN S, 2006. Agent-based participatory simulations: merging multi-agent systems and role-playing games [J]. Journal of artificial societies and social simulation, 9 (4): 8.

HAIR J F, BLACK W C, BABIN B J, et al, 2006. Multivariate data analysis [M] // SCHLINDWEIN W S, GIBSON M. Pharmaceutical quality by design: a practical approach.

Hoboken, New Jersey: WILEY: 201-225.
HAIR J F, HULT G T M, RINGLE C M, et al, 2016. A primer on partial least squares structural equation modeling (PLS-SEM) [M]. London: Sage Publications.
HAJIMIRI M H, AHMADABADI M N, RAHIMI-KIAN A, 2014. An intelligent negotiator agent design for bilateral contracts of electrical energy [J]. Expert systems with applications, 41 (9): 4073-4082.
HELLERSTEIN D M, 2017. The US conservation reserve program: the evolution of an enrollment mechanism [J]. Land use policy, 63: 601-610.
HENSELER J, RINGLE C M, SARSTEDT M, 2015. A new criterion for assessing discriminant validity in variance-based structural equation modeling [J]. Journal of the academy of marketing science, 43 (1): 115-135.
HUANG J, WANG X, ZHI H, et al, 2011. Subsidies and distortions in China's agriculture: evidence from producer-level data [J]. Australian journal of agricultural and resource economics, 55 (1): 53-71.
IBRAHIM S S, 2023. Livelihood transition and economic well-being in remote areas under the threat of cattle rustling in Nigeria [J]. Geojournal, 88 (1): 1-16.
JEZEER R E, VERWEIJ P A, BOOT R G, et al, 2019. Influence of livelihood assets, experienced shocks and perceived risks on smallholder coffee farming practices in Peru [J]. Journal of environmental management, 242: 496-506.
JIAO X, POULIOT M, WALELIGN S Z, 2017. Livelihood Strategies and dynamics in rural Cambodia [J]. World Development, 97: 266-278.
KARIM A, 2018. The household response to persistent natural disasters: Evidence from Bangladesh [J]. World Development, 103: 40-59.
KARLAN D, ZINMAN J, 2010. Expanding credit access: using randomized supply decisions to estimate the impacts [J]. The review of financial studies, 23 (1): 433-464.
KELLY P, HUO X, 2013. Land retirement and nonfarm labor market participation: an analysis of China's sloping land conversion program [J]. World development, 48: 156-169.
KERR C C, STUART R M, MISTRY D, et al, 2021. Covasim: an agent-based model of COVID-19 dynamics and interventions [J]. Plos computational biology, 17 (7): e1009149.
KUMAR H, PANDEY B W, ANAND S, 2019. Analyzing the Impacts of forest Ecosystem Services on Livelihood security and sustainability: a case study of Jim Corbett National Park in Uttarakhand [J]. International Journal of geoheritage and parks, 7 (2): 45-55.
KUSEV P, VAN SCHAIK P, TSANEVA ATANASOVA K, et al, 2018. Adaptive anchoring model: how static and dynamic presentations of time series influence judgments and predictions [J]. Cognitive science, 42 (1): 77-102.
LASTRA-BRAVO X B, HUBBARD C, GARROD G, et al, 2015. What drives farmers'

participation in EU agri - environmental schemes?：Results from a qualitative meta - analysis [J]. Environmental science & policy，54：1 - 9.

LE T H L，KRISTIANSEN P，VO B，et al，2024. Understanding factors influencing farmers' crop choice and agricultural transformation in the upper Vietnamese Mekong Delta [J]. Agricultural systems，216：103899.

LEE E S，1966，A theory of migration [J]. Demography，23 (1)：47 - 57.

LI J，FELDMAN M W，LI S，et al，2011. Rural household income and inequality under the Sloping Land Conversion Program in Western China [J]. Proceedings of the national academy of sciences，108 (19)：7721 - 7726.

LI W，ZHOU J，XU Z，et al，2023. Climate impact greater on vegetation NPP but human enhance benefits after the Grain for Green Program in Loess Plateau [J]. Ecological indicators，157：111201.

LIU C，WANG Y，YANG B，et al，2024. How do socioeconomic differentiation and rural governance affect households' land transfer decisions? Evidence from China [J]. Land degradation & development，35 (2)：884 - 897.

LIU J，LI S，OUYANG Z，et al，2008. Ecological and socioeconomic effects of China's policies for ecosystem services [J]. Proceedings of the national academy of sciences，105 (28)：9477 - 9482.

LIU Z，LAN J，2015. The sloping land conversion program in China：effect on the livelihood diversification of rural households [J]. World development，70：147 - 161.

LIU Z，LIU L，2016. Characteristics and driving factors of rural livelihood transition in the east coastal region of China：a case study of suburban Shanghai [J]. Journal of rural studies，43：145 - 158.

LU Y，SONG W，LYU Q，2022. Assessing the effects of the new - type urbanization policy on rural settlement evolution using a multi - agent model [J]. Habitat international，127：102622.

MAKAME M O，SHACKLETON S E，LEAL FILHO W，2023. Coping with and adapting to climate and non - climate stressors within the small - scale farming，fishing and seaweed growing sectors，Zanzibar [J]. Natural hazards，116 (3)：3377 - 3399.

MAKATE C，MAKATE M，2019. Interceding role of institutional extension services on the livelihood impacts of drought tolerant maize technology adoption in Zimbabwe [J]. Technology in Society，56：126 - 133.

MANLOSA A O，HANSPACH J，SCHULTNER J，et al，2019. Livelihood strategies，capital assets，and food security in rural Southwest Ethiopia [J]. Food security，11 (1)：167 - 181.

MARIANO D J K，ALVES C D M A，2020. The application of role - playing games and agent- based modelling to the collaborative water management in peri - urban communities [J]. Brazilian journal of water resources，25：25.

MARSHALL A，1890. Principles of economics [M]. London and New York：MacMillan & Co.

MARTIN S M，LORENZEN K，2016. Livelihood Diversification in Rural Laos [J]. World development，83：231 - 243.

MASLOW A H，1943. A theory of human motivation [R]. Washington DC，USA：American Psychological Association.

MCCLELLAND D C，1961. The achieving society [M]. Princeton，NJ：Van Nostrand.

MENA C F，WALSH S J，FRIZZELLE B G，et al，2011. Land use change on household farms in the ecuadorian amazon：design and implementation of an agent - based model [J]. Applied geography，31 (1)：210 - 222.

MENGISTU N A，BELDA R H，2024. The role of livelihood diversification strategies in the total household income in Takusa Woreda，Amhara Region，Ethiopia [J]. Cogent Social Sciences，10 (1)：2306033.

NITZL C，2016. The use of partial least squares structural equation modelling (PLS - SEM) in management accounting research：directions for future theory development [J]. Journal of accounting literature，37 (1)：19 - 35.

PAGIOLA S，ARCENAS A，PLATAIS G，2005. Can payments for environmental services help reduce poverty? An exploration of the issues and the evidence to date from Latin America [J]. World development，33 (2)：237 - 253.

PAGNANI T，GOTOR E，CARACCIOLO F，2021. Adaptive strategies enhance smallholders' livelihood resilience in Bihar，India [J]. Food security，13 (2)：419 - 437.

PETTY W，1690. Political Arithmetic k [M]. London：[s. n.].

PIGOU A C，1920. The economics of welfare：charity organisation review [M]. London：MacMillan & Co.

POLANYI K，ARENSBERG C M，PEARSON H W，1957. Trade and market in the early empires：economies in history and theory [M]. Indian Hills，Colorado：The Free Press and the Falcon's Wing Press：91 - 93.

POPKIN S，1980. The Rational peasant：the political economy of peasant society [J]. Theory and society，9 (3)：411 - 471.

QI X，DANG H，2018. Addressing the dual challenges of food security and environmental sustainability during rural livelihood transitions in China [J]. Land use policy，77：199 - 208.

RAHUT D B，MOTTALEB K A，ALI A，2018. Rural livelihood diversification strategies and household welfare in Bhutan [J]. The European journal of development research，30 (4)：718 - 748.

RAVALLION M，JALAN J，1996. Transient poverty in rural China [J]. Available at Ssrn 636123.

RAVENSTEIN E G，1885. The laws of migration [J]. Royal statistical society，52 (2)：

241 - 305.

REED M S, PODESTA G, FAZEY I, et al, 2013. Combining analytical frameworks to assess livelihood vulnerability to climate change and analyse adaptation options [J]. Ecological economics, 94: 66 - 77.

ROUDINI J, KHANKEH H R, WITRUK E, 2017. Disaster mental health preparedness in the community: a systematic review study [J]. Health psychology open, 4 (1): 278719029.

ROY A, KUMAR S, RAHAMAN M, 2024. Exploring climate change impacts on rural livelihoods and adaptation strategies: Reflections from marginalized communities in India [J]. Environmental development, 49: 100937.

SAHAR S, ROBYN E, 2023. Planning to 'hear the farmer's voice': an agent - based modelling approach to agricultural land use planning [J]. Applied spatial analysis and policy, 17 (1): 115 - 138.

SCHADE M, HEGNER S, HORSTMANN F, et al, 2016. The impact of attitude functions on luxury brand consumption: an age - based group comparison [J]. Journal of business research, 69 (1): 314 - 322.

SCHULTZ T W, 1964. Transforming traditional agriculture [M]. New Haven, Connecticut: Yale University Press.

SCOONES I, 1998. Sustainable rural livelihoods: a framework for analysis: Institute of Development Studies working paper 72 [J]. Brighton, UK: Institute of Development Studies.

SCOONES, 2009. Livelihoods perspectives and rural development [J]. The journal of peasant studies, 36 (1): 171 - 196.

SCOTT J C, 1976. Rebellion and subsistence in Southeast Asia [M]. New Haven, Connecticut: Yale University Press.

SCOTT J H, 1976. A theory of optimal capital structure [J]. The bell journal of economics, 7 (1): 33 - 54.

SEN A, 1984. Resources, values and development [M]. Oxford: Basil Blackwell.

SHANG L, HECKELEI T, GERULLIS M K, et al. Adoption and diffusion of digital farming technologies - integrating farm - level evidence and system interaction [J]. Agricultural Systems, 2021, 190: 103074.

SHIN J K, FOSSETT M, 2011. Residential segregation by hill - climbing agents on the potential landscape [J]. Advances in complex systems, 11 (6): 875 - 899.

SI R, AZIZ N, LIU M, et al, 2021. Natural disaster shock, risk aversion and corn farmers' adoption of degradable mulch film: evidence from Zhangye, China [J]. International journal of climate change strategies and management, 13 (1): 60 - 77.

SILVA P C L, BATISTA P V C, LIMA H S, et al, 2020. COVID - ABS: an agent - based model of COVID - 19 epidemic to simulate health and economic effects of social distancing interventions [J]. Chaos, solitons & fractals, 139: 110088.

SINGH I，1986. Agricultural household models：extensions，applications，and policy [J]. American journal of agricultural economics，69：1-354.

SMITH V L，1976. Experimental economics：induced value theory [J]. The American economic review，66 (2)：274-279.

SONG C，BILSBORROW R，JAGGER P，et al，2018. Rural household energy use and its determinants in China：how important are influences of payment for ecosystem services vs. other factors? [J]. Ecological economics，145：148-159.

SONG C，ZHANG Y，MEI Y，et al，2014. Sustainability of forests created by China's Sloping Land Conversion Program：a comparison among three sites in Anhui，Hubei and Shanxi [J]. Forest policy and economics，38：161-167.

STARK O，BLOOM D E，1985. The new economics of labor migration [J]. American economic review，75 (2)：173-178.

STOKES B M，JACKSON S E，GARNETT P，et al，2024. Extremism，segregation and oscillatory states emerge through collective opinion dynamics in a novel agent-based model [J]. The Journal of Mathematical sociology，48 (1)：42-80.

TANG L，WU J，YU L，et al，2015. Carbon emissions trading scheme exploration in China：a multi-agent-based model [J]. Energy policy，81：152-169.

TRINH T T，MUNRO A，2023. Integrating a choice experiment into an agent-based model to simulate climate-change induced migration：the case of the Mekong River Delta，Vietnam [J]. Journal of choice modelling，48：100428.

TRUNG THANH H，TSCHAKERT P，HIPSEY M R，2021. Moving up or going under? Differential livelihood trajectories in coastal communities in Vietnam [J]. World development，138：105219.

TUYEN T Q，LIM S，CAMERON M P，et al，2014. Farmland loss and livelihood outcomes：a microeconometric analysis of household surveys in Vietnam [J]. Journal of the Asia Pacific economy，19 (3)：423-444.

UCHIDA E，ROZELLE S，XU J，2009. Conservation payments，liquidity constraints，and off-farm labor：Impact of the Grain-for-Green Program on rural households in China [J]. American journal of agricultural economics，91 (1)：70-86.

URBACH N，AHLEMANN F，2010. Structural equation modeling in information systems research using partial least squares [J]. Journal of information technology theory and application，11 (2)：2.

VALBUENA D，VERBURG P H，BREGT A K，2008. A method to define a typology for agent-based analysis in regional land-use research [J]. Agriculture，ecosystems & environment，128 (1-2)：27-36.

VROOM V H，1964. Work and motivation [M]. Oxford，UK：Wiley.

WAINER J，CHESTERS J，2000. Rural mental health：Neither romanticism nor despair [J]. Australian journal of rural health，8 (3)：141-147.

WALELIGN S Z，2016. Livelihood strategies，environmental dependency and rural poverty：the case of two villages in rural Mozambique [J]. Environment，development and sustainability，18 (2)：593 - 613.

WALELIGN S Z，2017. Getting stuck，falling behind or moving forward：rural livelihood movements and persistence in Nepal [J]. Land use policy，65：294 - 307.

WALSH S J，MALANSON G P，ENTWISLE B，et al，2013. Design of an agent - based model to examine population - environment interactions in Nang Rong District，Thailand [J]. Applied geography，39：183 - 198.

WANG H，QIU L，CHEN Z，et al，2022. Is rationality or herd more conducive to promoting farmers to protect wetlands? A hybrid interactive simulation [J]. Habitat international，128：102647.

WANG Y，ZHANG Q，LI Q，et al，2021. Role of social networks in building household livelihood resilience under payments for ecosystem services programs in a poor rural community in China [J]. Journal of rural studies，86：208 - 225.

WEISS A，2001. Topographic position and landforms analysis，July 9 - 13，2001，ESRI Users Conference [C]. San Diego，CA：ESRI Users Conference.

WU Z，LI B，HOU Y，2017. Adaptive choice of livelihood patterns in rural households in a farm - pastoral zone：a case study in Jungar，Inner Mongolia [J]. Land use policy，62：361 - 375.

XU D，DENG X，GUO S，et al，2019. Sensitivity of livelihood strategy to livelihood capital：an empirical investigation using nationally representative survey data from rural China [J]. Social indicators research，144 (1)：113 - 131.

XU H，SHEN L，CUI Y，et al，2024. Multi - agent collaborative management of coastal pollution from land - based sources from the perspective of emissions trading：an evolutionary game theory approach [J]. Ocean & coastal management，251：107067.

YAN J，YANG Z，LI Z，et al，2016. Drivers of cropland abandonment in mountainous areas：a household decision model on farming scale in Southwest China [J]. Land use policy，57：459 - 469.

YIN R，LIU C，ZHAO M，et al，2014. The implementation and impacts of China's largest payment for ecosystem services program as revealed by longitudinal household data [J]. Land use policy，40：45 - 55.

ZELEKE G，TESHOME M，AYELE L，2023. Farmers' livelihood vulnerability to climate - related risks in the North Wello Zone，Northern Ethiopia [J]. Environmental and sustainability indicators，17：100220.

ZHANG J，MISHRA A K，ZHU P，2019. Identifying livelihood strategies and transitions in rural China：is land holding an obstacle? [J]. Land use policy，80：107 - 117.

ZHANG J，YANG Y C E，ABESHU G W，et al，2024. Exploring the food - energy - water nexus in coupled natural - human systems under climate change with a fully integrated agent -

based modeling framework [J]. Journal of hydrology, 634: 131048.

ZHANG Q, BILSBORROW R E, SONG C, et al. 2018. Determinants of out - migration in rural China: effects of payments for ecosystem services [J]. Population and environment, 40 (2): 182 - 203.

ZHANG Q, SONG C, CHEN X, 2018. Effects of China's payment for ecosystem services programs on cropland abandonment: a case study in Tiantangzhai Township, Anhui, China [J]. Land use policy, 73: 239 - 248.

ZHAO W, 2021. The impact of land consolidation on vulnerability of rural households: evidence from Central China [J]. Journal of environmental planning and management, 64 (13): 2326 - 2345.

ZHOU Y, LIU Y, 2022. The geography of poverty: review and research prospects [J]. Journal of rural studies, 93: 408 - 416.

图书在版编目（CIP）数据

农业环境政策与农户生计可持续转型研究 / 汪樱著. 北京 ：中国农业出版社，2024. 10. -- ISBN 978-7-109-32627-9

Ⅰ. X-012；F325.1

中国国家版本馆 CIP 数据核字第 20243H44J9 号

农业环境政策与农户生计可持续转型研究

NONGYE HUANJING ZHENGCE YU NONGHU SHENGJI KECHIXU ZHUANXING YANJIU

中国农业出版社出版

地址：北京市朝阳区麦子店街 18 号楼

邮编：100125

责任编辑：姚　佳　　文字编辑：蔡雪青

版式设计：杨　婧　　责任校对：吴丽婷

印刷：北京中兴印刷有限公司

版次：2024 年 10 月第 1 版

印次：2024 年 10 月北京第 1 次印刷

发行：新华书店北京发行所

开本：700mm×1000mm　1/16

印张：14

字数：265 千字

定价：78.00 元
